江汉平原中全新世古洪水
事件环境考古研究

Environmental Archaeology of the Mid-Holocene
Palaeofloods in the Jianghan Plain, Central China

吴 立 朱 诚 李 枫 等 著

国家自然科学基金项目（批准号：41771221，41571179，40971115）

黄土与第四纪地质国家重点实验室开放基金项目（批准号：SKLLQG1422，SKLLQG1206）

教育部"985 工程"专项南京大学研究生科研创新基金项目（编号：2011CL11）

国家科技支撑计划项目课题（编号：2013BAK08B02，2010BAK67B02）

国家社会科学基金重大项目（批准号：11&ZD183）

湖泊与环境国家重点实验室开放基金项目（批准号：2012SKL003）

南京大学学科交叉研究项目（批准号：NJUDC2012002）

南京大学大型贵重仪器设备开放测试基金项目（编号：0209001309）

共同资助

科学出版社

北 京

内 容 简 介

本书通过对沙洋钟桥、天门石家河古城谭家岭和三房湾等遗址中全新世晚期典型遗址古洪水事件考古地层学和年代学、孢粉、锆石微形态、粒度、磁化率、地球化学等多环境代用指标的综合研究，结合研究区现代洪水沉积物特征指标的对比分析、文化遗址数量变化、时空分布、地层堆积特征、区域遗址变动情况及江汉平原众多中全新世考古遗址的地理位置、年代学数据、地貌高程、古洪水层埋深和文化层厚度等资料的统计，对江汉平原中全新世古洪水事件及其与人类文明演进的互动响应关系进行系统的环境考古研究，以揭示该区中全新世古洪水事件的年代、特征过程、发生的环境背景与东亚季风降水变化的关系，并弄清古洪水事件对新石器时代各期文化和人类文明演进过程的影响。

本书可供环境考古、第四纪环境演变、自然地理学、地貌与第四纪地质学教学科研参考，也可供高等院校师生和考古部门及博物馆工作人员参考。

审图号：鄂 S（2018）007 号

图书在版编目（CIP）数据

江汉平原中全新世古洪水事件环境考古研究/吴立等著. —北京：科学出版社，2018.11

ISBN 978-7-03-059344-3

Ⅰ. ①江… Ⅱ. ①吴… Ⅲ. ①江汉平原-全新世-历史洪水-环境地学-考古学-研究 Ⅳ. ①P331.1

中国版本图书馆 CIP 数据核字（2018）第 250821 号

责任编辑：周 丹 沈 旭/责任校对：彭 涛
责任印制：张克忠/封面设计：许 瑞

科 学 出 版 社 出版
北京东黄城根北街 16 号
邮政编码：100717
http://www.sciencep.com

三河市春园印刷有限公司 印刷
科学出版社发行 各地新华书店经销

*

2018 年 11 月第 一 版　开本：720×1000 1/16
2018 年 11 月第一次印刷　印张：12 1/2
字数：252 000

定价：129.00 元
（如有印装质量问题，我社负责调换）

前　　言

当前全新世环境演变与人类活动的相互关系已成为全球变化中 PAGES（过去全球变化）研究的核心内容。纵观近年国内外研究进展，环境考古在全新世环境演变与人地关系研究中无疑扮演了重要角色并已获得丰硕成果。环境考古是以"人"为研究核心，将所有的文化遗存都置身于生存环境宏观背景下，通过分析考古地层遗存和自然沉积地层所记录的古气候、古植被与古环境等特征，来揭示人类与环境的相互关系。正如著名考古学家苏秉琦先生所言："环境考古是一门新产生的交叉学科，它的任务不是单纯研究自然界的进化，而是研究人与自然的关系。环境考古学的目的就在于从历史的角度阐述人类依附自然、利用自然、保护自然、最终回归自然的辩证关系。"

中全新世是人类早期文明发展的突兴阶段，正是在这一时期，人类实现了由原始社会向文明社会的跃进；而在实现这一跃进的过程中，自然环境是人类社会发展的背景舞台，环境变化也自然成为史前文化兴衰的重要推动或制约因素。环境变化会引起人类所处的人地关系地域生态系统之各要素发生变动，这种变动对于生产力还不发达、人类改造自然能力较低的史前时代先民生产生活地点、范围和方式的选择等都会产生极其重要的影响。但需要注意的是，人类活动与环境变化之间的相互作用从人类诞生之初就不是单向的，表现的只是人类不同发展阶段的强弱之别，从新石器时代开始，人类活动便逐渐加剧了对周围自然环境的影响，人与自然的矛盾日益凸显。

位于长江中游的江汉平原是由长江和汉江冲积而成的平原，处于湖北省中南部，西起宜昌枝江，东迄武汉，北至钟祥，南与洞庭湖平原相连，主要包括荆州市的荆州区、沙市区、江陵县、公安县、监利县、石首市、洪湖市、松滋市 8 个县市区，仙桃、潜江、天门 3 个省直管市，并辐射周边武汉、孝感、荆门、宜昌和襄阳 5 个地级市的蔡甸区、汉川市、沙洋县、京山市、钟祥市、枝江市、宜城市等部分地区，物产丰富，明朝以来素有"湖广熟，天下足"和"鱼米之乡"之称，是湖北省乃至全国重要的粮食产区和农产品生产基地，养育了湖北省一半以上的人口（3200 多万），是中国三大平原之一——长江中下游平原的重要组成部分，也是中华文明孕育和发展的重要地区。江汉平原及其周边地区存在着大量新石器时代以来的典型考古遗址并蕴含有自然环境演变记录的河湖相地层，为我们利用环境考古研究其新石器时代以来人类文明发展与环境演变以及灾变事件等人地关系提供了极好的高分辨率研究题材。

笔者自 2009 年以来，从国家自然科学基金面上项目"江汉平原早中全新世古洪水事件考古地层学研究"研究起步，并在多项国家自然科学基金、教育部"985工程"专项南京大学研究生科研创新基金、国家科技支撑计划重点项目"中华文明探源工程"、国家社会科学基金重大项目以及后续开展的中国科学院地球环境研究所黄土与第四纪地质国家重点实验室开放基金项目"江汉平原典型新石器遗址揭示的中全新世古洪水事件与人类活动响应"（批准号：SKLLQG1422）等研究经费资助下，在大量的野外调查和室内多指标实验分析工作基础上，系统开展了对江汉平原中全新世古洪水事件和人地关系的环境考古研究。该研究对长江流域区域环境考古的贡献主要体现在：一是对江汉平原无文字记载之史前时期的古洪水事件在沉积学判别、年代学和环境演变背景方面提供了可信度高的科研成果，弥补了江汉平原地区考古遗址地层中古洪水沉积记录环境考古研究的不足；二是对江汉平原典型考古遗址地层进行了年代学、考古学、微体古生物学、环境磁学、沉积学和地球化学等各环境代用指标的系统研究，揭示了中全新世江汉平原地区人类生存环境演变、古文化发展、社会生产力水平与古洪水等灾变事件的关系，推动了长江流域特别是中游地区的全新世环境考古、环境演变和人地关系研究进展；三是总结归纳了江汉平原全新世典型自然沉积地层如荆州江北农场、沔阳M1 孔和长湖湖泊河湖相沉积等记录的自然环境演变特征，并与周边高分辨率自然环境演变记录及典型人类考古遗址地层做了对比集成研究，结合遗址时空分布学研究，揭示了区域人地关系互动影响及其对古洪水事件与环境演变的响应过程。

本研究得到了湖北省文物考古研究所、湖北省博物馆、天门市博物馆、潜江市博物馆、沙洋县文物管理所等湖北省各市县考古部门的大力支持。北京大学莫多闻教授、南京大学王富葆教授、鹿化煜教授、张振克教授、水涛教授、马春梅副教授、李徐生副教授、韩志勇副教授等，以及中国科学院南京地理与湖泊研究所薛滨研究员、张恩楼研究员等曾在书稿撰写前提出了许多建设性意见，张广胜、田晓四、欧阳杰、李兰、孙伟、王晓翠、李冰、李开封、贾天骄、谭艳、王坤华、赵琳等同志共同参与了前期调研与野外考察采样，笔者对此深表感谢！本书的撰写参阅了大量文献，虽一一列出，然仍恐挂一漏万，在此热忱期望同行与其他读者不吝赐教。

谨以此书献给生活在江汉平原世代勤劳善良的人们。

2018 年 9 月

目　　录

第 1 章 绪 论

1.1 研究背景与意义

1.1.1 研究背景

进入 21 世纪以来，人类面临前所未有的一系列重大全球性环境问题，全球变化已成为当前及未来地球系统科学研究的热点问题（中国科学院地学部地球科学发展战略研究组，2009；朱诚等，2012）。通过近 30 多年来各国科学家的研究，人类逐渐认识到在改变自己居住环境的过程中，其影响范围已不再仅仅局限于局部或某个区域，而是全球规模，涉及地球系统不同圈层的相互作用。全球变化对人类生存环境威胁的加强已不容置疑，但它是人地关系长期失调的结果（Bondre et al., 2012），作用机理十分复杂，牵涉自然科学与人文社会科学的多个领域。

为了研究和有效解决这些重大而紧迫的全球环境问题，以国际地圈-生物圈计划（International Geosphere-Biosphere Programme，IGBP，又称为全球变化研究）为代表的全球变化研究其酝酿始于 20 世纪 80 年代初。1986 年国际科学联合会 ICSU（International Council of Scientific Unions）第 21 届大会后很快组成了一个由 19 人组成的国际地圈-生物圈计划科学委员会，在 McCarthy 教授领导下，经过高效率工作，于 ICSU 第 22 届大会上提出了全球变化研究的计划大纲，1990 年在 ICSU 第 23 届大会上提出执行计划并获得通过（朱诚等，2012）。2003 年开始，国际地圈-生物圈计划进入第 2 个 10 年研究阶段（IGBP II），其中将过去全球变化研究计划（Past Global Changes，简称 PAGES）列为新的两个集成研究计划之一（中国科学院地学部地球科学发展战略研究组，2009；朱诚等，2012），之后 PAGES 在 2014 年开始实施的 "未来地球计划"（future earth）中也仍作为核心计划；而全新世以来的环境演变与环境考古研究则是目前 PAGES 研究的一个重要前沿领域。2004～2005 年，ICSU 和 UNESCO（联合国教科文组织，United Nations Educational, Scientific and Cultural Organization）将 "全新世快速自然变化和环境灾变与人类的响应" 作为最新研究计划（Achimo et al., 2004; UNESCO, 2005）。已有研究表明（Wang et al., 2005; Turney and Brown, 2007; Yancheva et al., 2007; Zong et al., 2007; 朱诚等，2010; Wu et al., 2010, 2011, 2012, 2017; Medina-Elizalde and Rohling, 2012; 吴立等，2012），全新世环境的快速变化，不仅有自然环境演变，还有人类活动的交叉影响，如何研究全新世以来自然和人文环境的复合交互影响是一个复杂且有一定难度的科学问题。

近年来，随着过去全球变化（PAGES）研究的进展，全新世自然环境灾变事件对人类文明影响的研究正受到学术界越来越多的关注（张兰生等，2017；朱诚等，2017），而这正是过去研究的薄弱环节。其中，全新世古洪水发生的周期和时间尺度问题已成为 PAGES 计划中极为重要的研究内容（Baker, 2002; Murton et al., 2010; Woodward et al., 2010; Yu et al., 2010; Ma et al., 2012; Wu et al., 2016; Huang et al., 2017）。古洪水沉积记录可取得史前及中晚全新世几千年以来的洪水资料，但是其特征沉积物的形成与保存所需要的条件是相当苛刻的，而考古遗址地层中的古洪水沉积层提供了研究的新思路，一是在一些考古遗址中发现自然淤积层（或疑似古洪水层）的同时，还发现有大量的埋藏古树等，这些都具有洪水冲积的特征；二是古洪水沉积的年代学方面 AMS^{14}C 测年和出土器物考古断代可以相互印证，这就解决了某些古洪水沉积中由于没有可用于 ^{14}C 测年的含碳物质导致无法定年的困难。此外，在所研究的考古遗址区域内应选择沉积厚度较大，层位齐全，具有代表性的考古探方地层，以方便建立地层时代对比所用的剖面标尺。

1.1.2 研究意义

洪水自史前时代以来就是妨害人类生存与社会发展的主要自然灾害之一。早在中华文明早期起源阶段的"尧舜禹"时期，大洪水就困扰着先民的生活，这个时期就有"大禹治水"的传说。在中华数千年的文明发展历程中，洪水灾害一直是生活在沿江河流域平原地区先民的心腹大患。中国地处亚洲东部，受季风气候和地形条件的限制，雨量年际变化大，而且年内分配不均，多数地区的降水量集中在夏季的 6～9 月，并以暴雨形式出现较多，洪水灾害发生频繁。中国大约 2/3 的国土面积常有不同危害程度或不同类型的洪水灾害。洪涝灾害在各种灾害中占有较大的比例，以长江流域为例 2004 年的汛期就有涉及 782 个县市的 7630 万人受灾，导致的直接经济损失约有 300 亿元（田国珍等，2006）。历史上从西汉早期到清朝末期，即公元前 206 年至公元 1991 年的 2196 年中共有 1011 次水灾发生，平均约 2 年发生 1 次（黄健民和徐之华，2005）。近 100 年来我国洪水发生仍十分频繁，并且随着人口持续增长和经济社会发展，洪水造成的破坏损失不断增长。据统计在 1900～1949 年期间，不同程度的洪水灾害每年都有发生，每年全国平均有 168 个市县受灾；灾害轻重差异在不同年份很大，轻灾年受灾市县数目不足 100 个，最轻的 1927 年为 43 个，重灾年受灾市县超过 250 个，1931 年最重达 592 个（黄健民和徐之华，2005）。从 1950 年至 1995 年每年都发生有不同程度的洪水灾害，累计造成死亡 25.9 万人，每年平均死亡 5300 人；倒塌房屋累计 1.1 亿间，每年平均 220 万间；每年平均受灾作物 9.13×10^6 hm^2（黄健民和徐之华，2005）。

长江是中华民族的母亲河，其流域是中华文明孕育和发展的重要区域，但同时也是中国洪水灾害发生最严重最频繁的一条主要河流。历史记载表明（张秉伦和方兆本，1998；张秉伦等，2002），从公元前206年至公元1960年，中国在此期间经历了1030余次严重洪水。长江发生了50余次特别广泛的洪水，其支流汉江也发生了30余次；平均每60～65年长江流域就会发生一次灾难性洪水。广泛的洪水亦可在较短时间内发生，1870年以来就是如此，在这一时间段内，长江流域在1870年、1896年、1931年、1949年、1954年和1998年都发生特大灾害性洪水，其中1931年和1954年的洪水是全国性的、普遍的灾难。覆盖流域中、下游多数地区的、猛烈的、连续的季风雨导致了 1931 年大洪水。5～6 月份间，6次巨大洪峰顺江而下，淹没90650 km² 土地，摧毁23个地方的防护堤坝；失去家园或遭受其他苦难的人达到4000万，许多人口中心包括南京、武汉及其他在区域内的城市遭洪水淹没。武汉洪水持续4月不退，深度超过2 m，在有些地方超过6 m。1954年夏季，由于连续的季风雨而引发另一次大洪水，水位急剧上升，有超过1931年洪水水位几乎2 m的记录。然而，由于防洪措施有效和得当，避免了许多潜在后果。

隶属于长江中游的江汉平原地区不仅是中国重要的鱼米之乡，也是遭受洪水灾害最严重的地区之一，其流域的洪涝灾害问题同样重要，但前人对江汉平原地区古洪水事件和环境演变的系统性综合集成研究相对较少。江汉平原地区是中国农业文明的发祥地之一，历史悠久，文化灿烂。建国五十多年来的考古调查和发掘表明（朱诚等，1997；国家文物局，2003；Li et al.，2011），该区存在大量新石器时代以来的考古遗址；同时，现有的研究成果显示（朱诚等，1997；谢远云等，2007；张玉芬等，2009），该区在进入全新世以来洪水灾害频发，对区域内社会发展和生产生活产生了深远影响，这些为利用考古遗址地层学研究人类文明发展与环境演变及古洪水事件等人地关系地域系统变化提供了极好的高分辨率记录题材，将会对过去难以解释的长江流域地貌与环境演变及人类文明孕育发展史等问题提供更多可靠的地层学记录解释，同时对于揭示古地理环境、古人类生活状况及中华文明起源与早期发展阶段的环境等都具有重要的借鉴意义和指导作用。

江汉平原地区近代以来的洪水频率逐渐升高，区内异常洪水影响的范围也不断增大（湖北省地方志编纂委员会，1997；周凤琴和唐从胜，2008）。对该区域的洪水研究不仅应成为洪水灾害防治的重点之一，对于区域水利水电工程建设也具有很大的参考价值，特别是全新世以来江汉平原地区古洪水事件发生环境背景和规律的研究，大幅度延长了特大洪水的考证期，解决了设计洪水频率计算的主要问题（即样本序列代表性和长度），充实了洪水频率分析的内容。因此，对本区进行考古遗址地层调查、全新世以来环境考古和古洪水事件与季风气候变化、人地关系的研究，都具有基础理论研究和现实实践的意义。

1.2　国内外相关研究进展

1.2.1　国际古洪水水文学研究历史与进展

20 世纪 70～80 年代，从洪水沉积地貌和第四纪地质学研究中发展起来的古洪水水文学，已成为自然地理和应用水文学重要的分支学科之一。自从 1982 年学科得名以来，古洪水水文学研究取得了许多进展，特别是在古洪水憩流沉积物及其多指标判别方面进展显著。技术方法上的进步，尤其是在水力模型和地质年代学方面，使其拥有了一定的学科地位。最新的进展包括对洪水沉积物地质年代的精确测年技术，典型的如加速器质谱测年分析和光释光测年，以及计算机技术和设备的发展，使得常规研究中的复杂水力计算变得可行。从最初在美国西南部地区的应用，古洪水水文学已经证明了其在各种景观和环境研究中的广泛应用。许多特别重要的研究已在澳大利亚、中国、印度、以色列、南非、西班牙和泰国完成并取得了相关成果。古洪水研究虽然取得了很大进展，但是仍然存在一些问题，主要是研究的分辨率有待提高，对一个流域内古洪水序列的全面建立还存在困难。众多的国际研究成果已经表明，古洪水事件与全球气候变化的关系及其成因问题将成为新的学科兴趣点之一。

1）学科建立与初步发展

古洪水是指过去或古代发生的、历史或文献可考证洪水期以前时段内发生的大洪水事件（Baker, 2008）。古洪水研究以第四纪沉积物作为主要对象，利用第四纪地质学、年代学、古水文学、古生物学、地球物理学、地球化学等方法，探讨古洪水事件发生的历史和古洪水对古气候变化的响应，确定古洪水发生的时代、气候环境背景、水文特点及其对古代人类文明发展所产生的影响。古洪水多发生在气候环境演变的过渡时期，尤其是在气候转型时期的环境突变阶段，古洪水事件是极端性水文过程对气候事件的即时响应（Knox, 1991；张理华等，2002；Benito et al., 2003）。运用地层学方法研究全新世以来的古洪水，可以揭示出全新世以来河流发生洪水的状况，探索大洪水形成的规律（Gillieson et al., 1991；谢悦波和姜洪涛，2001），可以得到数千年的洪水资料，大大扩展了洪水考证期，从而避免现行单纯依靠数据外延洪水频率存在的弊端，开辟一条新的洪水计算途径（申洪源等，2010）。同时，古洪水研究有助于反演气候环境变化历史，重建和分析流域内洪水发生的序列和周期，为气候环境变化预测提供佐证。1982 年，古洪水水文学学科名称正式被提出并得到学术界承认（Kochel and Baker, 1982）。当时一些学者已经认识到洪水风险分析不仅是一个应用统计问题，它同时也是一个地质学应用方面的问题（Greis, 1983），是作为地球物理和应用水文的交叉学科而出现（Kochel and Baker, 1982; Baker, 1987），被广泛应用于美国多个地区（表 1.1）。

表 1.1 美国区域古洪水水文学研究举例

地区	州名	研究人员及时间
东南部地区	弗吉尼亚州	Sigafoos（1964）
东北部地区	俄亥俄州	Mansfield（1938）
	西弗吉尼亚州	Springer 和 Kite（1997）
	佛蒙特州	Brown 等（2000）
	马萨诸塞州	Jahns（1947）
	康涅狄格州	Patton（1988）
南部地区	得克萨斯州（中部）	Baker（1975）；Patton 和 Baker（1977）；Baker 等（1979）
中部地区	俄克拉何马州	McQueen 等（1993）
	内布拉斯加州	Levish（2002）
	北达科他州	Harrison 和 Reid（1967）
	南达科他州	Levish（2002）
北部地区	威斯康星州	Knox（1985, 1993, 2000）
西北部地区	阿拉斯加州	Mason 和 Beget（1991）
	怀俄明州	Levish（2002）
	俄勒冈州	Levish 和 Ostenaa（1996）；O'Connor 等（2003）
	爱达荷州	Tullis 等（1983）；Ostenaa 等（2002）
	华盛顿州	Chatters 和 Hoover（1994）
西南部地区	新墨西哥州	Levish（2002）
	内华达州	Kellogg（2001）
	加利福尼亚州	Enzel（1992）；Ostenaa 等（1996）
	科罗拉多州	Jarrett（1990）；Jarrett 和 Tomlinson（2000）
	犹他州	Patton 和 Boison（1986）；Webb 等（1988）；Levish 和 Ostenaa（1996）
	亚利桑那州	Ely 和 Baker（1985）；Partridge 和 Baker（1987）；Enzel 等（1994）；Martinez-Goytre 等（1994）；House 和 Baker（2001）；Webb 等（2002）
	得克萨斯州（西部）	Kochel 等（1982）；Patton 和 Dibble（1982）

注：根据文献（Baker, 2008）中材料整理而成。

从表 1.1 可以看出，许多资助项目被用来从事与古洪水水文学相关的研究（Baker, 2008），包括美国西南部的古洪水水文学研究（1982~1986 年）、干旱和热带稀树草原地区古洪水水文学研究（1983~1984 年）、洪水沉积物运移水力学研究（1988~1990 年）以及应用古洪水水文学研究（1989~1992 年）等，特别是美国索尔特河流域水资源利用协会还资助了一个广泛的区域古洪水调查项目

（1984～1988 年）用于大坝安全问题的参考。1988 年第一本古洪水水文学专著出版之后（Baker, 1988），世界上第一个古水文与水文气候分析实验室（ALPHA）也在亚利桑那州建立起来。许多资深的古洪水科学家、博士后学者及研究生先后在 ALPHA 工作或学习，包括 Avijit Gupta（1983 年），Ellen Wohl（1988～1989年），Vishwas Kale（1989～1990 年），Alex V. McCord （1990～1991 年），Gerardo Benito（1990～1992 年），Yehouda Enzel（1990～1992 年），Lisa Ely（1992 年），Wang Yongxing（1992～1993 年），J. Steven Kite（1993 年），Takashi Oguchi（1996～1997 年），Jack C. Schmidt（1998 年），Elzbieta Czyzowska（1998～1999 年），Noam Greenbaum（2005 年），Mark Macklin（2006 年），Petteri Alho（2007～2008 年）等知名学者。

2）学科研究走向国际化

从 1985 年 10 月在南京召开的极端洪水事件分析中美双边会议可以看出，中国在 20 世纪 80 年代中后期已经独立的发展了古洪水憩流沉积研究（Shi et al., 1985, 1987）。中国在这方面的工作多与其大量而广泛的历史洪水记录相联系，并直接服务于黄河和长江三峡等大坝建设的安全调查。詹道江和谢悦波（2001）较早系统地阐述了古洪水研究的原理、方法、误差评估及中国若干典型地区应用古洪水研究的经验与成果。代表性成果主要有杨达源等（Yang et al., 2000）对黄河中游地区全新世大洪水沉积记录的研究和朱诚等（Zhu et al., 2005）对长江三峡库区中坝遗址地层古洪水沉积判别的研究。自 1987 年开始，由古洪水水文学知名学者 Baker 与 Rajaguru 首先发起了对印度德干高原西北部讷尔默达河的美印国际合作研究（Rajaguru et al., 1995），证明该流域内确实存在非常明显的古洪水证据记录（Ely et al., 1996; Kale et al., 1997, 2003）。1988 年，Baker 在他的古洪水水文学专著中阐述了非洲南部古洪水水文学研究的巨大潜力（Baker, 1988），引起了当地学者广泛的研究兴趣并相继发表了许多研究成果（Smith and Zawada, 1990; Smith, 1992; Zawada and Hattingh, 1994; Zawada, 1994, 1997, 2000）。1989～1992 年，美国和以色列国家科学基金共同资助了一项由 Asher P. Schick 主持的内盖夫沙漠南部古洪水沉积记录合作研究，这使该地区成为当时全球古洪水水文学研究关注的焦点地区（Wohl et al., 1994; Greenbaum et al., 2000, 2001）。另一个值得注意的是西班牙在古洪水水文学研究方面的成果大量增加（特别是 1990～1992 年 Gerardo Benito 在 ALPHA 学习归国以后），包括将系统论-古洪水-历史记录用于洪水风险评估改进的研究（Benito et al., 2004a）、古洪水数据采集与分析的研究（Benito et al., 2004b）及西班牙东北部略夫雷加特河洪水憩流沉积得到的长期洪水流量记录研究（Thorndycraft et al., 2005a）等。

古洪水水文学研究迅速走向国际化很大程度上得益于许多正式国际性交流

会议的促进作用。从 1992 年开始，ALPHA 组织发起了许多特别关注古洪水水文学的国际会议（表 1.2）。1991 年，全球陆地古水文学委员会（GLOCOPH）在北京举行的国际第四纪研究联合会（INQUA）会议上被认可成立。委员会历届主任有 L. Starkel，K.J. Gregory 和 V. R. Baker。从此，古洪水水文学成为该组织活动和研究的一个重要组成部分，包括组织学术会议（表 1.2）及出版相关专著等（Gregory et al., 1995; Branson et al., 1996; Benito et al., 1998; Gregory and Benito, 2003）。1992 年 5 月 GLOCOPH 组织在美国亚利桑那州召开了第一届古洪水水文学国际研讨会。2000～2003 年 SPHERE（系统论-古洪水-历史记录用于洪水风险评估改进的研究）计划的顺利实施是由该组织欧洲委员会资助的一项重要的国际成就。该计划完成了对西班牙东北部和法国东南部长时间序列历史和古洪水记录与传统水文学和工程学研究的综合集成（Thorndycraft et al., 2003; Benito and Thorndycraft, 2004）。该研究成果正在被直接应用于洪水风险的评价（Benito et al., 2004a; Benito and Thorndycraft, 2005）。

表 1.2 国际古洪水研究会议及相关学术会议

日期	国家/地点	会议召集人
1992 年 5 月 26 日～30 日	美国/亚利桑那州 Flagstaff	V. R. Baker
1994 年 9 月 9 日～12 日[**]	英国/南安普敦	J. Branson, K.J. Gregory
1996 年 9 月 7 日～13 日[**]	西班牙/托莱多	G. Benito, A. Perez-Gonzalez
1998 年 9 月 4 日～7 日[**]	日本/熊谷	H. Shimazu
1999 年 9 月 26 日～10 月 1 日	美国/亚利桑那州 Prescott	P. K. House
2000 年 8 月 20 日～28 日[**]	俄罗斯/莫斯科	A. Georgiadi
2002 年 10 月 16 日～19 日[*]	西班牙/巴塞罗那	Gerardo Benito, Carmen Llasat
2002 年 12 月 2 日～7 日[**]	印度/普纳	V. S. Kale
2003 年 8 月 1 日～7 日	美国/俄勒冈州 Hood 河	L. Ely, J. E. O'Connor, P. K. House
2005 年 5 月 15 日～19 日[**]	德国/波恩	J. Herget
2006 年 8 月 25 日～31 日[**]	巴西/瓜鲁柳斯	J.C. Stevaux
2007 年 6 月 24 日～30 日	希腊/克里特岛 Chania	P. Brewer, M. Macklin, S. Tooth, J. Woodward

注：*指 GLOCOPH 欧洲委员会主持的"古洪水、历史资料与气候变化在洪水风险评价中的应用研究"项目会议；**指国际第四纪研究联合会（INQUA）全球陆地古水文学委员会（GLOCOPH）会议。

3）地质年代学进展

在古洪水水文学的早期研究中，年代学方面几乎全部依赖于传统的放射性碳同位素年龄测定（Kochel, 1980）（图 1.1）。但自 20 世纪 80 年代以来，地质年代学技术的突飞猛进使得可以精确判定古洪水发生的时代成为可能；其中最重要的是放射性碳串联加速器质谱分析定年法（TAMS）和光释光定年法（OSL）。对于洪水搬运或埋藏的相关洪水沉积物，TAMS 技术只需要其微量的（1 mg）含碳丰富的材料就可以实现精确定年。OSL 技术则可以对洪水事件搬运的悬移质沉积物如砂或粉砂颗粒等进行测年（Stokes and Walling, 2003; Huang et al., 2007）。年代非常年轻的洪水憩流沉积物甚至可以通过核爆炸曲线放射性碳分析法精确测定到"年"的分辨率（Baker et al., 1985; Wu et al., 2010）。^{137}Cs 同位素测年方法也被应用于非常年轻的沉积物定年（Ely et al., 1992; Thorndycraft et al., 2005b; Wu et al., 2006）。

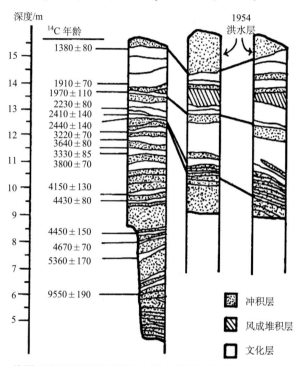

图 1.1　美国西南部佩科斯河流域古洪水憩流沉积地层（Kochel, 1980）

　　陆地原生宇宙成因核素方法在确定古洪水年代方面有巨大潜力（Gosse and Phillips, 2001; 孔屏等，2010）。这些核素可以对长达 $10^3 \sim 10^7$ 年宇宙射线暴露历史的岩石层面进行直接测年。最佳的暴露层面包括：①洪水搬运的砾石层；②被一次特定洪水强烈冲刷刻蚀的基岩。但重要的是，上述两种情况的层面都应该是因洪水作用而暴露，而不是由于明显的后期事件或过程改造而成。因此，这种方法最适合对在给定时段范围内发生的极端洪水事件的定年；因为这些被侵蚀的层面或砾石就是这些洪水事件造成的，而这些洪水事件最可能发生的地点不受后期改造作用影响。目前，^{36}Cl 和 ^{3}He 是最具有潜力运用于古洪水水文学的宇宙成因核素测年方法之一。

4）水力建模进展

早期的古洪水水文学研究多使用坡度-面积计算方法。20 世纪 80 年代引入的计算步长回水分析方法大大促进了水文学分析的进展（O'Connor and Webb, 1988; Webb and Jarrett, 2002）。多种古水文过程指标，包括古洪水憩流沉积物的海拔高度，被绘制在模拟的各种流量水平古水文过程剖面图上。流量估计结果便可以与基于短期测量记录推断估计的结果按照频率来进行对比。

20 世纪 80 年代以来最重要的进展主要集中在计量水力学的各个方面（Kutija, 2003）。各种二维模型，特别是深度-平均方法，已经被越来越多的应用在古洪水的研究中（Denlinger et al., 2002; Pelletier et al., 2005; Miyamoto et al., 2006; Carrivick, 2007）。

5）洪水频率分析进展

Costa 和 Baker 等首先提倡将古洪水数据用于洪水频率分析研究（Costa, 1978; Baker et al., 1979; Costa and Baker, 1981）。水文学家对这一方法早期的兴趣可以从包括 1978～1981 年一系列关于水资源管理科学依据以及相关地球物理过程的研究成果表现出来，特别是 Walter C. Langbein 支持下的 Baker 研究小组报告（Baker, 1982）。Langbein 很早就提倡水文学家应更多注意和应用古洪水信息进行研究（Hoyt and Langbein, 1955）。

1976 年美国国家科学基金（NSF）建议书回顾了上述提到的进展，当时美国洪水频率分析的标准程序是用一种校正方法以使结果符合对数 Pearson 类型Ⅲ分布（United States Water Resources Council, 1982）。这种程序方法其实有很大的缺陷和不足，因为它没有将古洪水数据考虑在内并用于洪水频率分析（Lane, 1987）。1986 年，Stedinger 和 Cohn（1986）取得了一些突破性进展，随后的工作则更为精细（Stedinger and Baker, 1987; Jin and Stedinger, 1989; Cohn et al., 1997; Martins and Stedinger, 2001）。这些研究都将似然函数（一种关于统计模型中参数的函数，表示其似然性）用于一系列分析工作。其他重要的将古洪水数据用于洪水频率分析的研究还包括 Salas 等（1994）、Stevens（1994）及 Frances 等（1994）的工作。Zhang 等（2007）还利用方志资料、历史农业记载、官方的天气报告和百科全书等资料检测长江三角洲地区最近 1000 年旱涝序列的周期和变化，并讨论其与青藏高原气候变化的可能联系。Stedinger 和 Vogel（1993）、Frances（2004）还做了非常有益的研究回顾。

非参数贝叶斯洪水频率估算程序是由美国内政部垦务局利用古洪水数据进行大坝安全调查研究时开发的（O'Connell et al., 2002; O'Connell, 2005）。Parent 和 Bernier（2003）还提倡另外一种贝叶斯程序方法用于阈值模型来计算某一个峰值点。Reis 和 Stedinger（2005）则讨论了贝叶斯-马尔可夫链-蒙特卡罗方法在洪水频率分析中的应用。

虽然测量误差是水文学家共同关注的一个问题（Hosking and Wallis, 1986; Yevjevich and Harmancioglu, 1987; Baker, 2008），但是现在的研究表明可以合理地对待和处理这些测量误差造成的影响（O'Connell et al., 2002; Blainey et al., 2002）。此外，对所得结果域关系的适当关注能够相当程度上减少测量误差（Kochel and Baker, 1988; Jarrett and England, 2002; Webb and Jarrett, 2002）。

6）气候与大气环流模式进展

大洪水事件的发生倾向于集中在某一特定时段，这可能是受到大气环流或大洋海水表层温度长期变化趋势的影响（Hirschboeck, 1987）。许多古洪水方面的研究已经证明了洪水对气候状况的敏感性（Knox, 1993, 2000; Ely, 1997），以及存在以洪水发生的气候现象为特征的极端洪水集中发生期（Ely et al., 1993; Knox, 2000; Benito et al., 2003a, 2003b; Wu et al., 2017）。这些研究证实了传统河水流量记录中非平稳性的存在，考虑到洪水发生气象状况，这可能是受大气环流模式转换的影响（Webb and Betancourt, 1992; Ely, 1997; Redmond et al., 2002; 葛兆帅, 2009）。另一个研究焦点集中在古洪水事件与全新世气候变化的关系上（Saint-Laurent, 2004; Wu et al., 2016; Huang et al., 2017）。气候变化一般与洪水发生有关，研究者们指出全新世以来气候变化与洪水重现期之间有一定的相关性（Knox, 2000; Saint-Laurent, 2004），如气候恶化阶段常常是降水变率增大的时期，导致洪水增加，而环境恶化阶段气候暖干，洪水减少（表 1.3）。

表 1.3　古洪水事件与全新世气候变化关系统计

研究地点	古洪水事件	发生年代	古气候特征	文献来源
Rio Casma，秘鲁北部沿岸	最小的洪水发生频率	1325 AD～1240 BC		Wells, 1990
Arizona 和 Southern Utah 州，美国	洪水减少	800～600 a BP	温暖的气候条件	Ely et al., 1993
Ara 河，日本中部	大洪水增加	950～550 a BP	中世纪暖期	Grossman, 2001
Arizona 和 Southern Utah 州，美国	特大洪水	1100～900 a BP		Knox, 1985, 2000
	大洪水	3000～2000 a BP		
Ara 河，日本中部	大洪水减少	3350～3000 a BP	气候温暖	Grossman, 2001
Arizona 和 Southern Utah 州，美国	洪水减少	3600～2200 a BP	湿润	Ely et al., 1993; Ely, 1997
	洪水增加	4800～3600 a BP		
	特大洪水	5000～3600 a BP	冷湿气候，El Niño 事件发生频率增加	

续表

研究地点	古洪水事件	发生年代	古气候特征	文献来源
长江三峡，中国	大洪水	5000～4300 a BP	温暖湿润	Zhu et al., 2005；史威，2008
Ara 河，日本中部	大洪水规模增大	5500～4500 a BP	气候变冷，暴雨频率增加	Grossman, 2001
长江三峡，中国	大洪水	7600～6300 a BP	大暖期中的气候波动阶段	Zhu et al., 2008；史威，2008
Mississippi 河上游，美国	大洪水	6000～4500 a BP	气候条件变得更加凉爽和潮湿	Knox, 1985
	小洪水	8000～6500 a BP	暖干	
黄河，中国	大洪水	8000～6000 a BP	湿润	Yang et al., 2000
Ara 河，日本中部	大洪水事件增加	9500～7500 a BP	凉	Grossman, 2001

7）古洪水水文学应用进展

虽然美国是古洪水水文学在工程设计以及其他诸多方面应用的积极倡导者（Costa, 1979; Baker et al., 1979, 1987, 1990; Stedinger et al., 1988; Webb and Rathburn, 1988），但是澳大利亚和南非的工程师们最早认识到了古洪水水文学的重要性（Pilgrim, 1987; Boshoff et al., 1993）。美国工程学界态度的转变发生在 20 世纪 90 年代；当时美国内政部垦务局展开了一系列的工程项目来应用古洪水水文学解决大坝安全问题，其中的第一个项目研究区就是加利福尼亚州的圣塔内兹河流域（Ostenaa et al., 1996）和犹他州的奥格登河流域（Ostenaa et al., 1997）。古洪水数据自此开始被广泛应用于美国西部地区（Levish et al., 1997; Levish, 2002）、西班牙（Benito et al., 2006）以及以色列（Greenbaum, 2007）等地区水库大坝的安全问题。Ostenaa 等（2002）还利用古洪水水文学评价核电站和储存放射性废料的安全性。其他的应用研究还包括古洪水事件对早期文化发展的影响及对古气候环境事件的响应等（夏正楷等，2003; Smith et al., 2006; Zhu et al., 2008; Vött et al., 2009）。

8）问题与展望

（1）在全球变化的背景下研究古洪水是未来的一个重要方向。目前，古洪水水文学研究已涉及沉积学、考古学、水文学、气候学、古生物学、社会学等多个领域，但进行古洪水水文学研究的学科合作相对单调，在涉及学科交叉的地方深入研究的困难很大。能否像环境变化一样建立起洪水事件序列，还有待其他相关学科的进一步发展。因此，今后应开展多学科之间的合作，从多种角度对古洪水进行深入研究，要注重综合使用多种方法来重建古洪水事件，运用多种替代指标和多种手段进行相互印证，提高研究结果的可信度。

（2）加强定量研究，进一步提高分辨率。目前的古洪水水文学研究，年代控制仍很弱，已有资料及记录时段不够完整，指标单一，且研究的分辨率不高；定量研究不够，特别是利用水力学模型反演古洪水方面还较为欠缺。随着年代测试技术的不断进步，定年精度不断提高，今后应结合地理信息科学（遥感对地观测和 GIS 技术等）的快速发展，建立计算水力学模型来定量反演古洪水，提高古洪水研究在空间上和时间上的分辨率。

（3）应在全国主要大河流域及其支流开展古洪水研究，建立不同区域但时间标尺相同下的空间对比关系，探讨不同区域、不同时段古洪水发生的规律和特点，在此基础上深入论证古洪水事件对气候环境变化的响应及古洪水事件发生的原因和机制。

（4）古洪水憩流沉积物野外识别与多指标实验判别依据仍是将来需要重点解决的问题。

1.2.2　考古地层学与环境考古地层学的关系

考古地层学是借用地质科学中地层学对地层的研究原理，是在田野考古发掘中科学取得研究资料的方法，也是考古学研究中最为基础的方法之一（宋春青等，2005；张宏彦，2011）。传统的考古地层学以人类活动而形成的各种文化堆积（即文化层）或相关堆积为研究对象，目的在于研究人类文化堆积形成的原因和过程。考古地层学研究的首要问题，就是要尽可能准确地将考古遗址地层中这些时间和性质不同的文化堆积层次区别开来，确定它们相对年代——即在时间上的先后关系（张宏彦，2011）。

德国考古学家 Schliemann（1822～1890 年）在世界考古学史上第一次把地层学方法应用于考古发掘。1871 年他用考古地层学方法发掘希萨里克城（位于土耳其小亚细亚半岛），取得了巨大成功。他开创的这种新方法受到学术界高度评价，因此也有不少学者认为近代考古学是伴随着 Schliemann 发掘希萨里克城开始的（格林·丹尼尔，1987）。

中国科学的田野考古发掘始于 20 世纪 20 年代，其中对中国田野考古学发端起重要作用的代表是瑞典学者 J. G. Andersson（1874～1960 年）。他于 1921 年主持发掘了河南渑池仰韶村遗址（Andersson，1923）。Andersson 是个地质学家，因此他十分重视遗址中的地层叠压关系，并在仰韶遗址的发掘过程中首次使用了探沟法了解地层，按等深度的水平层位法来划分地层和收集遗物。但这样做的结果混合了仰韶时期和龙山时期不同文化层次的遗物，导致了一系列对中国史前文化认识上的错误。1931 年，梁思永先生在美国哈佛大学获得考古学硕士学位归国后主持了后冈遗址发掘，且开始按土质土色划分地层（陈星灿，1997），著名的"三叠层"由此问世，他第一次从考古地层学角度判定了仰韶文化、龙山文化和商文化的相对年代关系（梁思永，1959）。这便成了中国考古地层学成熟的标志（张宏彦，2011）。20 世纪 40 年代，夏鼐先生到甘肃地区进行考古调查时发现在临洮寺洼齐家文化墓葬的填土中存在马厂类型的陶片，并找到了马厂类型文化比齐家文化时代早的地层学证据，从而订正了瑞典学者 Andersson 甘肃史前文化齐家、仰韶、马厂、辛店、寺洼、沙井"六期说"序列的错误（夏鼐，1948）。至 50 年代通过西安半坡遗址的发掘，学者们积累了大量宝贵的田野工作经验，逐渐形成了一套符合中国实际的方法与技术，使考古地层学日益成熟起来。

　　然而在考古地层学科的发展过程中，由于太过强调考古器物类型代表的相对年代关系和出土考古学文化遗迹、遗物本身的重要作用，人们忽视了对地层本身的研究。进入考古地层学成熟阶段后，地层学逐渐变成了层位学，完全强调地层与遗迹之间的叠压、打破等关系，变成了对板书上线条和框框的研究（姜晓宇，2007），而忽略了线条和框框之间的充填物，也就是地层所在的沉积物——土的研究。

　　环境考古学是近二三十年来由国外引入并在中国兴起的考古学分支（汤卓炜，2004；周昆叔，2007）。环境考古学是第四纪地质学与传统考古学相结合的产物，很多环境考古学者也是由第四纪或地理学转向考古学研究的。环境考古地层学研究正是环境考古学与传统考古地层学最好的结合点。与传统的考古地层学相比，环境考古地层学更加注重对地层堆积的研究。通过详细分析考古地层堆积的成分、结构和特征、土壤的理化特征和埋藏学特征、动植物遗骸特征、灾变事件自然沉积地层（如海侵或风暴潮导致的遗址地层中海相沉积、古洪水沉积、地震喷砂堆积等）特征，结合考古发掘所获得的其他文化资料和信息，能够全面和有效揭示遗址的形成过程、遗址所处的古环境（植被、气候、水文、地貌、动物等）信息及其演变资料、聚落生存活动及古环境变迁与古文化演进之间的互动响应关系等。理论上，环境考古地层学研究可以充实和发展传统地层学的一些理论，同时修正一些传统的看法（朱诚，2005；朱诚等，2009，2010）。环境考古地层学在自然地层研究方面还应该与传统考古地层学更好地结合，如对遗址中出土人、动物牙齿和骨骼化石的稳定同位素分析也可反映当时的环境变化和人类及动物食谱信息等（Tian et al., 2008, 2011；侯亮亮等，2012；赵春燕等，2012），其研究结果应该被更广泛的认识。刘东生先生（2003）很早就主张在全新世地层研究中要注重与考古学文化的相互印证。在环境考古地层学实践中，自然地层的辨认应与文化层的辨认同时进行，人类文化遗存与环境信息应同时进行提取，文化层之间叠压打破关系的确认应与自然层和文化层堆积方式的确认同时进行。只有在理论和实践上都遵循上述要求，环境考古地层学才能更好地为考古学服务，同时可以进一步加深对古代人地关系地域系统演变规律的认识。可喜的是，中国的环境考古地层学研究近些年取得了一批优秀的成果，尤其是关于北方第四纪黄土和南方古洪涝及海侵事件的研究成果（周昆叔等，2006；周昆叔，2007；周昆叔和鲍贤伦，2007；莫多闻等，2009）。对黄土的深入研究使人们了解了中华古代文明成长的根基，尤其是华夏文明的起源地黄土高原及全新世周原黄土（周昆叔，2007；周昆叔和鲍贤伦，2007；Lu et al., 2011b；鹿化煜等，2012）。在中国北方，黄土-沙漠交界带的研究使人们对北方游牧民族文化的地理背景有了一定的认识（夏正楷等，2000；莫多闻等，2002；An et al., 2005；Liu et al., 2009；Liu et al., 2010；Xia et al., 2012）；而在中国的南方，对古洪水沉积和海岸线变迁的研究使人们对南方长江流域和华东沿海地区考古学文化变迁的环境因素有了更进一步的认识（朱诚等，1997，2005b；Yu et al., 2000；Zhu et al., 2003, 2005, 2008；Zong et al., 2007；Chen et al., 2008；邓辉等，2009；吴立等，2012；谢志仁等，2012）。

1.2.3　古洪水事件环境考古研究进展

全新世以来考古遗址地层由于常蕴涵丰富的人类活动遗迹遗存和各种可靠测年的材料，还常保留有古洪水、海侵、古地震等突发自然灾害留下的事件性沉积地层，从而成为近些年国内外全新世环境考古与环境演变及人地关系研究的热点内容（Kochel and Baker, 1982；Baker, 1987, 2006, 2008）。在该研究领域中，近年全新世突发古洪水事件对人类活动影响的环境考古研究尤为引人关注。在众多有代表性的国际研究成果中，Smith 等（2006）通过对英国 Staford 郡 Yoxall 大桥青铜时代遗址地层沉积物中的孢粉、植物大化石和昆虫遗存及沉积物底部 1049～810 BC 倒下的古树研究，论证了古洪水发生和人类遗址被遗弃的年代。May（2003）利用 6 个地点剖面地层样品的 ^{14}C 测年、沉积物中淤砂、淤泥和有机质百分含量的垂向剖面变化研究发现，美国内布拉斯加州 Loup 河流域的洪泛平原主要形成于 5.7～5.1 ka BP。Brown 等（2000）利用沉积物粒度、^{14}C 测年、TOC 和磁化率并结合历史文献资料研究了英国北佛蒙特地区（North Vermont area）10000年来的古洪水记录，发现除文献记载外，该区至少还存在 2620 a BP、6330 a BP、6810 a BP 和早于 7860 a BP 的几次大洪水事件。Hassan（2007）发现埃及中世纪（AD 930～1500）尼罗河极端洪水事件与饥荒发生的关系密切，并探讨了这种相关性背后揭示的气候意义和原因。Norton 等（2004）根据对世界各地洪水事件和冰湖溃决、水库垮坝、暴雨事件等的统计，讨论了目前已知的全新世以来世界各地特大洪水与全球灾变事件的联系。Sheffer 等（2002）将水文观测、^{14}C 测年、沉积相分析和历史文献资料相结合，研究了法国南部阿列河（The Ardeche River）古洪水现象，在全新世地层中发现了两个中全新世和四个晚全新世的古洪水沉积层。Dirszowsky 和 Desloges（2004）研究了洪水和气候之间的联系及其对加拿大驼鹿湖三角洲（Moose Lake Delta）形成和演变的影响，发现河槽与河滩沉积物与河源区<63 μm 的细粒沉积物的地球化学指标具有联系性，驼鹿湖三角洲的洪泛平原主要形成于早全新世，主要由细粒、低载荷的古河道沉积物构成；驼鹿湖三角洲的洪泛平原区自 4 ka BP 以来其发育受到限制，河道中出现大量高载荷的沉积物，反映了区域气候条件从温暖干燥的高温期向冷湿的新冰期气候的转变。Medina-Elizalde 和 Rohling（2012）通过对尤卡坦半岛和中美洲的古典期玛雅文明的多条地层记录与降水量建模的综合分析，发现古典期玛雅文明的衰落与夏季降水特别是赤道暴雨洪水发生频率和强度的减少有密切关系。Vött 等（2009）通过地貌学、沉积学、地球化学、微形态学和微体古生物学等方法，集成研究证实公元前 3000 年至中世纪希腊 Lefkada 海峡及邻近地区多次的海啸活动，强烈海啸事件周期大致为 500～1000 年，而古代人工开掘的水道也多次为海啸导致的洪水沉积物所堵塞。Anderson 和 Neff（2011）对美国 Arizona 州 Colorado 河大峡谷 AD 1050～1170 年四个考古遗址地层中记录的古洪水事件进行了研究，并探讨了古洪水事件对考古遗址聚落分布形式和人类活动的影响，反映了早期农民在聚落形式选择和聚居地迁移方面对古洪水事件的适应。Benedetti 等（2007）则估算了美国密西西比河泛滥平原上 Sny Magill 考古遗址地层中古洪水沉积垂直加积速率，并指出流域内洪水逐渐增加而水中悬浮泥沙沉积物逐渐减少的明显变化。Turney 和 Brown（2007）基于数量众多的考古遗址证据讨论了欧洲地区早全新世海面上升导致的洪水灾害与人类迁移、新石器文化变更的关系，指出早全新世的 8740～8160 a BP 由于北美 Laurentide 冰盖的消融全球海面迅速上升，欧洲沿海地区大量的早期农民被迫放弃土地向欧洲大陆内陆和北部扩散迁移，并伴随着早期农业向畜牧业经济的转变，这种转变同时产生了新石器文化的变更。Jean-François（2011）系统而全面的研究了法国 Rhône 河中游流域全新世考古地层与自然沉积地层（包括古洪水沉积层）的分布与堆积状况，发现考古文化层主要集中分布在下游冲积平原和阿尔卑斯山山麓河流冲积扇的地层堆积中，并在此基础上探讨了古水文、古洪水事件及后生沉积作用对流域内全新世考古遗址分布的影响。Yasuda 等（2004）根据对中国湖南城头山遗址地层的 ^{14}C 测年和对遗址地层出土的稻谷、植物大化石、孢粉及植硅石的鉴定统计，发现澧阳平原新石器时代大溪文化、屈家岭文化和石家河文化的结束均对应于气候恶化时期，也是夏季风变弱的时期；正是 4200～4000 cal a BP 欧亚大陆上广泛发生的夏季风减弱气候恶化事件造成农业灌溉所需的降水量减少，从而导致这些新石器时代文化的衰落。但经过许多学者的多年研究表明（朱诚等，1996，1997；Yu et al.，2000；Zhu et al.，2003；朱诚，2005，2007，2009，2010；Wu et al.，2017；Wu et al.，2012a，2012b），在长江中下游的众多遗址中，尽管在石家河文化和良渚文化时期可能经历过干旱过程和低海面气候事件的影响，石家河文化层和良渚文化层之上常可见自然淤积层（淤泥或淤砂层）

的存在，这些更可能是由于古洪涝灾害造成的。所以，Yasuda 等（2004）的观点也有待于在本书的研究中进一步验证。

随着各地区考古文化序列的建立，在一些区域发现考古遗址文化层经常有缺失的情况，在地层上表现为经常夹杂有淤泥层在文化层之间，这被认为是古洪水沉积的产物（Wu et al.，2012a）。夏正楷等（2003，2004）通过对河南新寨遗址地层沉积物的粒度分析，讨论了中国中原地区 3500 a BP 的异常洪水事件；通过对遗址地层与河流阶地的研究发现，在 3650 a BP 前后齐家文化晚期，地震造成了青海官亭盆地喇家遗址地面的破坏和房屋的倒塌，山洪和大河洪水发生在地震之后，黄河大洪水则彻底摧毁了整个遗址，给喇家遗址先民带来了灭顶之灾。莫多闻等（1996）通过沉积环境研究分析了甘肃葫芦河流域全新世环境演变对人类活动的影响，发现 8～7 ka BP 间的有利气候导致了大地湾一期文化的出现和发展，延续到距今 5000 年的适宜气候为该区仰韶文化的稳定发展提供了条件。张芸等（2008）通过对长江三峡大宁河流域张家湾遗址地层粒度成分和磁化率的分析，认为本区至少经历了 3 次特大洪水事件，古洪水与河床演变对考古遗址的分布具有一定的影响，制约着古人类活动和古文化发展；葛兆帅（2009）利用 24 次全新世特大洪水序列与川渝地区近两千年的洪灾史料并与阿拉伯海记录的西南季风气候变化对比分析，发现长江上游全新世特大洪水事件与西南季风变化具有很好的响应关系。展望等（2010）通过长江下游一个稳定江心洲上沉积剖面的粒度和有机元素组成分析，清晰地揭示出主要粒度参数、概率累积曲线和 C-M 图可以指示洪水事件沉积，而沉积有机质的 TOC/TN 因为反映大洪水期间长江流域强烈的地表冲刷将大量降解不完全的碎屑有机质带入下游，也成为洪水事件的较好示踪标志；根据 ^{210}Pb 堆积速率、研究剖面的粒度及 TOC/TN 比值清晰地记录了长江干流 1850～1954 年期间的若干次特大洪水事件，与历史文献和水文监测资料吻合。黄春长等（2011）通过野外考察研究，在关中盆地西部漆水河中游沿河谷阶地上，发现典型的全新世大洪水滞流沉积层，它们覆盖着龙山文化聚落——浒西庄遗址文化层；利用地层分析、磁化率和粒度成分测定、文化遗物鉴定、OSL 和 ^{14}C 技术断代，证明在 4300～4000 a BP 关中盆地经历了一个洪水期，发生了多次大洪水事件；在大洪水发生期间，漆水河谷沿河第二级阶地面以浒西庄遗址为代表的龙山文化早期（庙底沟二期）聚落和田地被淹没，同时，在更高阶地和黄土台原边沿地带，以赵家崖遗址为代表的龙山文化晚期（客省庄二期）聚落得到迅速发展；结合在泾河和北洛河河谷发现的史前大洪水沉积学证据（王夏青等，2011；Zha et al.，2012），揭示出了龙山文化晚期关中盆地普遍发生大洪水的客观事实，同时也发现在 3100～3000 a BP（即先周在周原"岐邑"时期），关中盆地漆水河谷和渭河河谷也曾经发生多次大洪水。朱诚等（2005b，2008）和 Yu 等（2000，2003）在过去对长江流域考古遗址和全新世自然沉积地层的研究中，曾利用对遗址地层的 AMS^{14}C 测年、埋藏古树和沉积学等方法研究过长江三峡库区和长江三角洲的古洪水，并将现代洪水沉积物在重矿物组分、锆石微形态、粒度、磁化率、Rb/Sr 和 TOC 等特征指标运用于对同流域考古遗址地层中古洪水层的甄别，发现 7.6 ka BP 以来水位在吴淞高程 147.024 m 以上的古洪水在长江三峡库区丰都玉溪遗址 T0403 探方地层中至少留下了 16 次沉积记录。白九江等（2008）则采用考古学方法，根据玉溪遗址的考古发现，从地层堆积特点、包含物、陶器和石器、砾石产状等多角度分析了疑似洪水层与遗址文化层的差异，确认了疑似洪水层是长江古洪水的遗留，并探讨了古洪水发生的周期。另外，在古洪水事件对早期文化发展影响的环境考古研究方面，朱诚等（1996）通过孢粉分析结果认为，马桥遗址区良渚文化的衰落是大规模陆地洪灾所致，并指出史料记载中的鲧、禹治水也在这一时期；申洪源等（2004）通过对太湖流域新石器遗址时空分布与地貌类型的相关性研究，结合地层堆积特征，认为良渚文化晚期（4.2～4.0 ka BP）受海面上升、气候变化等的影响，低洼地区洪涝灾害增多，良渚文化层之上普遍发现的淤积层表明先民居住地遭受洪水灾害，居住面积锐减，先民背井离乡，最终导致太湖流域新石器文化的衰落；李兰等（2008）通过对江苏连云港藤花落遗址地层微体古生物鉴定分析，认为该遗址消亡应该是在龙山文化晚期（4.2 ka BP 左右）经历较长期的陆地水患事件后才被彻底废弃的；邱维理等（2003）根据华北平原两种类型湖沼沉积剖面的观察与分析，确定了全新世期间该区至少存在 9 个洪水-沼泽沉积旋回，并认为从 8000 a BP 至 5000 a BP 前后，华北平原洪水作用频率和强度增加，沼泽积水和洪泛时间长，形成湖沼众多的环境，由此华北平原及周边地区新石器文化遗址集中分布在燕山、太行山、泰山山前地带，形成"高台文化"；Wu 等（2012b）则以巢湖东北岸的唐咀遗址为例，从环境考古角度综合沉积学和历史文献资料，探讨了巢湖地区古代文化兴衰与洪水、地震等自然灾害群发事件的关系。总而言之，史前大洪水是中国古代史研究中不可回避的重大问题。上述各古洪水事件环境考古研究成果，对于揭示区域气候水文变化响应于全球变化的规律，阐明大洪水事件对中国史前文化突变和社会转折的影响，具有重要的科学意义。

1.2.4 江汉平原古洪水研究现状与存在问题

江汉平原地区因南水北调及荆江大坝等水利水电工程建设的原因，考古发掘进展很快，目前该地区的新石器文化序列已经初步确立起来，主要经历了城背溪文化（8.5～7.0 ka BP）→[大溪文化（6.5～5.1 ka BP）和边畈文化（6.9～5.9 ka BP）→油子岭文化（5.9～5.1 ka BP）]→屈家岭文化（5.1～4.6 ka BP）→石家河文化（4.6～3.9 ka BP）四个文化时期（湖北省博物馆，书 2007）。通过对江汉平原及其周边地区（如长江三峡地区）隶属于这些考古学文化遗址的地层学研究，可以发现许多遗址上下两个文化层之间普遍存在厚度不等的淤泥或淤砂层，有些遗址的某些文化层则直接缺失或被淤泥和淤砂层所掩埋（图1.2）。据此已有不少学者对本地区的古洪水事件做过环境考古地层学研究，取得了不少科研成果（周凤琴，1986，1992；朱诚等，1997；刘沛林，2000；谢远云等，2007）。代表性成果如周凤琴（1986，1992）对江汉平原荆江历史变迁的阶段性特征进行研究，并依据埋藏古遗址、古墓葬分布及古代水工建筑等证据的综合分析对荆江近5000年来古洪水位的变迁做了研究。朱诚等（1997）则根据对江汉平原及长江三峡地区新石器文化遗址的分布、埋藏古树、文化间断和历史资料探讨了本区全新世异常洪水频率的变化，划分出4个洪水频发期：8000～5500 a BP为第Ⅰ洪水期，发生9次特大洪水；4700～3500 a BP为第Ⅱ洪水期，至少发生9次特大洪水；2200～700 a BP

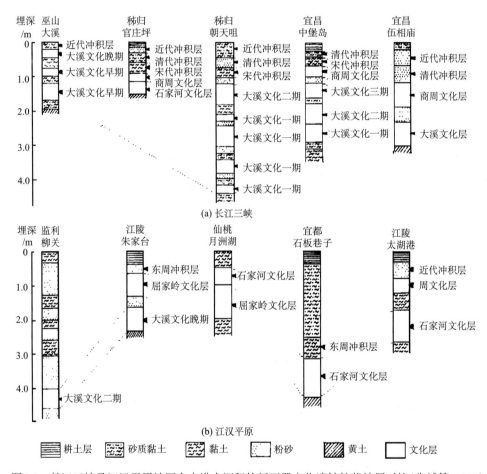

图1.2　长江三峡及江汉平原地区含古洪水沉积的新石器文化遗址柱状地层对比（朱诚等，1997）

为第Ⅲ洪水期，共发生 91 次特大洪水；500～100 a BP 第Ⅳ洪水期，发生 52 次特大洪水，其中在小冰期最冷期（300～100 a BP）就有 40 次；第Ⅰ、Ⅱ、Ⅲ洪水期均与高温、高海面期强盛的夏季风活动有关，其中第Ⅲ洪水期还与江汉平原地区筑堤、围垸等不合理的土地利用有关，第Ⅳ洪水期可能与环太平洋地震带释放大量地热能触发的太平洋表层海温异常事件以及强盛的冬季风活动有关。

然而，目前江汉平原地区古洪水事件环境考古领域的研究尚存在以下三方面问题：一是江汉平原地区对有文字记载的历史时期以来，尤其是有仪器观测资料以来的洪水事件研究成果可信度较高，而对无文字记载的史前时期古洪水研究尚缺乏可信度高的学术成果。二是在考古界发现的湖北省旧石器时代至战国时期1362 处主要遗址中（朱诚等，2007b），许多遗址的文化层不仅具有可靠的器物断代优势，而且遗址地层中还存有大量可供 AMS^{14}C 测年的炭屑以及淤泥层或淤砂层等文化间歇层（朱诚等，1997，2007a；王红星，1998；刘沛林，2000；Wu et al.，2017），它们真实地记录了史前古洪水事件对人类文明发展和生存影响的重要信息，这是自然沉积地层所无法替代的灾变事件对人类文明影响的理想研究素材；然而，在过去江汉平原及其周边地区的古洪水研究中并未能充分利用这些考古遗址地层材料。目前，若能充分利用 AMS^{14}C 测年和 OSL 测年发展较快的优势（朱诚等，2005，2008；王绍武，2007；吴小红等，2007；张家富等，2009；黄春长等，2011；Zhang et al.，2011a；王恒松等，2012），及时开展对江汉平原地区考古遗址地层古洪水事件的研究，将有利于获得在年代学上高精度和高分辨率的古洪水事件研究结果，而这正是当前国内外全新世环境演变与全球变化研究的热点内容之一。第三，石家河文化是长江中游地区最后一支发达的新石器考古学文化，其出土的精美的玉器、石器、陶器、铜器残片及古城遗迹象征着它的发展水平已经临近文明门槛（图 1.3），然而，4000 a BP 前后石家河文化突然消失，其衰落和消亡的准确年代及其环境成因等问题尚无确切定论。日本学者 Yasuda 等（2004）根据对中国湖南城头山遗址地层的 ^{14}C 测年和对遗址地层出土的稻谷、植物大化石、孢粉及植硅石的鉴定统计，发现澧阳平原新石器时代大溪文化、屈家岭文化和石家河文化的结束均对应于气候恶化时期，也是夏季风变弱的时期；正是4200～4000 cal. a BP 欧亚大陆上广泛发生的夏季风减弱与气候干旱事件造成农业灌溉所需的降水量减少，从而导致石家河新石器时代文化的衰落。但在长江下游与石家河文化同时段良渚文化（5300～4000 a BP）的消失，多年研究表明（朱诚等，1996；Zhang et al.，2005；Wu et al.，2012a）更可能是与洪涝灾害有关。同时，在江汉平原地区也发现有众多存在石家河文化时期疑似古洪水层的考古遗址。因此，他的观点也有待于在本书的研究中进一步验证。该科学问题被列为"十一五"国家科技支撑计划"中华文明探源工程"的重点攻关内容（科技部社会发展科技司和国家文物局博物馆与社会文物司，2009），值得通过古洪水事件环境考古途径继续深入研究。

图 1.3　长江中游石家河文化（4600～3900 cal. a BP）出土代表性器物与古城遗迹（石家河考古队，1999，2003；湖南省文物考古研究所和国际日本文化研究中心，2007）

1.3　研究内容与技术路线

1.3.1　研究内容

本书以江汉平原典型考古遗址地层记录的中全新世古洪水事件及环境演变过程为主要研究内容。在经过缜密的野外调查基础上，发现并选择了三处具有重要古洪水事件环境考古研究价值的典型遗址及其地层剖面，为解决上述科学问题提供了极其宝贵的素材。这三处地点分别是：荆门市沙洋县的钟桥遗址 ZQ-T0405 剖面、天门市石河镇的石家河-谭家岭遗址 TJL-T0620 剖面和石家河-三房湾遗址 SFW-T1610 剖面。以上三处典型遗址涵盖了江汉平原地区中全新世较为完整的新石器文化序列，各遗址中包含可供测年材料的文化层、与古洪水事件有关的淤泥层或淤砂层、可供验证对比古洪水沉积之用的现代洪水沉积，均为年代学、沉积学、孢粉等微体古生物学、植物化石、重矿物、地球化学和环境磁学等研究提供了理想的素材,可供系统分析和深入理解江汉平原地区中全新世古洪水事件发生的自然环境背景,及其对人类文明演进影响的过程特征与区域响应。此外,本区发育良好的神农架大九湖泥炭和荆州江北农场河湖相自然沉积的孢粉记录、有机质含量、腐殖化度及其 TOC 和 Rb/Sr 对比研究成果(谢远云,2004;马春梅,2006;李枫等,2012;王晓翠等,2012)也将作为与遗址地层对比之用的自然沉积标志地层。需要说明的是,长江中游现代洪水沉积物是与长江水利委员会荆江水文水资源勘测局高级工程师周凤琴先生野外调查时发现的,在荆州市长江两岸的堤外滩地文村夹、二圣洲和学堂洲均发现有保留完好的 1998 年现代洪水沉积物,它们具有清晰的水平层理和粗细交互沉积的韵律层;而汉江现代洪水沉积物沉积学特征则采用前人的研究成果(庞奖励等,2011;乔晶等,2012;查小春等,2012)。就洪水沉积而言,同一流域的洪水沉积物有相同的沉积物来源,古洪水与现代洪水在沉积物组成上有一定的相似性。这些研究区内同流域的现代洪水沉积物为考古遗址地层中古洪水层的甄别比对提供了理想的参照研究材料。

据此,本书将对以下内容展开研究:

(1)该区现代洪水沉积物以及上述三处考古遗址地层的沉积相、粒度、孢粉、锆石微形态分析、地球化学和环境磁学指标环境信息的提取,并与神农架大九湖泥炭和荆州江北农场河湖相自然沉积记录作综合集成研究,分析中全新世区域环境变化过程和物质来源,为古洪水研究提供气候环境背景。

(2)三处典型考古遗址文化层或古洪水沉积层样品测年和地层年代序列的建立。

(3)三处考古遗址中典型古洪水沉积物以及现代洪水沉积物沉积学、环境磁学、锆石微形态和元素地球化学特征,综合年代学数据的分析,建立准确判定本区考古地层剖面中古洪水沉积物的标志及其指示的古洪水事件,并对古洪水事件的性质进行判定。

(4)分析江汉平原地区古洪水产生的原因,揭示中全新世本区洪水发生与气候环境变化之间的联系,特别是与东亚季风降水变化的关系。

(5)江汉平原地区中全新世古洪水事件对本区人类活动及早期文明演进的影响。

本书研究拟解决的重点和难点问题包括:

(1)各典型遗址地层中与古洪水事件有关的各淤泥层、淤砂层或泥炭层的确切年代及记录的各时期环境演变与古洪水事件的真实情况。

(2)各典型遗址地层中自然淤积层与当地现代洪水沉积物的粒度沉积相、锆石微形态、元素地球化学和磁化率等特征指标相似性比较及遗址古洪水层的判别。

(3)与本区及周边中全新世高分辨率气候环境演变记录的综合集成对比。

(4)研究区内古洪水事件发生背景与大尺度气候环境变化的相关性分析研究。

（5）江汉平原地区中全新世古洪水事件对人类文明演进过程的影响。

围绕上述研究内容和重难点，凭借现有实验条件，通过分析上述各环境代用指标在剖面的变化规律和分布特点，结合对已有研究成果的综合分析和对比，本研究将获取考古遗址地层剖面中记录的江汉平原中全新世古洪水事件、环境演变

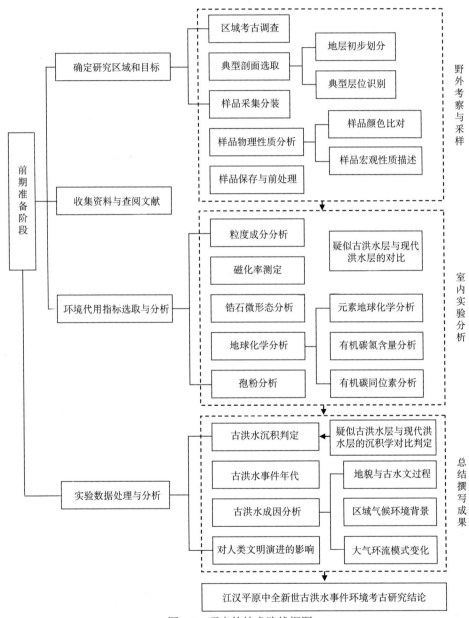

图 1.4　研究的技术路线框图

和人类活动的信息，从而深入分析探讨古洪水事件对本区新石器晚期文化和人类
文明演进过程的影响。

1.3.2　研究方法和技术路线

　　本书中面上的考古遗址资料及相关年代学资料主要收集作者发表或出版的
相关考古学论著或刊物（后文中将有详述及其参考文献），此外还包括已经公布的
研究区人类活动遗址的地理坐标和高程参数以便于探讨古洪水事件对人类活动和
聚落遗址分布的影响；数据的处理、分析由作者独立完成，使用的软件主要有
Microsoft Office 2003、ERDAS IMAGINE 8.4、CorelDRAW SA 11、Golden Software
Grapher 2.0、Google Earth 4.2、MapInfo Professional 7.8 SCP、Adobe Photoshop CS、
Tilia、ArcGIS 9 和 Adobe Illustrator 等，空间处理数据主要有湖北省 90 m 分辨率
的 SRTM DEM 数据、地形和水系图及《中国文物地图集·湖北分册》中的遗址点
数据（国家文物局，2003）等。本书中研究所采用的实验方法在第四纪研究领域
中都是相对比较成熟的技术，其在目前的研究水平下基本都可以实现。研究的技
术路线如图 1.4 所示。

1.4　研究过程与工作量

1.4.1　研究过程

　　（1）准备阶段：全面查阅国内外现有的关于古洪水事件环境考古的研究成果
和文献资料，确定研究思路和方法；搜集江汉平原地区地形图、地貌图、地质图、
水文资料和考古资料等，选择有利于实现研究目标的区域内典型考古遗址，并针
对实际情况选择适当的环境代用指标。
　　（2）野外考察阶段：由朱诚教授带领，会同湖北省文物考古研究所孟华平所
长、刘辉副研究员及相关考古工作人员等对江汉平原地区进行野外实地考察，并
选择典型考古遗址地层剖面和现代洪水沉积进行采样；在收集现有资料和对江汉
平原地区多个考古遗址点实地踏勘调查和分析的基础上，最终确定在江汉平原汉
江以西地区的沙洋县钟桥新石器时代遗址和汉江以东地区的天门市石家河新石器
时代遗址群选取三个含有自然淤积层的典型考古地层沉积剖面（钟桥遗址
ZQ-T0405 剖面、石家河-谭家岭遗址 TJL-T0620 剖面和石家河-三房湾遗址
SFW-T1610 剖面），同时选取了研究区的现代洪水沉积典型地点（文村夹、二圣
洲和学堂洲），进行了高分辨率盒装柱状样分装法系统采样。
　　（3）室内实验分析阶段：在实验室内进行沉积学、环境磁学、孢粉学、重矿
物微形态学和地球化学等测试、鉴定与分析的基础上，建立能够系统性反映古洪
水沉积特征、气候环境演变、地貌演变和人地关系变化的指标体系，结合加速器

质谱碳十四测年（AMS^{14}C）、光释光测年（OSL）、出土器物考古类型断代和地层关系对比分析建立起对这些数据和环境代用指标体系的年代控制。

（4）总结阶段：对室内实验分析的数据结果进行综合分析和整理，包括对古洪水沉积的判别、古洪水事件的年代和性质、古洪水事件发生的环境演变背景及古洪水事件对人类文明演进的影响和区域差异特征，结合本区已发表的众多考古遗址年代学数据和地层学描述，建立中全新世后期本区主要洪水灾害的序列信息，取得本研究的结论性成果。

1.4.2　研究完成的主要工作量

因江汉平原地区南水北调中线工程而展开的遗址抢救性发掘正在进行，野外采样主要与湖北省文物考古研究所合作，三个典型考古遗址分别选在江汉平原西部沙洋县境内的钟桥遗址和汉江以东天门市境内的石家河古城谭家岭遗址及三房湾遗址，并采集了遗址代表性探方的样品。样品采集使用盒装柱状样采样法用若干个 1 m 长不锈钢盒交错层位将目标考古地层分段整体切割搬回（Jones, 2002），过程中严格按照量测准、地层全、无污染、取样细、重视关键层、现场绘制剖面地层图并完成拍照等原则进行。样品现场密封后搬回实验室，经分样、称重后再进行样品前处理；同时，做到样品称重准确、添加试剂适量、操作程序正确、可疑样品重做，以获得客观准确的数据，为理论分析做扎实准备。通过实验室完成的测试主要有粒度、磁化率、锆石微形态、孢粉、XRF 元素地球化学分析、总有机碳、总氮、有机碳同位素等。研究完成的主要工作量统计见表 1.4。

表 1.4　研究工作量统计

工作内容	工作量
野外考察	3 次 20 多天，3 个剖面，现代洪水沉积点
样品采集	1263 个样品
AMS^{14}C	9 个样品
OSL	2 个样品
孢粉	74 个样品，11 563 粒
锆石微形态	27 个样品，18 285 粒
粒度	221 个样品
质量磁化率	373 个样品
化学元素	116 个样品
TOC	147 个样品
TN	147 个样品
$\delta^{13}C_{org}$	147 个样品

第 2 章　研究区地理环境和考古地层剖面选择

2.1　区域自然地理环境概况

江汉平原主要是由长江与汉江冲积而成的平原，位于长江中游湖北省的中南部（图2.1），它西起枝江，东迄武汉，北至钟祥，南与洞庭湖平原相连，其与洞庭湖平原可合称为两湖平原。江汉平原介于北纬 29°26′～31°10′，东经 111°45′～114°16′，面积 3 万余平方公里，东西跨度近 300 km，主要包括荆州市的荆州区、沙市区、江陵县、公安县、监利县、石首市、洪湖市、松滋市 8 个县市区及仙桃、潜江、天门 3 个省直管市，并辐射周边武汉、孝感、荆门和宜昌 4 个市的部分地区（湖北省地方志编纂委员会，1997）。江汉平原因其地跨长江和汉江而得名，素称"鱼米之乡"，是中国三大平原之一的长江中下游平原的重要组成部分，也是

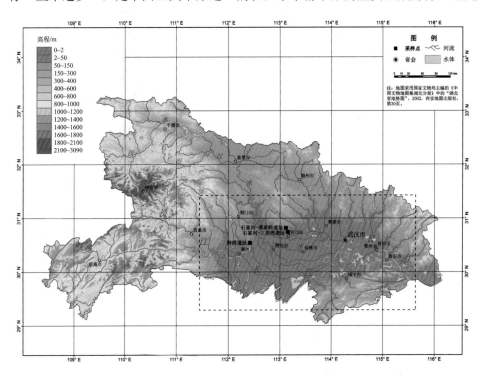

图2.1　江汉平原在湖北省的位置及遗址采样点分布图

中国南方四大富饶平原之一，为全国重点商品粮棉和淡水养殖基地之一。江汉平原大小湖泊约 300 多个，重要的有洪湖、汈汊湖、长湖、排湖、大同湖、大沙湖等。湖泊一般底平水浅，既是淡水养殖基地，又能调蓄江河水量，减轻平原旱涝灾害。

2.1.1　地质地貌

江汉平原主体属扬子准地台江汉断拗，中国东部新华夏构造体系沉陷带的一部分，地势低平，其构造框架早在侏罗纪末期发生的燕山运动期间便具雏形；目前江汉平原的基本轮廓，则是在第四纪以来新构造运动的作用下，在由 12 个构造单元组合而成的复式断陷盆地这一老构造基底上的重新陷落（主要表现为拗陷）逐步形成的（湖北省地方志编纂委员会，1997）。前人调查研究表明（谢远云，2004），本区第四纪以来沉降中心在新河一带，沉积厚度达 200～300 m，岩相特点以河湖相为主，较厚的河床相砂砾与较薄的湖沼相黏土、淤泥和淤泥质黏土交替出现，大致有 7～8 个旋回，具有典型的二元相结构；同时，江汉平原 50 m 以内不同深度的地层分布着不连续的透镜状淤泥黏土层（图 2.2）。

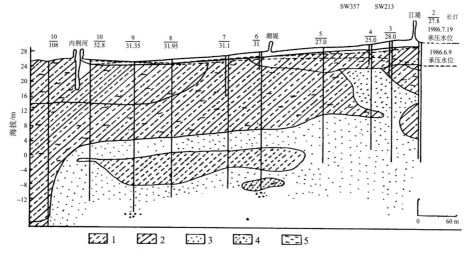

图 2.2　江汉平原腹地洪湖龙口地区水文地质剖面

1. 亚砂土；2. 亚黏土和黏土；3. 粉砂；4. 砂砾；5. 淤泥

江汉平原周缘由于第四纪以来新构造运动的间歇性上升和平原内部的大幅度沉降，产生了缓慢的升降差异运动，造成平原地势从西北向东南方向倾斜，平原中部为巨厚的河湖相松散沉积物组成的坦荡而稍有起伏的平原，海拔均在 40 m以下，外围依次为 40～80 m 及 80～120 m 的两级阶地或 50 m 左右的平缓岗地，阶地外围则为 120 m 以上的丘陵或低山，东南逐渐由 35 m 左右降至 5 m 以下，汉口仅 3 m（图 2.3）。平原内部湖泊星罗，水网交织，垸堤纵横，受网状水系的泥砂沉积和人工筑堤影响，形成了相对高差数米至 10 余米的沿江高地和河湖间洼地相间分布的地貌特点，如荆江沿岸高地、东荆河沿岸高地和汉江沿岸高地等，其间相应分布有荆北四湖（长湖、三湖，白露湖、洪湖）洼地、汉南排湖洼地、汉北汈汊湖洼地及长江右岸的松滋河、王家大湖凹地等；凹地的地面高程多在 25～28 m，地表组成物质主要为黏土，地下水位一般离地表 0.5～1.0 m，甚有不及 0.5 m 者，每遇大雨，易成涝渍；处于河床与人工堤防之间的堤外滩地，现代冲积作用旺盛，地势较高，大部分在 30 m 以上（湖北省水利志编纂委员会，2000）。

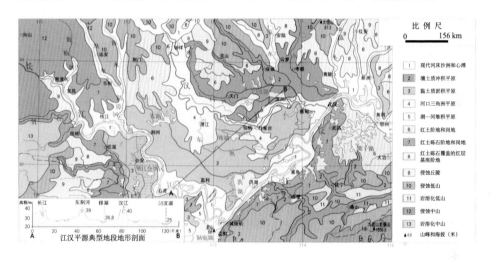

图 2.3 江汉平原地貌类型及典型地段地形剖面图（根据刘明光，2010 修改）

总体上，长江与汉江之间的平原中心区，处于江汉沉降区中部，是第四纪以来各时期湖沼密集区，湖沼发育；其地貌类型由河流向洼地中心呈现有规律分布（徐瑞瑚等，1994；何报寅，2002），依次为河道、低河漫滩、高河漫滩、天然堤、牛轭湖、决口扇、河间洼地、湖泊沼泽，平原边缘则为台地和岗边湖；平原的第四系沉积是河湖交替演变的产物，河床相、洪泛相、湖相及沼泽相沉积层交替出现，反映了第四纪以来河湖景观的交替出现，并在地貌形成演化中起主导作用（何报寅，2002）。

2.1.2 气候

江汉平原属北亚热带季风气候，气候温暖湿润，年平均温度在 16℃以上，最冷月均温在 3.5℃以上，年均日照时数约 2000 h，年太阳辐射总值约 460～480 kJ/cm²，无霜期 240～260 d，10℃以上积温持续期 230～240 d，活动积温 5100～

5300 ℃，平原各地利于棉花、水稻等喜温作物栽种。本区年均降水量 1100～1300 mm，气温较高的 4～9 月降水量约占年降水总量的 70%。汉江谷地为冷空气南下的重要通道，江汉平原首当其冲，春、秋季节常发生低湿阴雨，使旱稻烂秧概率及二季晚稻空壳率较高；若遇梅雨过长、暴雨多的年份，初夏易遭洪涝；盛夏常为副热带高压脊控制；秋季又多晴朗天气，故伏、秋干旱频次较多。根据江汉平原 8 个气象观测站 1961～2004 年的气象资料表明（王慧亮等，2009），该区年平均气温呈现上升趋势，平均最低气温有明显增加而平均最高气温变化幅度不大，秋、冬两季气温上升明显；同时，该区年降水量呈现上升趋势，降水年际间变化明显，干燥指数 K 升高，气候向湿润化发展。湿润化趋势的发展将会加剧农田涝渍灾害。

2.1.3　土壤

因江汉平原由冲积、洪积或湖积而成，故地表组成物质主要是近代河流冲积物和湖泊淤积物，沉积物属细砂、粉砂及黏土，古近纪红层只在平原边缘地区有所出露（湖北省地方志编纂委员会，1997）。在靠近河床或泛滥主流的地方沉积了较粗的砂粒；从河床到边缘岗地，或从河床到湖区，地表组成物质从砂质逐渐向泥质过渡，依次出现砂—砂壤土—黏土的分布规律，与其相应的土壤则为河砂—油砂—红土—黄土（在湖区主要为湖泥）。其中，在长江、汉江和东荆河沿岸，河床与人工堤之间的堤外滩地多为砂壤土，而在大堤以内的堤内平原土壤多为厚层粉砂壤土，质地疏松，理化性状好，自然肥力高，施肥见效快，排水条件好，地下水位较低，易于耕作，当地群众称为"油沙土"和"正土"，有"土中之宝"的誉称，多为旱地，适宜棉花、麦、油菜等作物种植。在江河之间由于淤高形成的相对低下的长形洼地区，其地表组成物质是在流水速度很慢乃至静水环境下沉积形成的，主要为黏土（俗称"湖泥土"或"烂泥土"），此土泥多沙少，质地黏重，通气不好，土温较低，有机质含量高，适合水田稻作，是江汉平原的水稻产区。在江汉平原的边缘地区，断续分布有垅岗地貌，地表覆盖有第四纪早期的、厚约数米至 10 m 的红色或黄棕色亚黏土，这里发育的土壤主要是白善土和马肝土，白善土主要分布在岗地下坡和平畈，理化性状较好，熟化程度较高，适合各种水旱作物生长；马肝土主要分布在岗地的上坡和顶部，质地比较黏重，亦多种植水稻。总体上，本区内土壤以水稻土为主，次为岗丘地区的黄棕壤。

2.1.4　植被

前人研究和相关资料表明（湖北省地方志编纂委员会，1997；谢远云，2004），本区地带性植被主要是亚热带常绿阔叶林，全新世以来总体表现为三个大的气候和植被演替，即早期温和较湿润气候条件下生长有稀疏松树和落叶阔叶树的亚热带草原植被、中期暖湿气候条件下生长有落叶阔叶、常绿阔叶树的亚热带杂类草沼泽植被、晚期温凉较干燥气候条件下生长有较多松树和稀疏阔叶树的亚热带针叶林植被；直至 3400 a BP 人类大规模干扰活动以前江汉平原绝大多数地区仍保持着较好的自然植被（谢远云等，2008）。明清时期以来，由于人类长期生产活动的影响，天然植被已经为农田栽培植被所替代，以种植稻、麦、棉、花生、油菜为主，其中水稻和棉花是国内著名的产区之一（湖北省地方志编纂委员会，1997）。区内除高度不大的丘岗地，边缘地区的丘陵地上及江、河、湖岸生长有马尾松幼林、杂木林和防浪林外，还有荒山草坡等，其中江汉平原西缘丘陵平原还生长有青冈栎、栎类和马尾松松林等植被。果木林以桃、李、梨等为主。区内湖泊众多，水生植物繁茂，群落类型多，是江汉平原植物区的特色。

2.1.5　水文

江汉平原属亚热带季风湿润气候区，气候暖湿，水汽来源充足，多年平均降水量 1100～1300 mm，河网发育，长江干流自西向东横贯江汉平原，径流量达 $4530 \times 10^8 \sim 7510 \times 10^8$ m³，输沙量 $3.49 \times 10^8 \sim 5.41 \times 10^8$ t；汉江自陕西穿越鄂西北山地及鄂北岗丘后进入江汉平原腹地，汇入长江，下游径流量 $470 \times 10^8 \sim 488 \times 10^8$ m³，输沙量 $5.4 \times 10^8 \sim 12.7 \times 10^8$ t（湖北省地方志编纂委员会，1997）；众多的中小河流，自边缘山岭，顺地势，径泄长江与汉江干流，形成以江汉平原为中心的不规则向心状水系，四周众水汇注，河港纵横，湖泊星罗棋布，形成水乡泽国。这是江汉平原地区水文的重要特色。

江汉平原的河流主要依靠雨水补给，流量过程与降雨过程密切对应，涨落变化大且时间变化强烈，不同地区之间差异也较大。江汉平原为全国水资源丰富的地区之一，由长江、汉江输入的水资源就达 6338×10^8 m³。江汉平原地区水资源虽然丰富，但因降水集中，变率大，径流资源分配不均，江河水情变化大，所以洪、涝、旱灾发生的机遇比较高，特别是素有"九曲回肠"之称的荆江河段，长期洪水泛滥并发生裁弯取直，其弯曲系数达 2.24。荆江大堤高耸于荆北江汉平原南沿，护卫江汉平原和武汉的安全。本区内洪涝多发生在 6～8 月。根据武汉中心气象台研究，1950 年以来的 30 多年中，1954 年、1964 年、1969 年和 1980 年为大涝年（湖北省地方志编纂委员会，1997）。在这四年里，江汉平原 6～8 月一般发生洪涝 4～5 次，梅雨期长，雨量多或梅雨期虽短，但雨量高度集中都是产生洪涝的主要原因。

江汉平原地区水分循环交替比较强烈，大部分江河、湖泊水质良好。但随着工业废水和生活污水排放量的逐年增加，部分江河、湖泊水质明显受到影响，部分相当严重，亟待相关部门采取措施进行控制与治理。

2.2 区域古文化发展概况

20 世纪 50 年代以来，考古工作者通过大量的调查、发掘和研究工作，已经基本勾勒出江汉平原地区史前考古学文化发展的脉络（孟华平，2007）。研究表明，江汉平原地区的史前考古学文化大体经历了城背溪文化、大溪文化、屈家岭文化、石家河文化四个发展阶段（图2.4），并形成相对独立的文化区域格局；它除了具有自身的特点之外，还吸收了相邻周边考古学文化的诸多因素，其稻作农业的发展、城址的兴建等是探索中华文明早期起源的重要线索。屈家岭文化之前，江汉平原地区的史前考古学文化基本可以分为江汉平原西部地区为中心的南方系统和以汉水东部地区为中心的北方系统（孟华平，1997）。其中，南方系统的考古学文化由城背溪文化和大溪文化构成，其与洞庭湖平原的彭头山文化、皂市下层文化和汤家岗文化有渊源关系，年代为距今 8500～5100年；北方系统的考古学文化由边畈文化和油子岭文化构成，年代距今 6900～5100 年；以屈家岭文化为标志，江汉平原地区史前文化开始中国早期文明的新历程（孟华平，2007）。

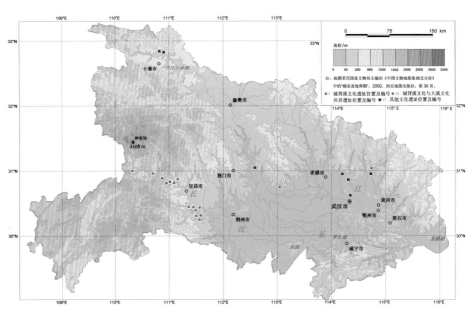

(a) 城背溪文化时期(8500~7000 a BP)

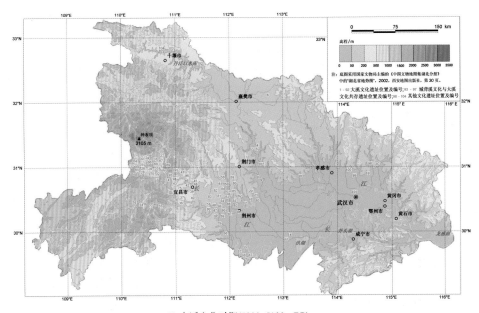

(b) 大溪文化时期(7000~5100 a BP)

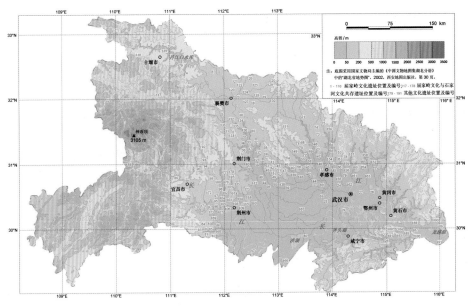

(c) 屈家岭文化时期(5100~4600 a BP)

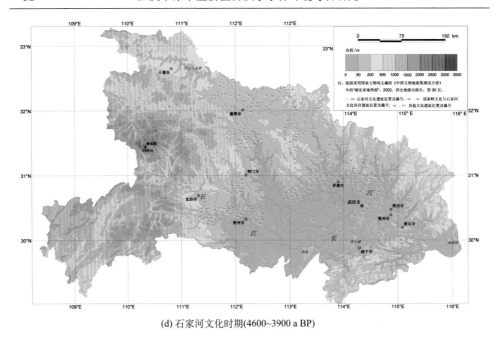

(d) 石家河文化时期(4600~3900 a BP)

图 2.4　江汉平原及其周边地区新石器时代不同文化时期主要遗址分布图（朱诚等，2007b）

2.2.1　城背溪文化（8500～7000 a BP）

城背溪文化因最先发现于湖北宜都（今枝江市）城背溪而得名，距今约 8500～7000 年，是目前湖北省境内发现时代最早的新石器时代文化。城背溪文化主要分布在鄂西的长江两岸，遗址分布的这个地域，一部分为长江三峡的东段，一部分为鄂西山区与江汉平原的交汇地区（杨权喜，1991）。城背溪文化遗址可分为两类：一类以宜都城背溪、枝城北为代表，主要分布在长江边的一级阶地上，洪水季节可能被淹没，在遗址之下的河漫滩上都能看到文化遗物，文化层一般被埋藏于距地表 2～3 m 以下，遗址地表一般不见陶片；另一类以金子山、青龙山为代表，主要位于临近长江的低山顶上，高出附近平地 15～30 m，在山坡上可见文化遗物，文化层往往暴露于地表（张之恒，2004）。其经济生活的主要内容为稻作、采集和渔猎混合型，石制生产工具简陋；其陶器以泥片贴塑法为主，制作方法较原始，多为红褐色夹炭陶饰绳纹，早期为粗绳纹，晚期绳纹较细（图 2.5）；流行圆底器，而平底器和三足器较少，釜、罐、钵、支座为基本陶器组合，也有一定数量的碗、盆、盘、壶等（孟华平，2007）。城背溪文化聚落的规模较小，太阳人石刻的发现反映出原始宗教的部分信息（湖南省文物考古研究所，2004），其主要源于洞庭湖平原的彭头山文化，与皂市下层文化有较密切的联系。

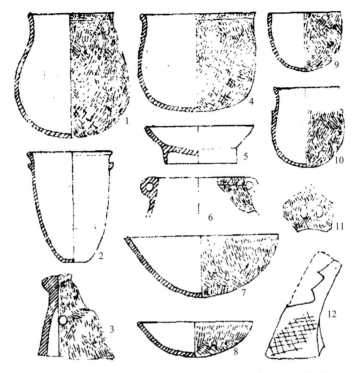

图 2.5　城背溪文化主要陶器类型（根据杨权喜，1991 修改）

1、4. 圜底釜；2. 小平底罐；3、12. 支座；5. 圈足盘；6. 双耳罐；7～9. 圜底钵；10. 圜底罐；11. 牛鼻耳（1、3、4、5、6、8、9、12 为城背溪遗址出土，2、7、10、11 为枝城北遗址出土）

2.2.2　大溪文化（6500～5100 a BP）

大溪文化是长江中游一种以红陶为主，并有彩陶和少量白陶的文化遗存，因最先发现在巫山县大溪镇而得名（湖北省博物馆，2007）；它主要是在城背溪文化的基础上发展起来的，分布范围包括长江中游西段，东到鄂南，西至峡江地区的奉节以东，南抵洞庭湖北岸，北达长江中游西段北岸，集中分布在长江三峡地区、清江和沮漳河流域，可分为关庙山和中堡岛两个类型，年代距今 6500～5100 年。关庙山类型主要分布于江汉平原西部的沮漳河流域，以稻作农业经济为主；中堡岛类型则主要分布于长江三峡地区和清江流域，以渔猎和采集经济为主（孟华平，2007）。大溪文化主要代表性遗址有湖北枝江关庙山、宜都红花套、宜昌杨家湾、江陵毛家山、松滋桂花树、公安王家岗，湖南澧县三元宫、丁家岗、汤家岗和划城岗等十余处。大溪文化渔猎经济比例下降，稻作农业地位上升。生产工具出现了穿孔石铲、斜双肩石锛和石锄等。葬式以仰身直肢为主，蹲屈式和跪屈式的仰身屈肢葬是其特殊葬俗，个别遗址中儿童采用瓮棺葬。女性墓随葬品多于男性，主要有璜、镯、鱼骨和龟甲等（湖北省博物馆，2007）。大溪文化流行陶圈足器，陶器制作广泛使用泥条盘筑慢轮修整技术，形成夹炭红衣红陶为特色的艺术风格，典型陶器有釜、罐、碗、盘、高把豆、簋、筒形瓶、折腹盆、曲腹杯、支座、器座、器盖等器形（图 2.6），另有大量的实心陶球和内空放有陶粒的陶响球；纹饰以戳印纹和红衣黑彩最具特色，有绞索纹、人字纹、条带纹、网格纹和旋涡纹等（张之恒，2004）。大溪文化的居民已经掌握切割、琢磨、管钻等一系列玉器制作技术；房屋建筑水平明显提高，出现夯筑的高台式"红烧土"房屋；宗教祭祀活动比较普遍，在不同遗址都发现专门用于祭祀的圆形、方形坑；发现的数百余种刻画符号提供了研究文字起源的重要线索（孟华平，2007）。大溪文化对长江中游地区同期的考古学文化产生了较大影响。

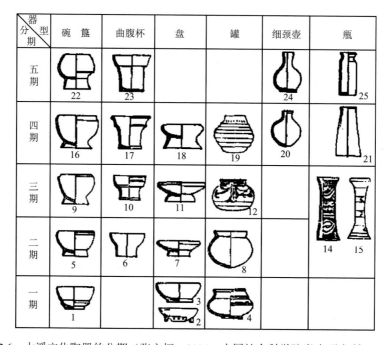

图 2.6　大溪文化陶器的分期（张之恒，2004；中国社会科学院考古研究所，2010）

1~5、8、10. 关庙山遗址；6. 中堡岛遗址；7. 红花套遗址；9、11、15、17. 桂花树遗址；12、14、18、19. 大溪遗址；16. 毛家山遗址；20、21、25. 梦溪遗址；22~24. 王家岗遗址

2.2.3　边畈文化（6900~5900 a BP）

北方系统的边畈文化目前仅见于汉江东部郧水以西地区的少数遗址，主要包括湖北钟祥边畈、崔家台、黄陂河李湾、程家墩、涂家山、城隍庵、云梦的胡家岗等遗址，年代距今 6900~5900 年（笪浩波，2009）。其陶器多夹炭红衣红陶，

有少量黑陶；纹饰有细绳纹、弦纹、刻划纹、戳印纹和按窝纹等（图 2.7）；鼎、
釜、罐、钵、碗、盆和器座为基本陶器组合（黄锂，1996；孟华平，2007）。鼎是
边畈数量最多也是最有特色的器型，约占陶器总数的一半，可分为两期，质地皆
为夹炭红陶，鼎身多为釜形；钵数量也很多，皆是细泥红陶，器座最常见的是一
种内折腹形（张绪球，1992，2004）。由于该文化目前发现的材料较少，对其文化
的内涵及性质、聚落规模与社会情况等尚不清楚。2008 年钟祥市博物馆通过对本
区域崔家台遗址的复查进一步了解了边畈文化一、二期文化遗存的分布，对以后
探讨边畈文化的内涵和与其他文化的关系提供了重要的实物资料（钟祥市博物馆，
2010）。

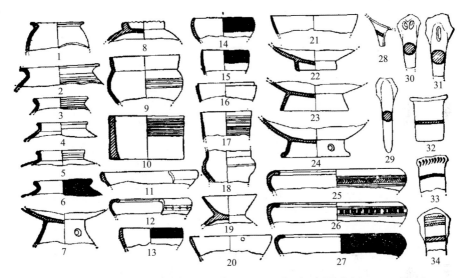

图 2.7 边畈文化河李湾和程家墩遗址主要陶器类型（根据黄锂，1996 修改）

1、2、3、9. 鼎口沿；4、5、6. 罐；7. 豆；8、19. 器盖；10. 器座；11、12. 钵；13、14. 红顶钵；15. 红顶碗；
16. 子母口碗；17. 杯；18. 壶；20、21. 斜直壁碗；22、23、24. 圈足盘；25、26、27. 盆；28~34. 鼎足

2.2.4 油子岭文化（5900~5100 a BP）

主要源于边畈文化的油子岭文化主要分布在汉江东部地区，特别是京山、天
门一带，年代距今 5900~5100 年（孟华平，2007）。油子岭文化典型遗存包括京
山油子岭一期、屈家岭第三次发掘第一期、天门谭家岭第一期、龙嘴墓葬等（图
2.8）；其陶器以黑陶为主，流行弦纹、镂孔装饰；鼎、彩陶碗、彩陶杯、圈足罐、
高领罐、簋、子口豆、敛口碗、附杯形耳圈足盘、壶、曲腹杯等为典型陶器组合
（茂林，1985；石河联合考古队，1989；屈家岭考古发掘队，1992；张绪球，1992；
湖北省荆州地区博物馆，1994；沈强华，1998；天门市博物馆和湖北省文物考古

研究所，2004）。油子岭文化晚期，其势力已扩展到环洞庭湖地区、汉江西部地区
和鄂东南地区，并形成油子岭、划城岗、螺蛳山等类型；出现快轮制陶技术，生
产的陶器更加统一规整，在不同墓地的墓葬群中都随葬明器等现象表明可能已经
产生专门为死者烧制陶器的陶工；男性墓葬多随葬石斧类工具，女性墓葬随葬纺
轮的现象，则显示男女之间的劳动分工已比较明确；社会内部贫富分化出现，随
葬品丰富的墓葬常伴出土象征王权或军权的精美石钺；聚落开始发生分化，出现
面积较大的环壕聚落（孟华平，1997，2007）。

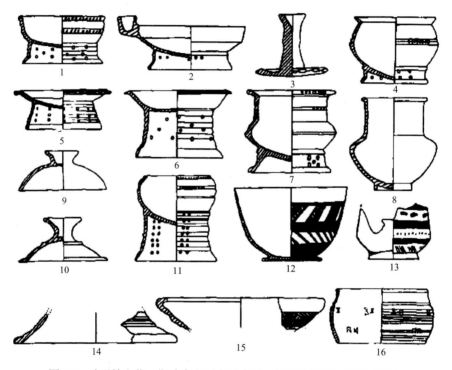

图 2.8　油子岭文化一期遗存主要陶器类型（根据沈强华，1998 修改）

1. 厚圆唇圈足盘；2. 附杯圈足盘；3. 翘盘状器盖；4. 圈足罐；5、6. 浅盘豆；7、8. 壶形器；9. 深腹器盖；10. 高
喇叭形钮器盖；11. 深腹豆；12. 薄胎彩陶碗；13. 薄胎彩陶杯；14. 草帽形器座；15. 内卷沿圆底盆；16. 鼓形大
器座

2.2.5　屈家岭文化（5100～4600 a BP）

距今 5300 年前后，长江中游地区以南方系统和北方系统为主体的二元考古
学文化谱系结构被打破，主要在油子岭文化基础之上发展起来的屈家岭文化取代
南方系统的考古学文化，实现了长江中游地区史前文化的空前统一和繁荣，开启
了该地区早期文明的新历程（湖北省博物馆，2007）。

　　屈家岭文化因最先发现于湖北京山屈家岭而得名，其分布遍及长江中游地区，中心在江汉平原，湖南北部和豫西南一带也有分布，可分为汉江西部地区的清水滩类型、环洞庭湖地区东侧的三元宫类型、环洞庭湖地区西侧的高坎垄类型、汉江东部地区的屈家岭类型和鄂西北地区的青龙泉类型，年代距今 5100～4600 年（孟华平，2007）。屈家岭文化早期以黑陶为主，仍有少量朱绘陶和彩陶；中晚期以灰黑陶为主，夹砂陶多为橙黄或橙红色，圈足器发达；典型器物有陶双腹器、壶形器、喇叭形杯、觚形杯、高圈足杯、高领罐和彩陶纺轮等（图 2.9），其中以蛋壳彩陶和彩陶纺轮最具特色；陶器以素面为主，纹饰简朴，主要有凸弦纹和网格纹；彩陶上纹饰主要有平行带纹、弧形带纹、卵点纹、网格纹等，流行晕染法（张之恒，2004；湖北省博物馆，2007）。

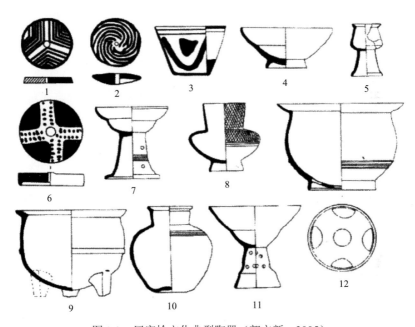

图 2.9　屈家岭文化典型陶器（郭立新，2005）

1、2、6. 彩陶纺轮；3. 蛋壳彩陶杯；4. 双腹碗；5. 高圈足杯；7. 双腹豆；8. 壶形器；9. 鼎；10. 高领罐；11. 双腹豆；12. 甑

　　屈家岭文化时期出现了一批大型城壕聚落，著名的如天门石家河古城、荆门马家垸古城、天门龙嘴古城、江陵阴湘古城、应城门板湾古城、公安陶家湖古城和鸡鸣古城等，社会分化和宗教活动等现象渐趋加剧（湖北省博物馆，2007）。房屋平面多为长方形，结构有单间和多间分隔式两种，地面多用红烧土铺垫隔湿。墓葬葬式以仰身直肢葬为主，少量屈肢葬，儿童多用瓮棺葬（张之恒，2004；湖北省博物馆，2007；湖北省文物考古研究所等，2012）。城址大多有夯土城墙和护

城河。众多考古迹象表明，在屈家岭文化时期，其社会的发展由简单趋于复杂，贫富等级分化明显，并产生凌驾于社会之上的强制性权力集团，开始跨入中国早期文明社会的门槛（郭立新，2005；孟华平，2007）。

2.2.6　石家河文化（4600～3900 a BP）

屈家岭文化之后，长江中游地区兴起的是石家河文化。石家河文化因最先发现于湖北天门市石家河镇（现名石河镇）而得名，其基本上沿袭了屈家岭文化的分布格局，石家河文化早中期可分为三峡地区的庙坪类型、汉江西部地区的季家湖类型、环洞庭湖地区北部的划城岗晚期类型、环洞庭湖地区南部的岱子坪类型、汉江东部地区的石家河类型、鄂西北地区的青龙泉三期类型和鄂东南地区的尧家林类型，年代距今 4600～3900 年（刘庆柱，2010）。该文化已发现铜器残片，出土较多玉器和祭祀的文化遗存，亦有文字刻画符号和城址，出现较多的文明因素（湖北省博物馆，2007）。石家河文化陶器以灰陶为主，橙红、橙黄陶较前有所增加，出现模制制陶技术，陶器流行篮纹和方格纹（张之恒，2004）。宽扁足盆形鼎、厚胎红陶杯、长颈鬶、高领罐、擂钵、卷沿豆或折沿豆、盆、碗、高足杯、深腹盆型甑等为基本陶器组合（图 2.10）。其中，以各种陶塑小动物、陶人和瓮棺中出土的玉器最有特色。

石家河文化的社会发展主要表现为（孟华平，2007）：① 出现新的手工业门类——冶铜业，制陶业内部的分工更加细化；② 出现用于记事的数十种陶文；③ 出现以红陶缸遗迹为特色的新的大规模宗教祭祀活动；④ 天门石家河古城的中心地位得到进一步巩固，以石家河古城为代表的古城规模与布局关系显示古城等级网络系统更加完善，其控制和管理功能得到强化；⑤ 社会不同阶层之间的对立与冲突加剧，出现直观反映掌握社会权力的"军事领袖形象"（石家河考古队，1999）。石家河文化晚期区域文化性质发生了变化，来自中原地区的考古学文化逐渐向长江中游地区渗透，从根本上改变了长江中游地区的传统文化谱系结构，有学者称其为"后石家河文化"（郭立新，2005；孟华平，2007）。该时期石家河文化主要退缩分布于长江中游地区长江以北的区域，可分为三峡地区的白庙类型、汉江西部地区的石板巷子类型和鄂西北地区的乱石滩类型，年代距今 4200～3900年。其陶器以灰、黑陶为主，流行方格纹、弦断篮纹、绳纹，出现叶脉纹；典型器类主要是盉、侧装三角形足鼎、敞口浅盘豆、高领下腹内收罐、敛口深腹钵、敛口厚唇瓮等（孟华平，2007）。此时流行的大量陶塑动物形象及随葬玉器的成人瓮棺葬，代表了一种全新的社会内涵。上述考古学文化嬗变现象同时也预示着长江中游地区开始进入中华文明融合的新阶段。

图 2.10　石家河文化典型陶器（石家河考古队，1999，2003；郭伟民，2010）

1、2、12. 杯；3. 豆；4. 大口圈中杯；5、14. 高领罐；6. 夹砂平底大口缸；7、8. 鼎；9. 高圈足杯；10. 鬶；
11. 陶人；13. 壶形器；15. 澄滤器；16. 罐

2.3　典型遗址考古地层剖面选择和采样

　　近些年来，湖北省考古部门在江汉平原南水北调引江济汉工程抢救性考古发掘中已发现许多考古遗址地层中存在疑似古洪水沉积的现象。为研究江汉平原地区的中全新世古洪水事件，作者在近年与湖北省文物考古研究所合作的前期预研究中，在经过缜密的野外调查的基础上，发现并选择了三处具有重要古洪水事件环境考古地层学研究价值的典型考古遗址及其地层剖面，为解决前述（1.2.4 部分）的科学问题提供了极其宝贵的研究素材。这三处地点分别是汉江以西地区的荆门市沙洋县钟桥遗址 ZQ-T0405 剖面、汉江以东地区的天门市石河镇石家河-谭家岭遗址 TJL-T0620 剖面和石家河-三房湾遗址 SFW-T1610 剖面；此外，还采集了长江中游干流 1998 年现代洪水沉积样品（图 2.11）。

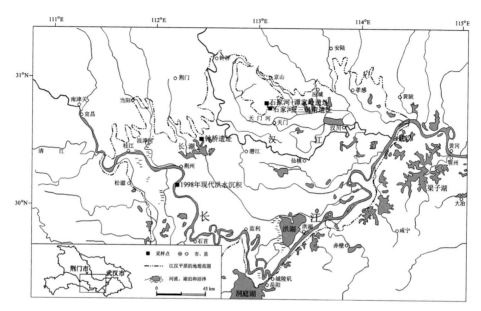

图 2.11 沙洋县钟桥遗址、天门市石家河-谭家岭遗址和石家河-三房湾遗址在江汉平原的位置

2.3.1 沙洋钟桥遗址 ZQ-T0405 剖面

钟桥遗址位于湖北省沙洋县县城以南 60 km 与荆州交界的长湖北岸，遗址东西长约 70 m，南北宽约 300 m，总面积 21 000 m²。遗址中心地理坐标为东经 112°27′00″，北纬 30°31′14″，地表高程 27～29 m，隶属于荆门市沙洋县毛李镇钟桥六组（图 2.11 和图 2.12），遗址由此得名。钟桥遗址呈东北—西南向陈列，地貌

图 2.12 钟桥遗址 I 区发掘现场

为黏土质淤积平原,是江汉平原西北边缘与荆山余脉的红土阶地和岗地交界地带。遗址发掘区分为 I 区和 II 区,南部的 I 区以生活堆积为主,面积约 16 000 m²;北部的 II 区主要是墓葬区,面积约 4000 m²(图 2.13)。遗址北部已部分被毁,南部由于取土,保存也不是很好,废弃堆积多,零星红烧土分布,主体聚落遗址基本被破坏(潜江市博物馆,2014)。

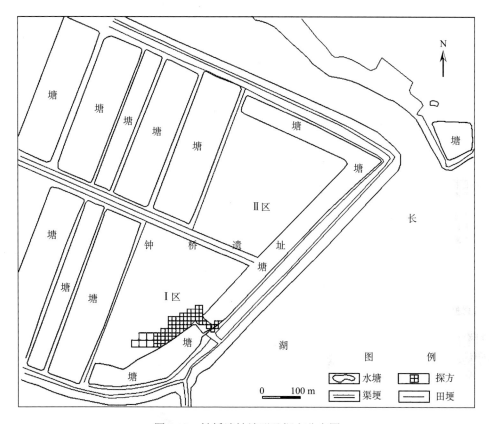

图 2.13　钟桥遗址地形及探方分布图

　　钟桥遗址是南水北调引江济汉工程抢救性考古发掘以来江汉平原地区新发现的文化层厚度较大、新石器文化层较为齐全的重要考古遗址之一(潜江市博物馆,2014),包含有长江中游新石器时代的大溪文化层、屈家岭文化层和石家河文化层,各文化层均有较多炭屑出现。湖北省文物部门委派的考古队于 2009 年 10 月~2010 年 1 月对钟桥遗址进行了较大规模的发掘,基本弄清了钟桥遗址的文化内涵及分布情况。值得重视的是该遗址在石家河早中期和晚期文化层之间均存在自然淤积的淤泥或淤砂层(图 2.14)。图 2.15 是该遗址 ZQ-T0405 探方剖面情况,为便于研究,图 2.16 系该探方西壁和南壁地层的综合累积深度。通过实地宏观形

态特征的观察，结合沉积学、土壤学和考古地层学特征，对 ZQ-T0405 剖面进行
了详细的层位划分和描述（表 2.1）。从图 2.16 和表 2.1 可见，该剖面具有从新石
器时代石家河文化早期→石家河文化中期→石家河文化晚期→唐宋→明清至近现
代长达数千年的自然和人类文化堆积；其中最初的疑似古洪水层年代由相邻文化
层出土器物考古断代推算。

图 2.14　钟桥遗址发掘最大的 ZQ-T0201 探方（左图）及其北壁剖面所见疑似古洪水层（右图
第 5 和 7 层）

图 2.15　钟桥遗址 ZQ-T0405 探方西壁剖面（左图）与南壁剖面（右图）照片

作者于 2009 年 12 月 11 日对沙洋钟桥遗址 ZQ-T0405 剖面使用盒装柱状样采样法，用 4 个长 1 m 不锈钢盒交错层位将地层分段整体切割搬回（图 2.17），而后在南京大学区域环境演变研究所以 2 cm 间隔连续采样，共获取样品 225 个，按照实际经费预算与研究需要对所有样品进行实验分类挑样后，ZQ-T0405 剖面共获取粒度分析样品 106 个、质量磁化率分析样品 225 个、锆石微形态分析样品 12 个、化学元素分析样品 113 个，以及孢粉分析样品 24 个。前期研究已表明钟桥遗址 ZQ-T0405 剖面自然淤积层记录了石家河文化时期该地区经历的多次洪涝灾害信息（Wu et al., 2017）。由于具备 AMS^{14}C 测年的泥炭和文化层中的炭屑及可供光释光测年的淤砂，对这一遗址地层的沉积相、微体古生物、重矿及元素分析等研究将有助于揭示该区新石器时代末期（4.6～3.9 ka BP）古洪水灾变事件的确切年代及其对人类文明演进影响的细节过程。

表 2.1　钟桥遗址 ZQ-T0405 探方剖面疑似古洪水层与一般文化层特征比较

层位编号	层位属性	距地表深度/m	据出土器物确定的考古学地层年代	地层特征
1	耕土层	0.30	近现代时期	灰棕色黏土夹浊棕色砂质土，性质混杂，多植物根系，含许多草木灰、炭屑等
2a	明清文化层	0.40	明清时期	灰黄棕夹浊棕色黏土，夹杂少量灰灰色斑黏土，极多植物根系，含青花瓷片、碎灰黑色陶片、锈斑及少量有机质
2b	明清文化层	0.51	明清时期	浊黄棕夹黄黄棕色团块粉砂质黏土，含植物根系、较多锈斑、青花瓷片及碎红色陶片等
3	唐宋文化层	0.80	唐宋时期	灰黄棕色粉砂质黏土，含植物根系及锈斑，较多有机质，出土宋代瓷片、碎灰黑色陶片等
4	石家河文化层	1.19	石家河文化晚期	棕灰色夹灰棕色黏土质粉砂，颜色质地混杂，含植物根系、碎红色陶片、白色斑点等，有团粒结构及扰动波纹
5	疑似古洪水层	1.53	石家河文化晚期	灰黄棕色夹棕灰色粉砂质黏土，含植物种子结核状锈斑、虫孔等，扰动波纹大
6	石家河文化层	2.05	石家河文化中晚期	黑棕色黏土质粉砂，含植物及大量有机质，有虫孔、锈斑、大量红或红棕色碎陶片等
7	疑似古洪水层	2.49	石家河文化中期	灰黄棕色夹浊黄棕色黏土质粉砂，植物、有机质、虫孔较多，含大量锈斑及结核，有扰动
8	石家河文化层	2.87	石家河文化早中期	棕色夹棕灰色黏土，植物、有机质多，有虫孔，锈斑多且有少量结核，多红或红棕色碎陶片
9	石家河文化层	3.30	石家河文化早期	黑棕色黏土质粉砂，含植物及大量有机质，虫孔多，有锈斑和结核，出土红或红棕色碎陶片
10	疑似古洪水层	3.55	屈家岭文化晚期	灰黄棕夹棕灰色粉砂质黏土，含植物，有虫孔，有机质多，有锈斑和结核，水分极多，未见底

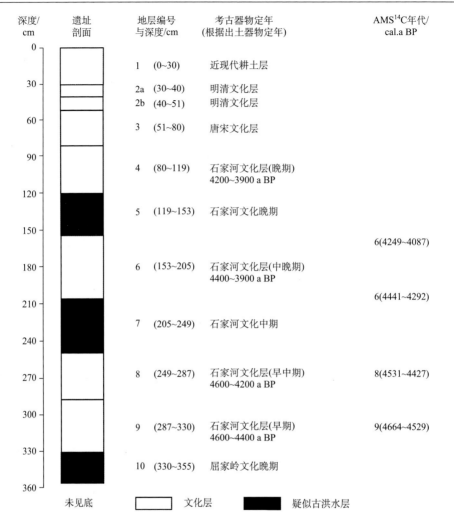

图 2.16　钟桥遗址 ZQ-T0405 探方地层综合剖面图

　　钟桥遗址由于距长江干流仅 30 km，受长江干流涨水顶托和夏季洪水双重作用影响易形成洪水憩流沉积，因此已经具备憩流沉积的研究条件，是非常理想的古洪水研究地点。遗址南部长江中游沿岸的堤外滩地文村夹、二圣洲和学堂洲均发现有保留完好的现代洪水沉积物，它们具有清晰的水平层理和粗细交互沉积的韵律层（图 2.18）。因此，作者在两处地点采集了长江现代洪水沉积物不同层位样品共 6 块（每块样品由同层位的若干个样品混匀而成），以备采用"将今论古"的法则将该遗址地层中疑似古洪水沉积物与该区 1998 年长江现代洪水沉积物做 AMS^{14}C 测年、粒度、锆石微形态、磁化率、Rb/Sr 和 Cu 等地球化学指标相似性对比研究，从而确定疑似古洪水沉积层的真实属性，进一步揭示江汉平原新石器文化兴衰与古洪水事件及气候变化的关系。

图 2.17　钟桥遗址 ZQ-T0405 探方剖面盒装柱状样采集位置（左图）与采样过程（右图）照片

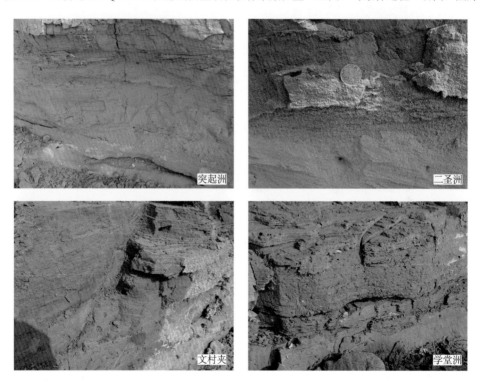

图 2.18　湖北省荆州市突起洲、文村夹、学堂洲和二圣洲一带的长江现代洪水沉积物

2.3.2　石家河-谭家岭遗址 TJL-T0620 剖面

石家河古城遗址位于湖北省天门市石河镇西北（图 2.11 和图 2.19），大洪山以南的江汉平原中北部，地势西北高东南低，海拔 30～44 m，为长江中游史前时期规模最大的城，城内部面积约 $1.20×10^6$ m²，总面积约 8 km²（湖北省博物馆，2007）。石家河文化已出现专业化分工，存在祭祀区，古城遗址地表以下 3 m 发现墓葬，遗存特点反映了江汉地区典型土著文化的面貌，更重要的是石家河一带的聚落已经发展到和今天村落差不多的稠密程度。TJL-T0620 剖面所在的采样遗址为石家河-谭家岭遗址，总面积 $1.8×10^5$ m²，位于古城中心部位，地理坐标为 30°46′17.39″N，113°04′48.27″E，海拔约 33 m（图 2.19 和图 2.20）。在几个探方的考古发掘中发现，该遗址地层中普遍存在有石家河文化早期淤积层。

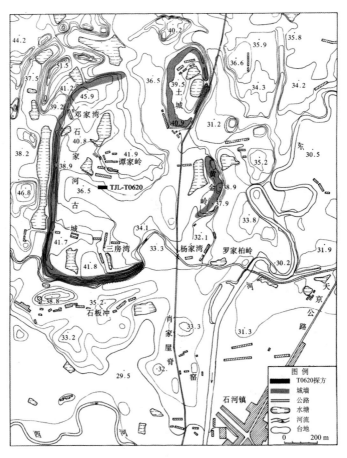

图 2.19　天门石家河古城遗址地形及石家河-谭家岭遗址 TJL-T0620 探方剖面位置图
（修改自石家河考古队《肖家屋脊：天门石家河考古发掘报告之一》，1999）

图 2.20　石家河-谭家岭遗址 TJL-T0620 探方剖面发掘现场

石家河古城所在区域地处中亚热带北缘，年平均温度 16～18℃，年降水量 1100～1700 mm，植被成分具有从北亚热带向中亚热带过渡的特征。由于人类活动扰动频繁，常绿阔叶和落叶阔叶混交林只是局部分布，马尾松林（*Pinus massoniana*）及若干次生灌丛广泛发育。该区河流与湖泊、洼地众多，水生植被也很发育（李宜垠等，2009）。研究剖面 TJL-T0620 所在的谭家岭遗址周围已开垦成农田，种植水稻、棉花和小麦等。

采样剖面为 T0620 探方南壁（剖面标识为 TJL-T0620），其中第 1～2 层为现代扰乱层，第 3～5 层为石家河文化晚期文化层，第 H2 层为石家河文化中期灰坑，第 6～8 层为石家河中期文化层，第 9 层为石家河文化早期淤积层（图 2.21）。各地层特征描述如下：

第 1 层，0～8 cm，灰白色耕土层；

第 2 层，8～32 cm，灰白色壤土层；

第 3 层，32～76 cm，灰绿色黏土层，含较多红烧土块和炭屑；

第 4 层，76～116 cm，深灰褐色黏土层，含较多红烧土块和炭屑；

第 5 层，116～142 cm，灰黄色黏土层，夹较多红烧土块和炭屑；

第 H2 层，142～185 cm，灰黄色黏土层，含草木灰多，并含少量红烧土块；

第 6 层，185～199 cm，灰黄色黏土层，夹红烧土块；

第 7 层，199～208 cm，灰黄色黏土层，夹红烧土块和少量炭屑；

第 8 层，208～215 cm，灰黄色黏土层，夹少量红烧土块；

第 9 层，215～330 cm，黑色淤泥层，夹较多草木灰炭屑，含黑陶、红陶及古木（315 cm 处），未见底。

图 2.21　石家河-谭家岭遗址 T0620 探方南壁地层剖面及现场采样照片（红色箭头所指为黑色淤泥层）

　　作者吴立在刘辉副研究员和硕士生孙伟协助下于 2011 年 4 月 9 日～13 日对石家河-谭家岭遗址 TJL-T0620 剖面使用盒装柱状样采集法用 3 个长 1 m 和一个长 0.5 m 不锈钢盒交错层位将地层分段整体切割搬回，采样铁盒深度分别为 10～60 cm、50～150 cm、140～240 cm、230～330 cm，而后在南京大学区域环境演变研究所连续切割采样，其中第 9 层黑色淤泥层以 2 cm 间距取样，文化层基本以 5 cm 间距取样，共获取样品 456 个。按照实际经费预算与研究需要对所有样品进行实验分类挑样后，TJL-T0620 剖面共获取孢粉分析样品 50 个、粒度分析样品 61 个、质量磁化率分析样品 94 个、锆石微形态分析样品 4 个、有机碳同位素（$\delta^{13}C_{org}$）分析样品 99 个、总有机碳（TOC）分析样品 99 个及总氮（TN）分析样品 99 个。前期预研究表明，第 9 层石家河文化早期淤积层为黑色泥炭，记录了丰富的有关石家河文化早期江汉平原东北部地区经历的沉积环境演变信息，而上部文化层则为研究环境演变的人类活动记录提供了良好的素材（Li et al., 2013）。由于具备 AMS^{14}C 测年的泥炭和文化层中的炭屑，对这一遗址地层的沉积相、微体古生物及重矿、稳定同位素地球化学等研究将有助于揭示该区中晚全新世古洪水事件的年代信息以及环境演变对人类文明演进影响的细节过程。

2.3.3　石家河-三房湾遗址 SFW-T1610 剖面

　　石家河-三房湾遗址位于湖北省天门市石河镇北土城村三组（图 2.11 和图 2.22），此次发掘点选择在残存土城墙的东面约 80 m，按照象限法布方，位于三房湾遗址的第一象限。经勘探后，用全站仪由南向北布方 6 个。为了了解城垣堆积的走向和位置，按 10 m 的间距在三房湾遗址布置 49 个探孔、在蓄树岭遗址的南端布置 15 个探孔进行了勘探（图 2.23）。研究选取的 SFW-T1610 探方剖面位于发掘区中部偏南（图 2.24），南邻 T1609，北接 T1611，东西均未布方，方向正北，面积 5 m×5 m，东北各留隔梁 1 m，打北隔梁 2.8 m。T1610 探方从 2011 年 3 月 15 日开始至同年 4 月 20 日结束，历时 34 天，发掘过程中严格按照《田野考古操作规程》采取由上至下、由晚及早的顺序，逐一清理，弄清其层位关系及分布范围，然后按照不同遗迹发掘方式进行发掘。对不同单位的出土物，分别登记包装收集，及时做好绘图、照相和文字记录。SFW-T1610 探方剖面文化堆积层次较清晰，除城垣等遗迹外，地层可分为 15 层（图 2.24），该探方还发现有 G2、M2、M3、M4 及木构遗迹（图 2.25），详细的地层堆积及包含物描述记录如下：

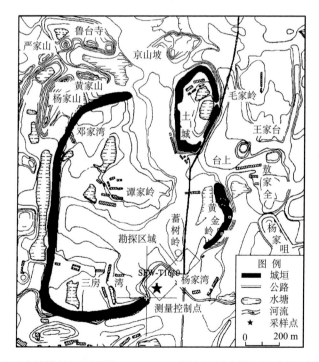

图 2.22　石家河-三房湾遗址平面图及 SFW-T1610 探方剖面采样位置示意（根据孟华平等《湖北天门市石河古城三房湾遗址 2011 年发掘简报》，2012 修改）

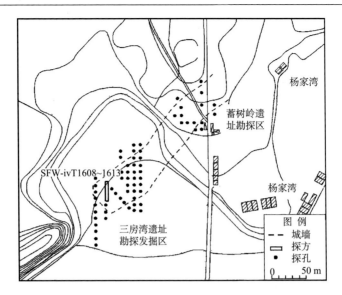

图 2.23　石家河-三房湾遗址探方与探孔分布图（根据孟华平等《湖北天门市石家河古城三房湾遗址 2011 年发掘简报》，2012 修改）

第 1 层，现代耕作层，厚 0.1～0.2 m，灰褐色土，土质疏松，有近代瓷片、碎砖块、红烧土颗粒、少量陶片及大量水稻根茎。

第 2 层，近现代扰乱层，厚 0.1～0.13 m，土色灰白，较致密，在探方西北角无此层，其余皆有分布，有少量近代瓷片、碎砖及泥质陶片，以灰陶为主，少量红陶，可辨器型有厚胎红陶杯、鼎足等。

第 3 层，近代扰乱层，厚 0.1～0.45 m，浅灰色土，土质致密板结、铁锰结核及大量铁锈斑点。探方西中部未见分布，包含有泥质红陶、灰陶、黑陶，大多为素面，极少绳纹，出土少量石斧等石家河文化时期的遗物。

第 4 层，厚 0.2～0.4 m，浅红褐色，杂土，土色很花，为浅灰色黏土夹铁锈斑混合而成，较致密。此层分布全方，包含陶片，泥质、灰陶黑陶，极少夹砂橙黄陶，多素面，有少量篮纹，可辨器型有钵、豆等，出土遗物包括陶瓮、杯、盖、盘等残片，以及凿、镰、石刀等。

第 5 层，厚 0.15～0.45 m，灰黑色黏土，较纯，较疏松，此层在西北角未见分布，包含物很少，以泥质灰陶为主，少量红陶，多素面，少量网格纹，竖戳印条纹，可辨器型有豆、鼎足等，出土遗物包括少量陶杯及石镰、镞等。

第 6 层，厚 0.1～0.2 m，深红褐色或紫褐色土，土质致密，含大量铁锰结核，分布全方，包含以泥质灰陶为主，少量红陶、黑陶，多素面，仅少量篮纹，可辨器型有豆、瓮、器盖、鬶足等，该层下开口的遗迹有 G2。

第 7B 层，厚 0～0.35 m，浅黄色土，较疏松，主要在探方西部中间分布，出土少量陶豆等残片。

第 8 层，厚 0.2～0.75 m，灰黄色土，分布全方，夹杂大量红烧土颗粒，出土陶片很多，以泥质黑陶为主，少量红陶，主要器形包括石家河文化时期的豆、罐、瓮、杯、盆、鬶、陶塑动物等。

第 9 层，厚 0～0.4 m，红褐色土，土质较疏松，出土陶片多为泥质灰陶，器形包括石家河文化时期的杯、鼎足、器盖、豆、罐、碗等，夹杂大量红烧土颗粒，H1 于此层下开口。

第 11A 层，厚 0.3～0.5 m，浅灰褐色土，较疏松，很纯净，包含物有少量红烧土颗粒，及零星陶片，以泥质灰陶为主，少量红陶，纹饰仅见篮纹，可辨器型有钵，此层下开口的遗迹有 M2、M3、M4。

第 11B 层，厚 0.3～0.85 m，深灰褐色土，土质纯净，分布全方，包含物仅为少量红烧土颗粒及零星几块碎泥质灰陶片，城垣 3、4、6 均叠压在此层下。

此次遗址发掘发现有城垣，共分 7 层，本方仅分布 3、4、6 层。

城垣 3，厚 0～0.15 m，灰黄色土层，黏性较强，较板结，土质纯净，无包含物。

城垣 4，厚 0～0.35 m，黄灰色土层，夹大量灰白色斑点及棕黄色花斑点，此层在探方中除中东部外，其余皆有分布，夹较多草木灰及红烧土颗粒；北部集中有较多陶片，灰陶、红陶及磨光黑陶，纹饰有弦纹、篮纹，皆不辨器型。

城垣 6，厚 0.3～0.85 m，橙黄色土，黏性较强，板结，分布全方，无包含物，此层下发现木构遗迹。

第 13～15 层都被城垣叠压堆积，因地下水水位较高等原因，仅局部发掘。

第 13 层，青灰色淤泥层，厚 0.3～0.5 m，分布全方，土质黏而致密，夹杂少量铁锈斑和炭屑。

第 14 层，黄灰色土层，厚 0.25 m，土质纯净且板结致密，黏性较强，含大量铁锈斑。

第 15 层，灰色淤泥层，土质纯净较疏松，夹杂少量铁锈斑，该层堆积发掘至厚约 0.15 m 处仍未见底。

上述第 13～15 层均属新石器时代地层堆积（孟华平等，2012），其中出土少量磨光黑陶片，难辨器形，考虑到石家河古城的兴建不早于屈家岭文化晚期（郭伟民，2010），推测应为屈家岭文化晚期的遗存。

由上述地层描述可以看出，该遗址上部主要是石家河文化层及城垣遗迹，但在距地表 3 m 多以下发现有厚度近 1 m 的屈家岭文化晚期的自然淤积层（图 2.26），淤积层顶部和底部都有泥炭层，且上部青灰色淤泥层还含有丰富的炭屑，具备了 AMS^{14}C 高精度测年的材料；而自然淤积层中部的黄灰色土层则有可能是古洪水沉积。对这些自然淤积层性质的判定及环境演变信息的研究，将有助于揭示该区 4.8～4.5 ka BP 之间的自然环境真实面貌和古洪水事件信息，以及它们对屈家岭文化消失并向石家河文化过渡的环境背景因素。

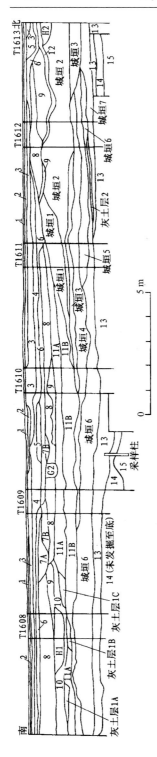

图 2.24 石家河－三房湾遗址 T1608~1613 西壁地层剖面图（引自孟华平等《湖北天门市石家河古城三房湾遗址 2011 年发掘简报》，2012）

1. 灰褐色土；2. 灰白色土；3. 浅灰色土；4. 浅红褐色土；5. 灰黑色土；6. 深红褐色或紫褐色土；7A. 浅黄色土；7B. 灰色土；8. 灰黄色土；9. 红褐色土；10. 灰褐色土；11A. 浅灰褐色土；11B. 深灰褐色土；12. 灰色淤泥土；13. 青灰色淤泥土；14. 黄灰色淤泥土；15. 灰色淤泥

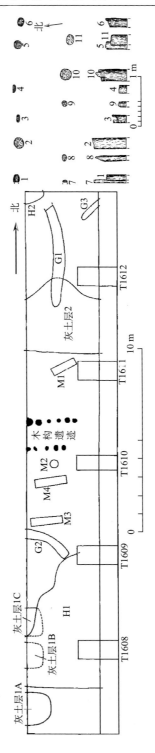

图 2.25 石家河－三房湾遗址 2011 年发掘区遗迹遗总平面图（左图）及木构遗迹平、剖面图（右图）（引自孟华平等《湖北天门市石家河古城三房湾遗址 2011 年发掘简报》，2012）

(a) 三房湾遗址发掘区探方地层堆积（东北—西南）

(b) 遗址城垣局部堆积（东—西）　　　(c) 遗址SFW-T1610探方西壁剖面下部淤积层

图 2.26　石家河-三房湾遗址 2011 年发掘区文化层和城垣堆积及 T1610 探方剖面下部自然淤积层（红色箭头）（根据孟华平等《湖北天门市石家河古城三房湾遗址 2011 年发掘简报》，2012 修改）

　　由于三房湾遗址距离谭家岭遗址很近且同在石家河古城之内，在石家河文化时期的区域环境演变过程应具有较好的一致性，故仅对该遗址 SFW-T1610 探方剖面底部的三个自然淤积层进行相应的采样与实验分析。作者在湖北省文物考古研究所刘辉同志与徐同斌同志配合下于 2011 年 4 月 25 日对石家河-三房湾遗址 SFW-T1610 探方西壁底部自然淤积层剖面使用盒装柱状样采样法用一个长 1 m 不锈钢盒将地层整体切割搬回，采样盒深度 330～430 cm，而后在南京大学区域环境演变研究所以 2 cm 间距连续切割取样，共获取各项实验样品累计 246 个。按照实际经费预算与研究需要对所有样品进行实验分类挑样后，SFW-T1610 剖面共获取粒度分析样品 48 个、质量磁化率分析样品 48 个、锆石微形态分析样品 6 个、有机碳同位素（$\delta^{13}C_{org}$）分析样品 48 个、总有机碳（TOC）分析样品 48 个，以及总氮（TN）分析样品 48 个。

第 3 章　环境代用指标意义与实验方法

　　长期以来，研究者们尝试了用各种物理的、化学的和生物的代用指标来揭示考古遗址所在区域的环境演变，许多新的研究手段和方法也引入到古洪水和考古地层学研究中，在断代、地层区分、植被演替、气候替代指标和人类活动记录等方面均取得了长足的进展，建立和完善了许多环境代用指标，如粒度、磁化率、地球化学元素、孢粉、重矿物、同位素地球化学等（Wu et al., 2012a）。本书主要以上述几种环境代用指标来研究江汉平原中全新世古洪水事件及其与环境变化和人类活动的响应关系。

3.1　粒度的环境指示意义与实验方法

　　自然界不同沉积环境和沉积机制（地形条件、搬运介质和水动力条件等）形成的沉积物具有各自的粒度分布，它是碎屑沉积物按本身颗粒大小相应的以不同搬运方式被搬运和沉积所形成的（徐馨等，1992）。粒度分析是最基本的一种碎屑沉积物分析手段，主要研究组成沉积物中各种粗细颗粒的机械组成，即不同粒径的颗粒在沉积物（包括沉积岩和松散沉积物）中所占的比例，通常用体积百分数来表示，所以粒度分析又被称为机械组分分析或颗粒级配分析（李瑜琴，2009）。粒度组成的基本特征不仅是碎屑沉积物分类和命名的基础，而且对于弄清对象沉积物的物质来源、地形条件、搬运介质与动力、沉积环境或沉积相及它们的时空变化，都有重要的意义（徐馨等，1992；陈建强等，2004；田明中和程捷，2009）。

3.1.1　粒度特征与沉积环境

　　粒度是沉积物的一个重要特征，因其测定简单快速、物理意义比较明确、对气候变化反应敏感等特点，被广泛应用于风成堆积（如黄土堆积）、河流沉积、湖泊沉积、海洋沉积及其他陆相堆积（如红土堆积）等的研究中。

　　河流阶地及其沉积物组成是研究第四纪沉积环境的重要陆相沉积记录，其沉积地层蕴含有内陆和陆缘区古气候环境变化的重要信息（Burke et al., 1990; Verhaar et al., 2008; Huang et al., 2012）。由于风、水等流体介质的搬运及沉积作用，沉积物的颗粒具有某种分布特征。沉积物的粒度是衡量介质能量和沉积动力的一种尺度，一般来讲，粗粒沉积物出现于高能沉积动力环境下，而细粒沉积物多出现于低能沉积动力环境下，沉积物颗粒粒径的大小直接反映了沉积水动力状况

（谢又予，2000）。在河流沉积研究中，粒度分析作为一种手段，在很多研究中发挥了重要的作用（张祖陆，1990；李元芳，1994；陈志清，1997；Yang et al., 2000；王红亚等，2002；Zhu et al., 2005, 2008; Huang et al., 2007, 2009）。粒度分析的侧重点包括反映不同的沉积环境和沉积相以及反映环境的演变过程。为揭示该剖面沉积物的搬运介质特点，需要计算各种粒度参数，借助参数来反映沉积物的物质来源、搬运介质和动力、沉积环境及其变化。常用粒度特征参数值有中值粒径（M_d）、平均粒径（M_z）、标准离差（σ_i）、分选系数（S_0）、偏态（S_k）和峰态（K_g）等。这些参数值的计算如下（Folk and Ward, 1957）：

中值粒径（M_d）$= \Phi_{50}$

平均粒径（M_z）$= （\Phi_{16}+\Phi_{50}+\Phi_{84}）/3$

标准离差（σ_i）$= （\Phi_{84}-\Phi_{16}）/4+（\Phi_{95}-\Phi_5）/6.6$

分选系数（S_0）$= （Q_1/Q_3）^{0.5}$

偏态（S_k）$= （\Phi_{84}+\Phi_{16}-2\Phi_{50}）/2（\Phi_{84}-\Phi_{16}）+（\Phi_{95}+\Phi_5-2\Phi_{50}）/2（\Phi_{95}-\Phi_5）$

峰态（K_g）$= （\Phi_{95}-\Phi_5）/2.44（\Phi_{75}-\Phi_{25}）$

中值粒径是在粒度概率累积曲线上截取频率50%的Φ值，它代表该样品中的泥沙有一半颗粒粒径大于该粒径值，而另一半颗粒粒径又小于该粒径值。平均粒径反映沉积物的粗细，式中Φ_{16}、Φ_{50}、Φ_{84}分别是累积曲线上16%、50%、84%的颗粒粒径中值，可以用该参数说明沉积剖面的沉积韵律的变化。标准离差表示沉积物粒度的物质来源和分选程度，即颗粒大小的均匀性，其数值越小，分选就好。分选系数表示沉积物颗粒粗细的均匀程度，以判断搬运距离之远近，式中Q_1和Q_3分别代表25%和75%累积含量的粒径（mm）；$S_0<2.5$为分选好，$S_0>4.0$为分选差，介于两者之间为分选中等。偏态表示沉积物粗细分布的对称程度，当$S_k=0$时，为正态的频率曲线，粗细成分含量相等，当$S_k>0$，属正偏态，粒度集中在粗端部分，当$S_k<0$，属负偏态，粒度集中在细端部分。峰态是衡量频率曲线尖峰凸起程度的参数。

沉积学上研究的洪水沉积多为回水区悬移质砂或粉砂的快速沉积（Knox, 1993; O'Connor et al., 1994），因而从粒度上来说颗粒比较细且分选比较好，标准离差（即分选系数）一般小于1.5。Yang等（2000）在黄河三门峡以下河段进行古洪水沉积调查中特地作了粒度对比实验分析，发现缓倾斜岸坡阶地上被埋藏的古洪水沉积与现代滩地表层沉积及滩面上浅坑中滞水沉积相比，在沉积粒度多项指标方面均有明显的特殊性，主要表现在：含沙量2.0%～3.0%，含黏土颗粒10.0%左右，比滩地表层含沙量（9.0%～10.0%）低，而含黏土较偏高；中值粒径5.5Φ左右，标准离差0.6～1.2，比滩地表层沉积中值粒径较小而分选程度稍差一些，与滩面上浅坑中的滞水沉积相比又正好相反，后者的中值粒径更小而分选程度也更差一点。另外值得注意的是，滩地冲积还具有平均粒径越粗者沉积处水深越深的特点。

　　总而言之，沉积物的粒度特征通过其大小反映了水动力条件，但粒度对环境变化特别是干湿变化的反映是间接的，不是单一的对应关系，只有结合其他分析手段，确定了影响水动力条件的各种气候、地貌或其他环境因素后，才能进行正确的沉积环境变化讨论。

3.1.2　粒度分析的实验方法

　　粒度分析具体前处理实验步骤如下：

　　（1）去除样品中的有机质和碳酸盐。取少量样品（约 0.3 g）放入 100 mL 烧杯内，加入 20 mL 蒸馏水和 10%过氧化氢（H_2O_2）10 mL，将烧杯放到通风橱内控温电热板上加热煮沸，同时用洗瓶不断清洗因反应的泡沫带至烧杯壁上的沉积物，待充分反应直至过量的过氧化氢（H_2O_2）分解完后，再加入 10 mL 浓度为 10% 的盐酸（HCl），煮沸后取下烧杯，加入蒸馏水至 100 mL，静置一夜，抽去蒸馏水，洗去过量的盐酸（HCl），过氧化氢与水配比 1∶3，浓盐酸与水配比 1∶5。

　　（2）样品分散。加入蒸馏水 20 mL 和浓度为 0.05 mol/L 的六偏磷酸钠（$(NaPO_3)_6$），将烧杯放入超声波清洗仪内超声振荡 15 min，再将振荡后的样品用英国 Malvern 公司生产的 Mastersizer 2000 型激光粒度仪进行测试，仪器测量范围为 0.02～2000 μm，测量精度±1%。每个样品重复测量 5 次取其平均值。

　　（3）数据结果在 Mastersizer 2000 和 Microsoft Excel 中进行处理和统计分析。

3.2　磁化率的环境指示意义与实验方法

　　磁化率是物质被磁化难易程度的一种量度。磁化率（体积磁化率）关系式 $\kappa = M/H$ 定义，式中 M 是在磁化率为 κ 的物质中由外加场 H 引起的磁化强度，利用这一定义可以把磁化率作为一种无量纲的量（SI 单位制中磁化率的数值）。本研究选择常用的质量磁化率 χ（文中若无特殊交代都简称为磁化率）这样一个物理量来度量物质的磁化难易程度，质量磁化率 χ 被定义为体积磁化率除以密度，即 $\chi = \kappa/\rho$，其单位为 SI（κ）m^3/kg。一般都在强度小于 1 mT 的弱场中测定磁化率，在这种弱场条件下，可以认为磁化率与外加场强度无关（Thompson and Oldfield, 1986）。

3.2.1　磁化率的环境指示意义

　　磁化率的大小主要能敏感反映沉积物样品中磁性矿物特别是铁磁性矿物相对含量的高低变化（Thompson et al., 1980; An et al., 1993; 史威等，2007b; 朱诚等，2012）。通常环境中沉积物所表现出的磁性变化特征，因为与磁性矿物的种类、含量、矿物晶粒特征及类质同象混入物或铁质包裹体等关系密切，其在一定程度上反映了该沉积物的物质来源、搬运营力和成土作用等过程（史威等，2007b）。上述过程在很大程度上是受气候变化驱动的，因此有不少学者认为地层中磁化率曲线具有气候变化指示意义（韩家懋等，1991；An et al.，1993；刘秀铭等，1993）。黄土-古土壤变化序列与气候波动的关系研究表明，在相对温暖湿润的气候条件下，古土壤发育并对应磁化率高值；而在相对寒冷干燥的气候条件下，则发生黄土堆积并对应磁化率低值（Begét et al.，1990；Maher and Thompson，1991；Phadtare，2000；Brachfeld et al.，2002）。然而，对磁化率变化的形成机制却有不同的解释。Kukla 和 An（1989）认为黄土-古土壤的形成不仅与气候变化、更与特定气候条件下的不同物源区有关；Maher（1998）则认为成土过程是磁化率增强的主要原因；Heller 和 Liu（1984）还指出古土壤磁化率增强是成土过程中碳酸盐淋失、孔隙度减少导致磁性矿物富集的结果；吕厚远和刘东生（2001）提出 C_4 植物生长对土壤磁化率有重要贡献；范国昌等（1996）、贾蓉芬等（1996）、Meng 等（1997）则强调了土壤中趋磁细菌和铁细菌对磁化率增强的贡献；Kletetschka 和 Banerjee（1995）认为频繁的自然火灾对土壤的加热作用也是强磁化率矿物形成的主要原因之一。

由此可见，即使像黄土-古土壤这样沉积规律性较强的自然体，影响磁化率变化的因素也是多方面的，而对非典型沉积环境下形成的如混杂堆积或人类活动参与改造的堆积体（如文化层、灰坑等），磁化率变化的影响因素就显得更为复杂了，问题的关键在于搞清楚地层中磁性矿物增加或磁化率增强的贡献者究竟是谁。王建等（1996）在研究沉积物磁化率与磁性矿物含量、沉积物粒度、物质来源及沉积动力条件的相关性时，强调沉积后次生变化对磁化率的影响；次生变化可以由自然力驱动，也可以由人类活动驱动；对于遗址堆积而言，人类活动对遗址自然堆积体的影响由次生效应转化为主导因素并非不可能，如史威等（2007b）对重庆中坝遗址剖面磁化率异常与人类活动关系的讨论，发现地层中磁化率多次异常高值的出现可能与此时高强度用火、大规模燃烧等事件致使土层磁性矿物增加有关，这在很大程度上已经掩盖了气候变化与成土作用等因素对地层磁化率分布的贡献。朱诚等（2000）注意到人类活动极大地改变了环境中磁性物质的循环形式和存在状况，使得环境物质的磁性特征具有明显的人类活动印迹，遗址地层多表现为磁化率高值，认为利用磁性信息可以追索人类活动的历史。张强等（2001）、张芸等（2001，2004）曾运用磁化率变化来解释重庆巫山张家湾遗址的环境变化，发现火烧及其他人类活动产生的大量细颗粒磁性矿物是对磁化率变化的主要贡献者，同时认为人类活动也使文化层中的 pH、有机质含量、微生物活动等发生显著变化，并由此改变了沉积物的磁性特征。

3.2.2　磁化率测定的实验方法

对采集后的样品自然风干或在低于 40℃的温度下烘干（高于 40℃的氧化环境会改变样品的环境磁学性质），再在研钵内轻压成粉末状（但不可以用力研磨，以防止破坏样品中的晶粒结构）后，将样品取出装入 10 mL 容量的特制圆柱形塑料样品盒内并进行编号，称重后置于捷克 AGICO 公司产的 KLY-3（卡帕桥）型磁化率仪中测出质量磁化率 χ（样盒的磁化率对样品测试的影响在实验中做了消除校正），采用 SI 标准国际单位制 $10^{-8}m^3/kg$，测定精确度为 0.1 SI，每个样品连续测定 3 次，最后取其平均值。

3.3　锆石微形态的环境指示意义与实验方法

对碎屑重矿物进行分析和鉴定，再根据其矿物组合、微形态来确定沉积物的来源、搬运途径，这对地层的分析和对比，重建古地理环境有着重要意义（徐馨等，1992）。古洪水沉积重矿物种类比较多，一般来说与其物源区的沉积物相比，在所含重矿物种类、组合类型及微形态等方面有很好的一致性（詹道江和谢悦波，2001；Zhu et al., 2005, 2008）。本研究选取重矿物中的锆石，以其表面微形态的比较分析来判断沉积物沉积性质与环境。

3.3.1　锆石微形态的环境指示意义

根据地质学的"将今论古"法则，遗址内古洪水层与同一区域的现代洪水沉积物应具有相似的上游物质来源和搬运特征，故其重砂矿物微形态应具有相似性。其中，锆石是常见于河流沉积物中的重矿物之一，其主要产于酸性或碱性火成岩与片麻岩中，原生形态主要是四方双锥形（徐茂泉和李超，2003；朱诚等，2010）。由于锆石（Zr[SiO$_4$]）比重较大（4.68～4.7），硬度较高（7.5），化学性质稳定，耐酸耐磨损相对较强且高于石英，其表面微形态比较是判断沉积物沉积性质的重要依据。锆石颗粒的微形态特征在某种程度上标志着它们的搬运情况，如磨圆度、球度、晶形的保留程度等，都可以作为划分地层、对比不同沉积环境地层和反映水动力变化的一种重要依据（Wu et al., 2017）。磨圆度、球度、晶形保留程度较好的锆石，冲刷搬运磨损程度较轻，多沉积在供给源附近；磨圆度、球度、晶形保留程度较差的锆石，冲刷搬运磨损程度较重，指示矿物被搬运得很远。朱诚等（2005，2008）在对重庆中坝遗址和玉溪遗址古洪水层和现代洪水层中的锆石微形态研究发现，江河干流物质堆积的洪水层中其锆石微观特征都具有很好的磨圆形态，多为半浑圆状，有些已有原生四方双锥形态被磨至近浑圆状，表明均有被流水长途搬运后留下的磨圆特征。同时，锆石颗粒的表面状况，如磨损痕迹、次生变化、溶蚀沉淀以及氧化污染等都是反映沉积环境的标志（徐馨等，1992）。

3.3.2 锆石矿物提取与微形态鉴定实验方法

实验室前处理过程主要是先将样品经自然风干称重后，放入玛瑙研钵中研成细颗粒，再将样品置于淘洗盘上先用清水反复冲洗（依次经过洗泥、缩分和筛分等阶段）再用酒精反复淘洗大约50次，加适量盐酸洗去样品表面的铁染物质；而后称重剩下的重矿物并用永久性磁铁和电磁仪将重矿物分为磁、电、重三部分；接着去电磁部分，由于锆石无磁性，用强磁铁去掉重矿物中的电磁部分，而后用酒精进一步淘洗直至大部分矿物为锆石为止。最后，依据锆石的简单物理鉴定方法（邹志强，1997；赵珊茸等，2004），将剩余部分样品颗粒在南京大学区域环境演变研究所日本Keyence公司产VHX-1000型超景深三维显微系统镜下鉴定挑出以获取纯净锆石颗粒，并置于圆形铜靶上而后上镜观察锆石微形态并拍照，同时做好相关记录和统计分析。样品挑选时要求不区分粒度、颜色和自形程度，尽可能全部或绝大部分挑出以避免人为筛选。实验结果表明样品中锆石含量丰富，微形态类型多样，大多数样品可挑选出300颗以上锆石颗粒。

3.4 化学元素的环境指示意义与实验方法

3.4.1 化学元素的环境指示意义

化学风化是陆地表面圈层相互作用的主要形式，是元素地球化学循环的重要环节，也是古气候、古环境变化过程的记录（Chen et al., 2006, 2007; Zhang et al., 2012）。近年来化学风化过程的研究受到高度的重视，成为解释过去全球变化的一种重要手段（陈道公，2009）。在这一领域当中，元素地球化学在黄土沉积（张西营等，2004；梁美艳等，2006；季峻峰等，2007；Chen and Li, 2011; Zhang et al., 2012）、湖泊沉积（张文翔等，2008；沈吉等，2010；Wünnemann et al., 2006, 2010; 李枫等，2012）和考古遗址地层（徐利斌等，2008；王心源等，2009；史辰羲等，2010; Tripati et al., 2010; Migliavacca et al., 2012）的古环境变化信息提取中广泛应用。地球化学元素的迁移、沉积规律与其地球化学行为有关，同时又受到沉积物化学组成和人类活动等多因素控制有关（李中轩等，2008）。目前，多数学者主要通过元素含量的加和或比值去放大元素指标对气候环境变化的响应，或减小各种扰动因素的影响，特别是因子分析方法则可以将庞杂的原始数据按成因上的联系进行归纳，以提供对古环境重建逻辑推理的合理方向（李中轩等，2008; Ma et al., 2009; Xu et al., 2011）。

3.4.2　化学元素的 X 射线荧光光谱分析实验方法

本书中 X 射线荧光光谱分析均采用粉末压片法制样而后上机测试，操作流程如下：

（1）干燥。样品须经过风干，样品含吸附水量大于 1%时须在 105～110℃烘箱中烘干 1 h。

（2）粉碎混匀。取干燥后的样品不少于 5 g，置于玛瑙研钵中研磨至 200 目以下并均匀化；每次粉碎操作后要注意容器的清洁，减少前次研磨粉碎残留样品对后次样品的污染。

（3）直接加压成型。使用压片机压片，取上述研磨混匀后的粉样 5～6 g 放入平板模具上直径为 35 mm 的塑料杯中，加 30 t 压力成型，压出平整、牢固、无裂痕和厚度在 2～4 mm 的圆片。在操作时应注意：装料密度一致，并预置适合的压力；压力保持时间一致；去压速度不要太快并要匀速下降，防止内应力作用使压片破裂；压片后的模具要清洁，防止样品间相互污染；制成的压片须轻拿轻放，防止破碎损坏。

（4）仪器测定。将加压成型的压片在南京大学现代分析中心瑞士产 ARL-9800型 X 射线荧光光谱仪（XRF）上进行定量测试；分析过程采用国家地球化学标准沉积物样（GSS1 和 GSD9）全程监控，分析误差小于±1%，数据的准确度和精确度都很好，可靠性强。

3.5　孢粉的环境指示意义与实验方法

3.5.1　孢粉的环境指示意义

在各种自然地理因素中，植物对生存环境的反应较为敏感。因此，通过认识植物的发展历史，就能够了解自然环境变化，尤其是气候变化。孢粉是植物孢子和花粉的简称。各种植物在繁殖期间撒放出大量的花粉（种子植物）和孢子（藓类和蕨类等），这些孢子和花粉除极少部分起到繁殖作用外，大部分散落于植物附近地表上或随风飘于空中，如同下雨一样均匀地撒落在几平方公里至几百平方公里范围内，有的借助于水、风甚至动物而传播到更远的地方，落到地表的孢粉随时间的流逝，被一层层埋藏在地层中，如湖泊、河流沉积层中（马春梅，2006）。基于上述原理，沉积物中的孢粉可以指示陆生和水生植被，进而对气候环境的主要指标温度和降水具有一定的指示意义（于革等，2007）。孢粉具有体积小、数量大、结构紧密、不同植物种属其孢粉形态不同等特点，此外还具有一定的抗酸碱和抗压力作用的能力，因此在地层中利于保存（王开发和徐馨，1988）。由于植物花粉是全球陆地分布最广的古气候环境之信息来源，利用地层中植物化石孢子、花粉追踪古植被的演化轨迹，并进而推论其生存环境变化，这已经成为全球古植被环境重建的一个重要途径（Huntley, 1990; Gasse et al., 1991; Wang et al., 1996; Yan et al., 1999; 吴立等，2008；Zhu et al., 2010; Carroll et al., 2012; Wu et al., 2012）。花粉或植物大化石的古植被转换，无论在大的空间尺度上（洲际或次大陆范围）还是较小的区域尺度上（河湖流域或平原盆地）均可通过转换函数、现代气候与植物类比、空间趋势面以及花粉植被化技术等多种途径获得（Prentice et al., 1996；许清海等，2004；Jones and Rowe, 2005；史威等，2007a；Gotanda et al., 2008; Ortega-Rosas et al., 2008; Chen et al., 2010; Ohlwein and Wahl, 2012）。目前，在考古研究中，孢粉分析可以帮助了解古代人类的生活环境演化背景和对比古文物的年代（王开发和徐馨，1988；周昆叔，2007；Zong et al., 2007; Li et al., 2010; McNeil et al., 2010; Qin et al., 2011）；而古洪水沉积孢粉分析的目的是在积累大量分析资料的基础上，对孢粉资料所反映的环境事件进行科学合理的解释，如应用孢粉组合划分地层相对年代，就是根据组合中一些典型的标志性孢粉科属，甚至是特有种为依据的（詹道江和谢悦波，2001）。

3.5.2 孢粉分析的实验方法

（1）取一定量的样品（约 20 g，依据有机质含量而定）放入 800 mL 烧杯中，处理前每块样品添加石松孢子示踪剂一片（约 27637 粒/片），以计算孢粉浓度；

（2）除钙：加浓盐酸 HCl（剂量为样品体积的两倍）搅拌、静置浸泡两小时到无气泡后，加水静置 24 h；

（3）洗酸：每 4～6 h 换水一次至溶液 pH 中性为止；

（4）除有机质：加入 10% NaOH（或 Na_2CO_3）溶液，搅拌煮沸冷却至室温（或搅拌浸泡 2～3 h），加水静置 4～6 h；

（5）洗碱：每 4～6 h 换水一次至溶液 pH 中性为止；

（6）离心：2000 转离心 10 min 去水；

（7）浮选：用 2.0 以上比重的重液（一般按 1000 g KI、1000 mL HI 和 40 g Zn 粒的比例配置）将离心后的固体溶解均匀后 3000 转离心 20 min，倒出上清液至原大烧杯中，剩余固体重复浮选一次；

（8）沉淀：将浮选后的清液加满水和少量醋酸（以不产生絮状物为准）静置 24 h；

（9）离心清洗：将倒去上清液的样品离心清洗三次至样品全部收集；

（10）加甘油制片，并在 400 倍日本产 Nikon E200 生物显微镜下进行鉴定与统计分析。

上述操作中，应当注意安全和防腐，并注意回收利用重液。

3.6　总有机碳和总氮的环境指示意义与实验方法

3.6.1　总有机碳和总氮的环境指示意义

地层沉积物（特别是湖沼相沉积物）中总有机碳（TOC）含量是常规描述沉积物中有机质丰度的最基本参数，而总氮（TN）则更进一步反映了沉积物的营养盐含量状况，二者皆可以用来判识沉积环境（沈吉等，2010；秦伯强等，2011）。沉积物 TOC 含量代表在沉积过程中没有被矿化分解的那部分有机质中的碳总量。总有机碳含量受到初始生产力及保存状况的影响，它既可以反映沉积物中有机质输入的多少，又可以反映沉积环境对有机质的保存能力。因此，TOC 含量受制于有机质来源、运移路径、沉积过程和保存能力（沈吉等，2010）。针对本研究的采样点来说，都属于江汉平原中地势较低的洼地或湖沼相堆积，那么其沉积物有机质的主要来源就应当是内生的或陆源的植物碎屑。内源有机质是湖沼所在本身的水生生物所产生的有机质；而陆源有机质是集水流域范围内经河流或地表径流搬运进入的有机成分（沈吉等，2010）。基于上述原理，一般情况下如果研究地点所在集水区或盆地流域周围植被繁盛或地表径流加强，那么沉积物中陆源有机质的数量将增加，从而间接指示了当时的气候环境。在湿热气候条件下，由于植物繁茂、降水与地表径流较多，进入地层的有机碳含量就较高；而在气候较干冷期间，植物生长受到抑制，降水与地表径流较少，保存在沉积物中的有机碳含量就低（于革等，2007）。总氮（TN）含量由于与地层沉积物中营养物质含量相关，因而也在一定程度上反映了营养盐输入和初级生产力状况（沈吉等，2010）。综上所述，沉积物中总有机碳和总氮含量是地层有机质初级生产力的综合反映，指示了内、外源生物量之和，并能一定程度反映气候条件的变化，TOC 与 TN 的比值（C/N）还可以综合反映沉积物中内、外源（如湖沼相沉积中的水生植物和陆生植物碎屑）物质来源的相对比例（沈吉等，2004；吴立，2010）。较高的 TOC、TN 含量反映流域内较好的水热配置等气候条件（Shen et al., 2005; Ma et al., 2008）；进入人类活动时期以后，沉积物中的 TOC、TN 含量则还反映了人类活动影响的方式与强度（高华中等，2005；朱诚等，2005，2008），如流域内过度毁林及垦荒使得表层土壤暴露，土壤中有机质被分解和氧化，水土流失增强，那么沉积物中表现为低 TOC、TN 含量的黏土矿物增加（Rosenmeier et al., 2002），而沉积物中 TOC、TN 的增高则与农业耕作及生活污染有关（杨用钊等，2006；史威等，2008）。

3.6.2　总有机碳和总氮测定的实验方法

总有机碳和总氮含量测定的实验步骤为：

（1）将样品烘干，研磨过 80 目筛；

（2）取一定量的样品，加入 5%的稀盐酸多次搅拌，不断加入稀盐酸直至反应完全，浸泡一昼夜；

（3）用中性去离子水洗至中性（pH＝7），烘干后研磨过 150 目筛；

（4）根据样品中总有机碳和总氮的含量（预先根据不同地层沉积物性状测定了若干不同层位的控制样）称取一定量的被测样品在锡纸紧密包裹下送入氧化炉中，经 AS200 型自动进样器由 Leeman CE440 型元素分析仪直接测出 TOC 和 TN 的百分含量。

3.7　有机碳同位素的环境指示意义与实验方法

3.7.1　有机碳同位素的环境指示意义

地层沉积物中有机质碳同位素（$\delta^{13}C_{org}$）变化与有机质来源密切相关，对于洼地或湖沼相沉积物而言，其中有机质主要来源于两个方面：一是来自内源的水生生物（如浮游生物、挺水植物和沉水植物等）；二是来自外源由入湖水流或降水径流带入的陆源植物碎屑（沈吉等，2010）。陆生植物的生长是通过光合作用固定大气中的 CO_2 以合成自身的组成物质，按其不同的光合作用机理或途径可以划分为 C_3、C_4 和 CAM 三种植物类型（Bowen，1991）。C_3 植物多适合生存于偏冷湿的气候环境；C_4 植物则是在暖干条件下亦可较好生存；CAM 植物主要是肉质植物，如仙人掌等，其气孔通常在干热环境下关闭，不利于植物生长（Jiang et al.，2007；沈吉等，2010；田晓四等，2010；Zhang et al.，2011b；Lu et al.，2012；Wu et al.，2013）。由于不同类型的植物光合作用机理不同，碳同位素分馏效应差异明显，有机质 $\delta^{13}C$ 值便有了变化。总体上，C_3 类植物 $\delta^{13}C_{org}$ 值分布范围为–37‰～–24‰；C_4 类植物 $\delta^{13}C_{org}$ 值变化范围为–19‰～–9‰；CAM 类 $\delta^{13}C_{org}$ 值范围较大为–30‰～–10‰（Smith and Epstein，1971）。湖沼水生植物的 $\delta^{13}C_{org}$ 值分布范围则较宽，为–50‰～–11‰（Keely and Sandquist，1992），这与湖水水生植物种类、代谢方式、水化学性质以及碳在气-水界面的 CO_2-HCO_3^- 循环有关（Stuiver，1975；吴立，2010）。除有机质来源影响其 $\delta^{13}C_{org}$ 值外，供给沉积物有机质的植物当时的生长环境，如温度与大气压力等也影响沉积物 $\delta^{13}C_{org}$ 值变化（沈吉等，2010）。综上所述，沉积物中有机质碳同位素的变化可以判断出沉积物中有机质的来源、植被变化和古气候变化的历史，是良好的古气候信息载体之一。Nakai（1972）、Saurer 和 Sigenthaler（1995）分别指出在湖泊沉积记录中，有机质含量与 $\delta^{13}C_{org}$ 值有较好的正相关性；Stuiver 和 Braziunas（1987）对分布于世界不同纬度的晚更新世以来湖沼相沉积物中 $\delta^{13}C_{org}$ 值分析也证实，基本上暖期对应于 $\delta^{13}C_{org}$ 高值，冷期则对应于低值；国内不同湖泊的统计分析也得到了相类似的研究结果（吴敬禄等，2002；Wu et al., 2006），上述现象其原因与机理尚需进一步深究。

3.7.2　有机碳同位素测定的实验方法

有机碳同位素的测定依据国际通用的燃烧法主要分为三个步骤，第一步是沉积物有机质 CO_2 气体的制备过程，第二步是沉积物有机质 CO_2 气体制备过程的检验，第三步是稳定同位素的上机测定，实验的方法与具体过程如下：

（1）将样品烘干，研磨过 80 目筛。

（2）取含 10 mg 有机碳的样品，加入 5%的稀盐酸多次搅拌，不断加入稀盐酸直至反应完全，浸泡一昼夜。

（3）用中性去离子水洗至中性（pH=7），烘干后研磨过 150 目筛。

（4）取含 5 mg 有机碳的样品置于石英舟内，放入燃烧管内。

（5）将真空系统密封抽真空后通入 99.99%的高纯氧气（0.02 MPa），在 800℃恒温条件下充分燃烧 5～15 min，使有机碳完全燃烧。

（6）关闭第一冷阱开关，将燃烧石英管活塞打开，并在冷阱套上液氮瓶，将气体放入冷阱中；关闭燃烧石英管活塞，打开冷阱口开关，抽去杂质气体；关闭冷阱口开关，用电吹风将冷冻于冷阱中的气体吹开，并套上液氮瓶（–78℃）固定水汽；关闭第二冷阱口开关，打开第一冷阱口开关，然后用相同步骤再次去除杂质气体和脱水，最后由样品管套液氮瓶收集纯净 CO_2 气体，以备稳定同位素测定。

（7）以制备标准物质 GBW 04407 测定的同位素结果之精度来确定样品的制备效果。GBW 04407 是本实验选用的工作标准物质，是天然气加工制成的无定形碳粉末，其给定值 $\delta^{13}C_{PDB}$= –22.43‰，标准偏差 0.07‰，这些值是用燃烧法将炭黑中的碳制备成 CO_2 而后用质谱法测定的。通过将标准物质 CO_2 气体的 $\delta^{13}C_{PDB}$ 校正到正常值，可以减少制样时带来的制样系统误差。GBW 04407 的实验用量为 5 mg 左右。

（8）将收集的纯净 CO_2 气体，经连续流装置 ConfloⅢ送入美国 Thermo Finnigan 公司产 Finnigan Delta-plus 气体质谱仪，以高纯 CO_2 气体作为参考标准测定碳同位素比值。$\delta^{13}C$ 值的计算公式即

$$\delta^{13}C（‰）=（R_{样品}/R_{标准}-1）\times 1000 \qquad (3-1)$$

式中，$R = {}^{13}C/{}^{12}C$，样品数据为相对于国际标准 PDB 值[通常使用的标样是具有 ${}^{13}C/{}^{12}C$=88.99 的皮迪组箭石（Pee Dee Belemnite），在 δ 标尺上规定其 $\delta^{13}C$ 值为 0‰]。样品分析过程中，每 10 个样品需加入一个国家标准（GBW 04407）样品进行质量监控。以上制备的标准物质及样品的 CO_2 气体气压根据质谱仪双路进样的要求都应该控制在水银压差计为 1～5 mmHg 内。

第4章　古洪水沉积特征与判别考古地层分析

4.1　钟桥遗址 ZQ-T0405 剖面

通过现场调查发现，钟桥遗址 ZQ-T0405 剖面及其他探方剖面（如 T0201、T0404 和 T0303 等）最突出的特点是在石家河文化层之下以及石家河文化层之间存在 3 处不含任何文化器物的自然沉积层（图 4.1）；这与重庆忠县中坝遗址自然

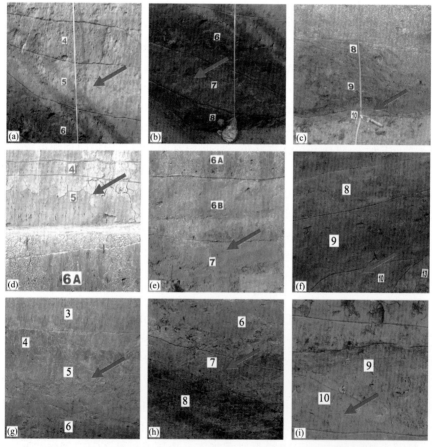

图 4.1　钟桥遗址发掘区各主要探方剖面所含疑似古洪水沉积层照片

（a）T0405 探方剖面第 5 层疑似古洪水沉积；（b）T0405 探方剖面第 7 层疑似古洪水沉积；（c）T0405 探方剖面第 10 层疑似古洪水沉积；（d）T0201 探方剖面第 5 层疑似古洪水沉积；（e）T0201 探方剖面第 7 层疑似古洪水沉积；（f）T0201 探方剖面第 10 层疑似古洪水沉积；（g）T0404 探方剖面第 5 层疑似古洪水沉积；（h）T0404 探方剖面第 7 层疑似古洪水沉积；（i）T0303 探方剖面第 10 层疑似古洪水沉积

沉积层中不含任何器物以及人类活动痕迹的特点相一致（Zhu et al., 2005）。从沉积学方面的宏观特征来看，这三个自然沉积层主要由灰黄色黏土质粉砂或粉砂质亚黏土构成，厚度在 20～45 cm 之间，在垂直方向上沉积物的颜色、结构、构造和粒度成分等都发生了突变，多有夹铁锈斑的波状或水平沉积层理，出现有扰动构造或波纹，并有灰黄颜色的交替变化。两个疑似古洪水层之间具有显著的沉积间断，出现古代文化层堆积。根据黄春长等（2011）总结的世界各地河流古洪水沉积学研究结果，本课题组结合多年来在长江流域及其周边地区的古洪水研究实践（Zhu et al., 2005, 2008；白九江等，2008；黄铿等，2009；张广胜等，2009；李兰等，2010；Wu et al., 2012a, 2017），初步判定 ZQ-T0405 剖面中三个自然淤积层明显区别于风成黄土-古土壤和文化层堆积，具有古洪水沉积物的大多数特征。通过进一步的理化和生物指标测试分析与对比，将进一步揭示和判别出钟桥遗址 ZQ-T0405 剖面古洪水沉积物与文化层堆积的微观差异特征，从而有效确定古洪水事件的存在。

4.1.1　粒度

在上述沉积物特征描述研究的基础上，将采集的长江中游沿岸 1998 年现代洪水沉积物与钟桥遗址 ZQ-T0405 剖面各地层沉积物样品进行样品粒度参数特征比较（表 4.1 和表 4.2）。从表 4.1 和表 4.2 可见，ZQ-T0405 剖面各地层与 1998 年长江现代洪水层中值粒径与平均粒径分别在 5.54～7.06 Φ 和 4.20～7.43 Φ 之间，主要属中粉砂至细粉砂范围，沉积物构成中也包含粗粉砂和极细粉砂；剖面疑似古洪水层的标准离差 σ_i 在 1.44～3.56 之间，平均为 1.64，略低于文化层的标准离差值（σ_i 在 1.57～3.72 之间，平均为 1.76），反映相对于文化层而言，疑似古洪水层的主要粒级更突出，分选较好些。ZQ-T0405 剖面各地层与 1998 年长江现代洪水层的分选系数 S_0 都在 0.34～0.77 之间，反映各样品分选性均较好；偏度变化在 −0.38～0.40 之间，除个别样品外都为正偏，说明粒度分布偏于粗粒级。在峰态变化方面，ZQ-T0405 剖面文化层 K_g 变化在 0.58～1.16 之间，平均为 1.02，属中等偏宽或很宽的沉积峰态；剖面疑似古洪水层与 1998 年长江现代洪水层的 K_g 变化在 0.90～1.74 之间，平均为 1.12，属中等偏窄或很窄的沉积物峰态，说明洪水层样品沉积物颗粒粒径分布的集中程度更高，反映同一物源控制的可能性较大。这些都显示出该处遗址文化层与疑似古洪水层在沉积物中值粒径、平均粒径、分选系数和偏度等参数方面与长江中游现代洪水沉积物相比没有太大区别，仅在标准离差和峰态参数上有所区分。以上粒度各参数总体上也反映了钟桥遗址疑似古洪水层以悬移质粉砂为主体的沉积特征。

表 4.1　钟桥遗址 ZQ-T0405 剖面疑似古洪水层与各文化层粒度参数特征

层位性质 （层位号）	中值粒径 （M_d）/Φ	平均粒径 （M_z）/Φ	标准离差 （σ_i）	分选系数 （S_0）	偏态（S_k）	峰态（K_g）
耕土层（1）						
平均值	6.22	6.45	1.92	0.68	0.17	1.11
最大值	6.36	6.79	2.35	0.73	0.40	1.18
最小值	6.02	5.95	1.65	0.61	−0.16	1.04
明清文化层（2a）						
平均值	6.16	6.68	1.64	0.73	0.35	1.11
最大值	6.33	6.86	1.68	0.73	0.38	1.15
最小值	6.03	6.57	1.60	0.72	0.34	1.04
明清文化层（2b）						
平均值	6.09	6.62	1.66	0.72	0.36	1.12
最大值	6.18	6.74	1.70	0.72	0.37	1.16
最小值	5.98	6.52	1.63	0.72	0.34	1.08
唐宋文化层（3）						
平均值	6.27	6.75	1.66	0.72	0.32	1.06
最大值	6.33	6.84	1.69	0.73	0.34	1.09
最小值	6.17	6.66	1.61	0.71	0.29	1.04
石家河文化层（4）						
平均值	6.42	6.86	1.63	0.72	0.29	1.02
最大值	6.52	6.91	1.67	0.73	0.34	1.05
最小值	6.28	6.78	1.57	0.71	0.26	0.98
疑似古洪水层（5）						
平均值	6.25	6.65	1.70	0.73	0.29	1.14
最大值	6.61	7.01	3.56	0.76	0.36	1.74
最小值	5.90	5.00	1.50	0.66	−0.38	0.94
石家河文化层（6）						
平均值	6.10	6.21	2.07	0.64	0.20	0.98
最大值	6.40	6.88	3.72	0.74	0.34	1.10
最小值	5.61	4.20	1.59	0.34	−0.31	0.58
疑似古洪水层（7）						
平均值	6.41	6.84	1.59	0.74	0.31	1.12
最大值	7.06	7.43	2.04	0.77	0.35	1.66
最小值	6.15	6.22	1.44	0.71	0.04	0.97

续表

层位性质 （层位号）	中值粒径 （M_d）/Φ	平均粒径 （M_z）/Φ	标准离差 （σ_i）	分选系数 （S_0）	偏态（S_k）	峰态（K_g）
石家河文化层（8）						
平均值	6.46	6.94	1.75	0.70	0.30	0.99
最大值	6.53	7.01	1.83	0.72	0.34	1.03
最小值	6.38	6.85	1.64	0.68	0.26	0.95
石家河文化层（9）						
平均值	6.72	7.08	1.77	0.70	0.22	0.94
最大值	6.87	7.24	1.78	0.70	0.28	0.96
最小值	6.57	6.98	1.75	0.69	0.16	0.92
疑似古洪水层（10）						
平均值	6.23	6.77	1.70	0.71	0.35	1.04
最大值	6.33	6.83	1.78	0.72	0.38	1.08
最小值	6.15	6.70	1.64	0.70	0.31	1.00

沉积物的粒度特征主要取决于沉积物的物源和沉积环境（徐馨等，1992）。粒度分布频率曲线是沉积物粒度特征研究中的重要手段之一，其分析结果有助于推断沉积物的物源、搬运动力大小及沉积环境，从而推断其性质类型（徐馨等，1992; Lu et al., 1998; 陈建强等，2004; Thorndycraft et al., 2005a; Zhu et al., 2005, 2008; Huang et al., 2007, 2010）。钟桥遗址 ZQ-T0405 剖面第 5、7 和 10 三个疑似古洪水层沉积物粒度分布频率曲线与长江中游现代洪水层很相似（图 4.2），属于典型的河流悬移质沉积曲线类型。粒度分布频率曲线都以单峰为主，主峰显著偏向粗颗粒方向，显示出中-细粉砂成分含量突出，其中 10～40 μm 占相当份额，表明这些疑似古洪水层及其携带的泥沙与长江中游沿岸洪水沉积物具有共同的物质来源，同时也再次说明洪水层沉积物一般具有多悬移质粉砂的特征。

表 4.2　江汉平原 1998 年长江现代洪水沉积物粒度参数与磁化率特征

样品号	采样地点	中值粒径 （M_d）/Φ	平均粒径 （M_z）/Φ	标准离差 （σ_i）	分选系数 （S_0）	偏态（S_k）	峰态（K_g）	磁化率 （SI）
WCJ-1	文村夹	6.38	6.76	1.85	0.66	0.22	0.89	133.71
ESZ-1	二圣洲	6.55	6.84	1.70	0.70	0.19	0.98	67.41
ESZ-2	二圣洲	6.19	6.59	1.70	0.69	0.26	0.97	74.68
ESZ-3	二圣洲	6.99	6.76	2.29	0.65	0.11	1.11	95.16
XTZ-1	学堂洲	5.80	6.29	1.91	0.63	0.28	0.90	199.60
XTZ-2	学堂洲	5.54	6.23	2.09	0.60	0.36	0.92	299.59

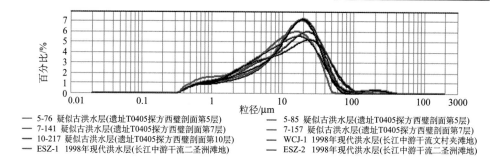

图 4.2　钟桥遗址 ZQ-T0405 剖面疑似古洪水层与研究区现代洪水沉积物粒度分布频率曲线对比

4.1.2　磁化率

由表 4.2 和表 4.3 及图 4.3 可见，钟桥遗址疑似古洪水层和 1998 年长江中游现代洪水层沉积物的磁化率值均很低，分布范围绝大部分在 58.67～770.51 SI 之间，绝大部分在 95.34 SI 以下，比文化层磁化率值（分布范围从 48.50～2584.29 SI，绝大部分在 352.32 SI 以上）普遍偏低，同时各文化层的磁化率值普遍比相邻的疑似古洪水层磁化率值偏高，剖面顶部耕土层磁化率值变化不明显（分布范围在 83.27～114.53 SI 之间）。可以看出，钟桥遗址磁化率分布曲线难以体现该时期区域气候变化的一般特点（谢远云，2004），说明造成上述现象的原因极可能与遗址性质、物源特点有关，即人类活动强度、特殊物源对剖面磁化率的贡献显著超过了气候环境变化对堆积体磁化率的影响，而长江上游的中坝遗址和玉溪遗址以及美国新英格兰 Ritterbush 流域古洪水层的研究亦得出类似的结果（Brown et al.，2000; Zhu et al.，2005, 2008）。考虑到遗址附近并无大的山体，综合认为这是由于各文化层中多含陶片等（含较多铁磁性矿物）并受人类用火烘烤作用影响（Kletetschka and Banerjee，1995; 史威等，2007b），铁磁性矿物易积累，而铁磁性矿物在由悬移质构成的洪水憩流沉积物中相对较少所致。因此，以上的沉积物粒度与磁化率特征可以作为判定钟桥遗址第 5、7 和 10 层这 3 处疑似古洪水层确实为古洪水沉积物的重要证据之一。

表 4.3　钟桥遗址 ZQ-T0405 剖面疑似古洪水层与文化层磁化率、Rb/Sr 及 Cu 元素含量变化对比

层位性质 （层位号）	磁化率/SI	Rb/（μg/g）	Sr/（μg/g）	Rb/Sr	Cu/（μg/g）
耕土层（1）					
平均值	83.27	96.10	85.73	1.13	32.30
最大值	114.53	114.90	90.34	1.41	46.00
最小值	68.59	78.29	81.37	0.87	17.10

续表

层位性质 （层位号）	磁化率/SI	Rb/（μg/g）	Sr/（μg/g）	Rb/Sr	Cu/（μg/g）
明清文化层（2a）					
平均值	96.09	80.44	86.86	0.93	18.70
最大值	182.21	81.49	88.56	0.96	25.10
最小值	70.60	79.08	84.87	0.89	12.30
明清文化层（2b）					
平均值	160.05	76.75	89.36	0.86	43.20
最大值	263.32	78.72	90.20	0.88	56.50
最小值	88.46	73.62	88.78	0.82	29.90
唐宋文化层（3）					
平均值	113.79	74.39	94.70	0.79	40.30
最大值	228.17	76.05	95.65	0.81	40.30
最小值	63.78	72.45	93.58	0.76	40.30
石家河文化层（4）					
平均值	62.33	84.14	100.87	0.83	42.67
最大值	82.47	86.06	103.32	0.88	48.10
最小值	48.50	83.03	98.23	0.80	35.80
疑似古洪水层（5）					
平均值	65.39	83.65	102.37	0.82	31.17
最大值	81.91	89.74	107.73	0.87	50.10
最小值	58.67	80.81	97.21	0.77	17.40
石家河文化层（6）					
平均值	571.98	92.55	112.36	0.83	44.78
最大值	5168.58	98.40	121.86	0.89	55.70
最小值	71.51	85.14	103.78	0.72	30.80
疑似古洪水层（7）					
平均值	98.58	91.91	103.36	0.89	31.30
最大值	154.04	97.10	110.48	0.94	53.60
最小值	69.31	87.71	99.11	0.86	7.00
石家河文化层（8）					
平均值	321.96	105.58	132.28	0.81	44.88
最大值	598.10	113.77	157.92	0.92	50.10
最小值	78.77	93.71	105.33	0.72	40.80

续表

层位性质 （层位号）	磁化率/SI	Rb/（μg/g）	Sr/（μg/g）	Rb/Sr	Cu/（μg/g）
石家河文化层（9）					
平均值	703.46	113.20	142.49	0.80	64.47
最大值	1740.30	119.86	151.34	0.84	75.30
最小值	259.83	105.05	124.87	0.76	58.50
疑似古洪水层（10）					
平均值	162.92	88.71	103.91	0.86	34.84
最大值	770.51	102.17	121.77	0.88	47.30
最小值	68.60	83.70	95.62	0.81	27.00

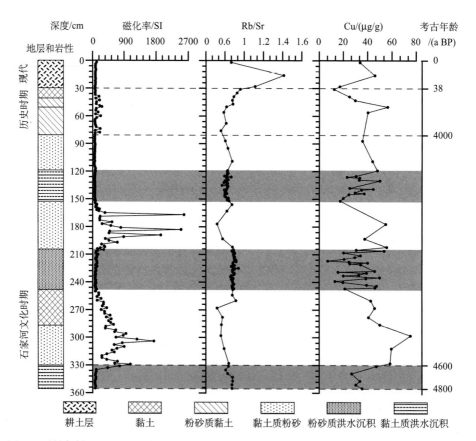

图 4.3　钟桥遗址 ZQ-T0405 剖面地层划分、磁化率、Rb/Sr、Cu 元素含量和考古年龄框架图

4.1.3　锆石微形态

表 4.4 是钟桥遗址 T0405 探方沉积物样品在显微镜下所见的锆石晶体形态分析结果。从表 4.4 可见，钟桥遗址地层中的锆石晶体在显微镜下观察主要呈现浑圆柱状、浑圆状、四方双锥状、复四方双锥状和四方柱状（Zhu et al., 2005, 2008），而由于独特的原生四方双锥体形态，其在被冲刷搬运磨蚀后呈浑圆状的仍然偏少。遗址疑似古洪水层所在的第 5、7 和 10 层其浑圆柱状所占比例最高，达 45.13%～51.14%，与 1998 年长江中游现代洪水层浑圆柱状所占的比例 47.26%～48.96% 相似，而与长江上游的中坝遗址 1981 年现代洪水层浑圆柱状所占的 55.36% 以及玉溪遗址 2004 年现代洪水层 60.92% 的比例相比略低（Zhu et al., 2005, 2008）。与此相对应，遗址文化层所在的第 2a、2b、3、4、6 和 8 层中原生四方双锥状锆石所占比例最高，达 51.66%～64.51%，而浑圆柱状所占比例一般在 22.98%～32.05% 之间。

表 4.4　钟桥遗址 T0405 探方西壁剖面沉积物与长江中游现代洪水沉积物样品锆石晶体微形态分析结果

编号	深度/m	浑圆柱状		浑圆状		四方双锥		复四方双锥		四方柱		总颗粒数	合计/%
		颗粒数	百分比/%	颗粒数	百分比/%	颗粒数	百分比/%	颗粒数	百分比/%	颗粒数	百分比/%		
1-9	0.18	103	28.85	14	3.92	213	59.66	5	1.40	22	6.16	357	99.99
2a-19	0.37	359	32.05	18	1.61	655	58.48	30	2.68	58	5.18	1120	100
2b-25	0.49	172	30.07	13	2.27	369	64.51	6	1.05	12	2.10	572	100
3-31	0.60	129	29.25	20	4.54	264	59.86	12	2.72	16	3.63	441	100
4-51	0.99	169	29.96	22	3.90	322	57.09	9	1.60	42	7.45	564	100
5-77	1.35	170	49.28	18	5.22	139	40.29	8	2.32	10	2.90	345	100.01
5-84	1.42	247	51.14	22	4.55	198	40.99	3	0.62	13	2.69	483	99.99
6-112	1.77	441	22.98	139	7.24	1011	52.68	150	7.82	178	9.28	1919	100
7-142	2.19	162	46.96	17	4.93	152	44.06	3	0.87	11	3.19	345	100.01
7-158	2.35	217	48.44	25	5.58	181	40.40	8	1.79	17	3.79	448	100
8-175	2.56	101	30.51	23	6.95	171	51.66	15	4.53	21	6.34	331	99.99
10-218	3.41	1011	45.13	123	5.49	911	40.67	86	3.84	109,	4.87	2240	100
WCJ-1	—	535	47.26	38	3.36	506	44.70	15	1.33	38	3.36	1132	100.01
ESZ-1	—	779	48.96	30	1.89	713	44.81	12	0.75	57	3.58	1591	99.99
ESZ-2	—	602	48.67	44	3.56	531	42.93	17	1.37	43	3.48	1237	100.01
ZB-81	0.30	191	55.36	4	1.16	134	38.84	7	2.03	9	2.61	345	100
YX-04	—	53	60.92	3	3.45	28	32.18	1	1.15	2	2.30	87	100

图 4.4 是长江上游三峡库区玉溪遗址与中坝遗址现代洪水沉积物中锆石颗粒的微形态特征，图 4.5 和图 4.6 是钟桥遗址各疑似古洪水层与 1998 年长江中游现代洪水沉积物以及各文化层中锆石微形态在显微镜下鉴定的对比照片。从图 4.4 和图 4.5 中可以看出，该遗址 3 个疑似古洪水层与 1998 年长江中游现代洪水层沉积物中的锆石在微形态上十分相似，与长江上游中坝遗址 1981 年现代洪水沉积物及玉溪遗址 2004 年现代洪水层沉积物在扫描电子显微镜下鉴定的锆石微形态上亦有相似之处（图 4.4），主要表现在：

（1）形态多为半浑圆状或浑圆柱状，棱角均有被明显磨圆的痕迹。

（2）在图 4.5 和图 4.6 中，1998 年长江中游现代洪水层 WCJ-1，ESZ-1 和 ESZ-2 号样品，钟桥遗址 T0405 探方疑似古洪水层 5-77，5-84，7-142，7-158 和 10-218 号样品的这些锆石晶体已由原生四方双锥体形态被磨至近于浑圆状颗粒，表明均具有被流水长途搬运后留下的一定程度的磨圆特征。

（3）钟桥遗址 T0405 探方文化层 2a-19，2b-25，3-31，4-51，6-112 和 8-175 号非洪水层沉积物中的锆石微形态则多呈棱角鲜明的四方双锥体形态，与洪水层锆石微形态有明显差异，这种差异可能是由于该遗址内的文化层是在人和自然（如风成堆积等）交替作用下形成的堆积（史辰羲等，2009；李兰等，2010；朱诚等，2012）。以上锆石表面微形态的相似性比较可作为判定钟桥遗址 3 处疑似古洪水层确实为古洪水沉积物的又一有力证据。

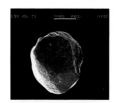 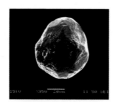  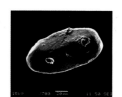

玉溪2004年洪水层 32-1　　玉溪2004年洪水层 32-5　　玉溪2004年洪水层 32-13　　玉溪2004年洪水层 32-17

 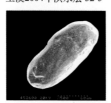  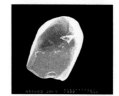

中坝1981年洪水层 2B-1　　中坝1981年洪水层 2B-2　　中坝1981年洪水层 2B-3　　中坝1981年洪水层 2B-4

图 4.4　长江上游三峡库区玉溪遗址与中坝遗址现代洪水沉积物中锆石微形态特征
（引自朱诚等，2008）

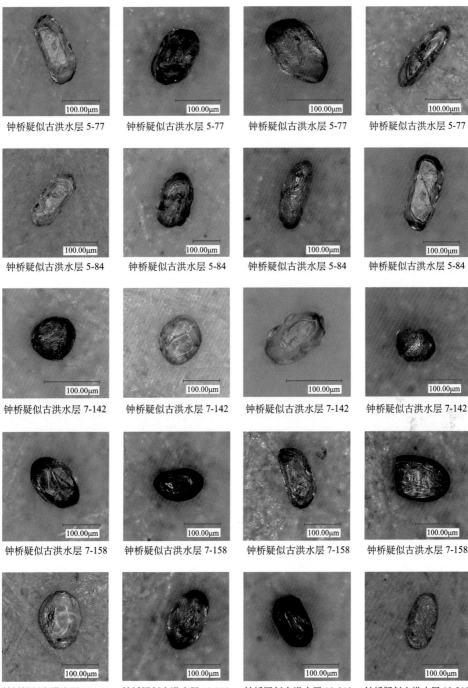

钟桥疑似古洪水层 5-77	钟桥疑似古洪水层 5-77	钟桥疑似古洪水层 5-77	钟桥疑似古洪水层 5-77
钟桥疑似古洪水层 5-84	钟桥疑似古洪水层 5-84	钟桥疑似古洪水层 5-84	钟桥疑似古洪水层 5-84
钟桥疑似古洪水层 7-142	钟桥疑似古洪水层 7-142	钟桥疑似古洪水层 7-142	钟桥疑似古洪水层 7-142
钟桥疑似古洪水层 7-158	钟桥疑似古洪水层 7-158	钟桥疑似古洪水层 7-158	钟桥疑似古洪水层 7-158
钟桥疑似古洪水层 10-218	钟桥疑似古洪水层 10-218	钟桥疑似古洪水层 10-218	钟桥疑似古洪水层 10-218

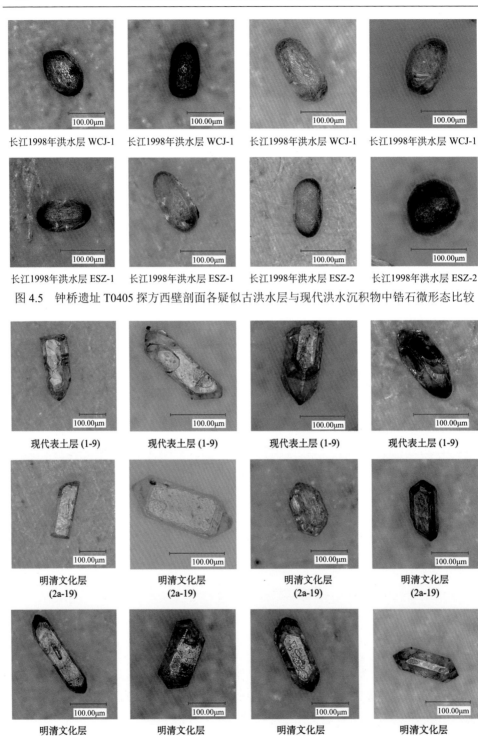

长江1998年洪水层 WCJ-1　　长江1998年洪水层 WCJ-1　　长江1998年洪水层 WCJ-1　　长江1998年洪水层 WCJ-1

长江1998年洪水层 ESZ-1　　长江1998年洪水层 ESZ-1　　长江1998年洪水层 ESZ-2　　长江1998年洪水层 ESZ-2

图 4.5　钟桥遗址 T0405 探方西壁剖面各疑似古洪水层与现代洪水沉积物中锆石微形态比较

现代表土层 (1-9)　　现代表土层 (1-9)　　现代表土层 (1-9)　　现代表土层 (1-9)

明清文化层
(2a-19)　　明清文化层
(2a-19)　　明清文化层
(2a-19)　　明清文化层
(2a-19)

明清文化层
(2b-25)　　明清文化层
(2b-25)　　明清文化层
(2b-25)　　明清文化层
(2b-25)

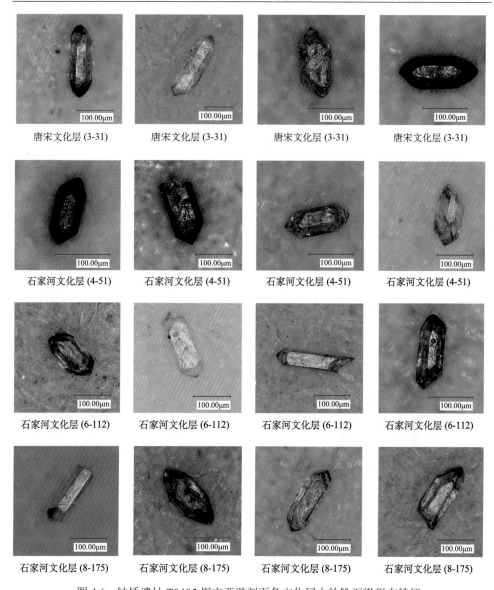

图 4.6 钟桥遗址 T0405 探方西壁剖面各文化层中的锆石微形态特征

4.1.4 Rb/Sr 及 Cu 化学元素含量

为获得古洪水层判定的其他证据，作者还对该遗址 T0405 探方地层样品做了 Rb/Sr 及 Cu 元素含量变化特征分析。钟桥遗址 T0405 探方剖面疑似古洪水层与文化层 Rb/Sr 及 Cu 元素含量变化对比结果列于表 4.3。

Rb 的化学性质较为稳定，但是 Sr 的化学活性较高，二者在表生地球化学过程中常发生分馏（Glodstein, 1988）。从表 4.3 和图 4.3 可见，除去受后期人类活动干扰较大的耕土层与明清文化层外，钟桥遗址疑似古洪水层的 Rb/Sr 值主要分布于 0.77～0.94 之间，平均值为 0.86，普遍高于各文化层 0.72～0.92 的分布值和 0.81 的平均值，同时各文化层的 Rb/Sr 值普遍比相邻的疑似古洪水层 Rb/Sr 值偏低。这是因为在沉积物化学风化或雨水淋溶过程中，Rb 的离子半径（0.147 nm）比 Sr 的离子半径（0.113 nm）大，具有很强的被吸附能力，通常由于易被地层中的黏土矿物吸附而保留在原地，而离子半径较小的 Sr 主要以游离态形式被地表水或地下水带走（Chen et al., 1999a）。因此，随着化学风化程度的加强，原地残留部分沉积物的 Rb/Sr 值逐渐增大（Dasch, 1969; Chen et al., 2003）。Rb/Sr 值的大小实际上指示了与洪水发生密切相关的降水量强度的大小（Chen et al., 1999b），Rb/Sr 高值反映的是与洪水有关的高降雨量环境，而 Rb/Sr 低值往往指示降雨量少的干旱环境。

　　Cu 元素含量的变化与前述磁化率和 Rb/Sr 值均有相似之处，钟桥遗址疑似古洪水层的 Cu 含量分布范围在 17.40～38.70 μg/g 之间，普遍低于文化层 25.10～59.60 μg/g 的 Cu 含量。分析认为，由于石家河文化时期已经进入了铜石并用时代并已发现铜器残片（湖北省博物馆，2007），人类长期的相关生产活动会造成文化层中 Cu 元素含量增加（李中轩等，2008）；而疑似古洪水层由于受水流冲刷淋洗，Cu 元素的含量偏低。以上元素含量变化特征的分析结果可作为判定该遗址 3 个疑似古洪水层确定为古洪水遗留沉积物的其他证据。

4.1.5　孢子花粉组合特征

　　表 4.5 中给出了沙洋钟桥遗址 T0405 探方西壁剖面文化层和疑似古洪水层部分沉积样品的孢粉分析鉴定结果。从中可以看出：

　　（1）与文化层相比，疑似古洪水层所含孢粉总量比较少，尤其是偏粗颗粒沉积样品中所含孢粉的总量更稀少，这与洪水的沉积速率和沉积环境有关，主要是受洪水水体流动过程及其携带沉积物沉降过程的影响，洪水沉积已接近于滨岸沉积，沉积物质来源较丰富且水流速度也较大，孢粉保存条件较差（许清海等，2001；詹道江和谢悦波，2001；Zhu et al.，2002；龙翼等，2009；李杰等，2011）。

　　（2）所含孢粉中种类较多，已鉴定出的种类达 42 个（科）属，其中疑似古洪水层中已发现有十余个（科）属。

　　（3）与文化层相比，疑似古洪水层样品中所出现的孢粉都以各类水生草本和蕨类为主，而木本植物的花粉比较少，且常出现水生藻类，这一特征在第七层表现得更为明显。

　　（4）有孢粉的远源再沉积现象，突出的表现为疑似古洪水层中松属和柏科等含量较高，可能为远距离搬运（流水或风力）再沉积在新的堆积体中。这是由于松属等相关各科属花粉具有产量相当丰富散布范围很大、飞翔较远等特点造成的（詹道江和谢悦波，2001）。

由此，通过用上述粒度、磁化率、锆石微形态、孢粉、Rb/Sr 和 Cu 等地球化学指标的比较已充分表明钟桥遗址地层中确实存在 3 期古洪水层。

表 4.5　钟桥遗址 T0405 探方西壁剖面孢粉种类及其含量（粒）

样品号	深度/cm	乔木和灌木	中生和旱生草本	水生草本	蕨类	藻类	破碎无法鉴定	孢粉总数
2a-18	35	138	374	2	42	0	0	556
2a-20	39	68	400	155	31	0	6	654
2b-22	43	49	245	61	24	2	0	379
3-29	56	27	223	83	39	3	3	372
3-35	68	27	222	82	47	0	3	378
3-39	76	8	41	4	16	5	2	69
4-45	87	6	31	0	15	12	0	52
4-49	95	26	58	19	33	48	2	136
4-56	109	11	18	0	15	9	0	44
4-61	119	0	10	0	5	3	0	15
5-65[*]	123	0	0	0	0	0	0	0
5-70[*]	128	8	2	0	0	0	0	10
5-75[*]	133	0	0	0	0	0	0	0
5-86[*]	144	8	0	0	0	4	0	8
6a-98	156	2	0	0	2	0	0	4
6a-112	177	0	3	13	0	0	0	16
6a-120	193	0	9	11	0	0	0	20
7-129[*]	206	5	11	8	0	0	3	24
7-131[*]	208	0	0	0	2	6	0	2
7-148[*]	225	0	0	0	0	0	0	0
7-156[*]	233	0	0	0	0	0	0	0
7-169[*]	246	0	8	7	0	3	0	15
8a-174	254	7	7	17	5	0	0	36
8b-186	278	0	13	10	0	0	0	23

注：*代表疑似古洪水层沉积样品，各孢粉种类所含科（属）及其含量详见第 5 章。

4.2　谭家岭遗址 TJL-T0620 剖面

通过现场调查发现，谭家岭遗址 TJL-T0620 剖面及其他探方剖面（如 T0619

等）底部的淤积层与前述钟桥遗址地层中存在的三个淤积层有很大的不同，突出表现在其淤积层中还含有较多具有石家河文化早期特点的黑陶、红陶等器物，这与重庆忠县中坝遗址自然沉积层中不含任何器物以及人类活动痕迹的特点不相一致（Zhu et al., 2005）。从沉积学方面的宏观特征来看（图2.20），这一淤积层主要是由黑色淤泥构成，厚度在 100～115 cm 之间，颜色总体较深，上部和下部颜色有深浅变化但不明显，在垂直方向上沉积物的结构、构造和粒度成分变化很小，夹有较多草木灰炭屑，有埋藏古木，但无波状或水平沉积层理及扰动构造或波纹等典型的古洪水沉积特征。根据上述岩性和沉积特征来看，初步判断谭家岭遗址下部的淤积层湖沼相沉积的可能性更大，因河流泛滥沉积应以含较少有机质的浅色淤泥或粉细砂沉积为主，如钟桥遗址地层中的三个古洪水层，而该淤积层颜色较深表明其有机质含量较高。然而，湖沼沉积也可能与古洪水有关，但不是洪泛直接沉积。通过更深入的粒度、磁化率测试及锆石微形态鉴定分析与对比，进一步揭示谭家岭遗址 TJL-T0620 剖面底部石家河文化早期黑色淤泥层的沉积环境和性质特征。

4.2.1　粒度

粒度参数特征能够指示沉积物的沉积环境条件。由图 4.7 中可以看出，中值粒径 M_d 在第 9 层的变化范围介于 6.02～7.53Φ 之间，平均值为 6.83Φ，变率很小，变异系数仅为 0.04；平均粒径 M_z 值介于 6.02～7.56Φ 之间，平均值为 7.00Φ，变率也很小，变异系数仅为 0.05。按照中值粒径命名法整个第 9 层主要为细粉砂和极细粉砂。第 9 层标准离差 σ_i 的变化范围在 1.76～2.81 之间，平均值为 2.03；河流相沉积环境其标准离差一般在 0.52～1.40 之间，故其应不属于典型的河流相沉积。从偏态 S_k 曲线来看（图 4.7），整个第 9 层总体以正偏为主，仅在上部某些层位出现负偏，变化范围在 −0.12～0.27 之间，平均值为 0.10，表明粒度自然分布频率主要集中在细粒部分。第 9 层的峰态 K_g 值平均为 1.00，变化范围为 0.77～1.38，表明其总体为中等峰态曲线，接近正态分布。分选系数 S_0 变化在 0.57～0.71 之间，平均值为 0.67，沉积物总体上分选较好。总的来看，各粒度参数曲线的变化趋势基本相似。

1964 年 Sahu 根据福克粒度参数，利用现代风成沙丘、浅海、海滩、三角洲、河流、浊积等环境的沉积物粒度分析结果，应用线性多元判别公式得出了四个综合经验公式（陈建强等，2004），用以区别沙丘、海滩、浅海、河流（冲积）和浊积这五种常见沉积物。其中涉及判别河流（冲积）环境的两个公式分别为

$$Y_1 = 0.2825M_z - 8.7604\sigma_i^2 - 4.8922S_k + 0.0482K_g \quad (Y > -7.4190 \text{ 为浅海，} Y < -7.4190$$
$$\text{为河流冲积}) \tag{4.1}$$

$$Y_2 = 0.7215M_z - 0.4030\sigma_i^2 + 6.7322S_k + 5.2927K_g \ (Y > 9.8433 \ \text{为河流冲积}, \ Y<9.8433$$
$$\text{为浊流沉积}) \tag{4.2}$$

将谭家岭遗址第 9 层沉积物粒度参数分别代入式（4.1）和式（4.2）计算可知，式 Y_1 的计算结果在–66.7057～–26.1688 之间，而式 Y_2 的计算结果在 6.17～10.84 之间，因此总体上可以判断该层沉积物与河流冲积环境有关。

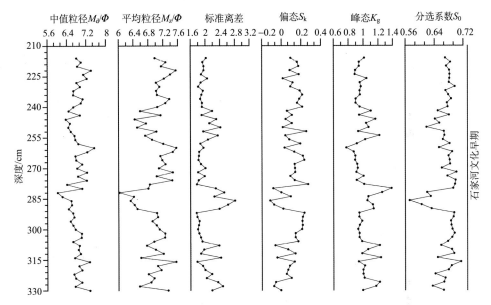

图 4.7　谭家岭遗址 TJL-T0620 剖面石家河文化早期黑色淤泥层粒度参数随深度变化曲线

从剖面粒度组成和各粒级含量变化来看（图 4.8），第 9 层黏土（< 4 μm）粒级含量在 21.01%～43.05%之间，平均值为 30.59%；粉砂（4～63 μm）粒级含量范围在 51.11%～74.47%之间，平均值为 63.80；砂（> 63 μm）粒级含量变化范围在 0.42%～18.50%之间，变化较大，特别是在深度 240～250 cm、280～290 cm 和 310～330 cm 出现峰值且波动较大。由此可以看出，第 9 层沉积物总体上属于黏土质粉砂，砂（> 63 μm）粒级含量多低于 10%暗示较弱的沉积动力特征，而层位中三次砂含量的高峰（>10%）可能代表三次水动力条件相对较强的时期。

在粒度频率曲线方面，由图 4.9 可以看出，谭家岭遗址第 9 层沉积物不同深度的粒度自然分布频率曲线呈现明显一致性，表现为较宽的三峰式，主峰在 10～30 μm 区间，含量介于 3.5%～6%，次峰在 0.6～1.0 μm 区间，含量介于 1%～2.5%，第三峰在 300～500 μm 区间，含量介于 0.6%～2%，仅在部分深度样品中出现，主要是砂粒级含量出现高峰的样品分布。该粒度分布频率曲线与汉江现代洪水及古洪水沉积物峰态偏窄且单峰的粒度分布频率曲线有明显不同（李晓刚等，2012；王

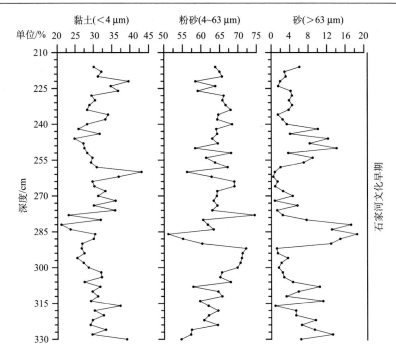

图 4.8　谭家岭遗址 TJL-T0620 剖面石家河文化早期黑色淤泥层粒度分级百分比含量随深度的
变化曲线

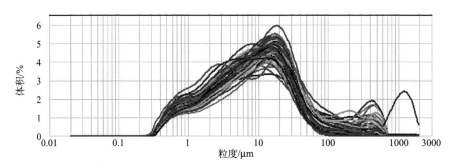

图 4.9　谭家岭遗址 TJL-T0620 剖面石家河文化早期黑色淤泥层各样品粒度分布频率曲线

龙升等，2012；查小春等，2012），说明其应与汉江洪水的关系不大，物质来源不同。由第 9 层不同深度的累积频率曲线（图 4.10）亦可以看出，粒度成分以单一悬浮总体为主，仅有不到 10% 的少量跳跃总体成分，无滚动总体组分，整体粒度组分偏细，代表了一种总体上较弱的水动力沉积环境。考虑到湖沼相沉积物的粒度分布范围较宽且物源复杂，粒度较细，总体属于粉砂或黏土质粉砂，分选较好，偏度存在负偏，有机质丰富且生物扰动构造发育（李兰等，2010），与以上沉积物的粒度特征进行对比，并结合野外调查，认为谭家岭遗址下部第 9 层黑色淤泥沉积物与湖沼相沉积物沉积特征相似，推测该遗址区在石家河文化早期可能经历过流速较缓和、有一定水域范围的浅水湖沼环境；而层位中若干砂粒级百分含量的高峰则表明这一湖沼相沉积也可能与古洪水有关，因洪水发生时水动力条件变强，但应该不是洪泛的直接沉积。

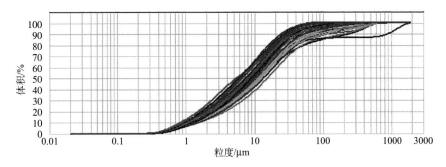

图 4.10　谭家岭遗址 TJL-T0620 剖面石家河文化早期黑色淤泥层各样品粒度累积频率曲线

4.2.2　磁化率

谭家岭遗址质量磁化率样品是在未烘干的状态下直接在卡帕桥旋转式磁化率仪上测定的，TJL-T0620 剖面样品质量磁化率随深度的变化曲线见图 4.11。从图 4.11 可以看出，谭家岭遗址 TJL-T0620 剖面地层的磁化率值在石家河文化早期总体上较低，其分布范围在 91.96～758.87 SI 之间，平均值为 198.09 SI，比上部其他文化层磁化率值低很多，这可能是由于该层为湖沼相沉积的缘故，缺氧还原的沉积环境使得铁磁性矿物富集较少，以低磁化率值为特征。整个剖面磁化率值最大值出现在石家河文化中期，石家河中期文化层磁化率值分布范围在 158.21～1753.55 SI 之间，平均值为 572.00 SI，特别是 H2 灰坑层的磁化率值达到最大，这一分布特征是由于人类活动扰动，特别是灰坑内大量火烧痕迹（如红烧土等）、陶片遗存及人类生活废弃物堆积的存在则会使铁磁性矿物大量富集，于是出现磁化率曲线上的局部高峰值。石家河晚期文化层磁化率值也比早期淤积层偏高，但是不及石家河中期文化层，其分布范围为 242.07～804.36 SI，平均值为 469.18 SI。值得注意的是，自石家河文化晚期起其磁化率值是持续趋于上升的，并在 40～60 cm 层位骤然上升，而后又迅速下降。初步推测其原因为石家河文化末期人类活动与 4.2 ka BP 气候事件前后降水量快速升降相互叠加所导致的变化（Wu et al.，2004）。至现代扰乱层遗址区已经变为水稻田，长期水田灌溉所导致的还原作用使得磁化率值又有所下降，但仍总体高于石家河文化早期的淤泥层。综合分析可以得出，石家河文化早期黑色淤泥层其磁化率值明显低于其上部石家河中晚期的文化层和现代扰乱层，但其与已有研究成果（乔晶等，2012；查小春等，2012；张玉柱等，2012）得出的汉江现代洪水和古洪水沉积物的磁化率值（变化范围为39.6～94.4 SI，平均值 53.08 SI）相比仍显著偏高一个数量级，这就证实了前述粒度分析中得出的谭家岭遗址下部石家河文化早期黑色淤泥层堆积与汉江洪水关系不大的推论，主要应属湖沼相沉积。

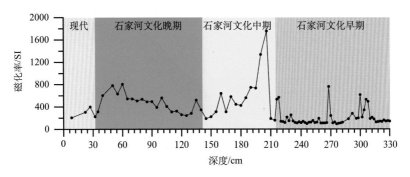

图 4.11　谭家岭遗址 TJL-T0620 剖面地层质量磁化率随深度变化曲线

4.2.3　锆石微形态

表 4.6 是三房湾遗址 SFW-T1610 剖面沉积物样品在显微镜下所见的锆石晶体形态分析结果。从表 4.6 可见，谭家岭遗址地层中的锆石晶体在显微镜下观察主要呈浑圆柱状、浑圆状、四方双锥状、复四方双锥状和四方柱状（Zhu et al., 2005, 2008），可以看出无论是文化层与灰坑、还是第 9 层石家河文化早期淤泥层，其特有的原生四方双锥体形态占绝对优势，比例 55.66%～69.23%，而呈浑圆状和浑圆柱状形态的仍然偏少，比例分别仅为 5.68%～6.60% 和 15.38%～30.11%。谭家岭遗址石家河文化早期淤积层所在的第 9 层其浑圆柱状所占比例仅为 15.38%～27.83%，其浑圆状所占比例仅为 3.85%～6.60%，且与长江上游的中坝遗址 1981年现代洪水层浑圆柱状所占的 55.36% 以及玉溪遗址 2004 年现代洪水层 60.92% 的比例相比要低得多（Zhu et al., 2005, 2008）。与此相对应，遗址文化层所在的第 5

表 4.6　谭家岭遗址 TJL-T0620 剖面沉积物样品锆石晶体微形态分析结果

编号	深度/m	浑圆柱状		浑圆状		四方双锥		复四方双锥		四方柱		总颗粒数	合计/%
		颗粒数	百分比/%	颗粒数	百分比/%	颗粒数	百分比/%	颗粒数	百分比/%	颗粒数	百分比/%		
5-74	1.40	71	29.22	9	3.70	150	61.73	5	2.06	8	3.29	243	100
H2-66	1.80	106	30.11	20	5.68	198	56.25	16	4.55	12	3.41	352	100
9-57	2.18	59	27.83	14	6.60	118	55.66	9	4.25	12	5.66	212	100
9-6	3.20	4	15.38	1	3.85	18	69.23	1	3.85	2	7.69	26	100

层和第 H2 灰坑层中原生四方双锥状锆石所占比例与第 9 层相差无几,同时沉积物中复四方双锥和四方柱形态所占的比例分别为 2.06%~4.55% 和 3.29%~7.69%,总体上各地层沉积物中锆石晶体的原生形态及类原生形态占主导地位。

图 4.12 是谭家岭遗址 TJL-T0620 剖面各代表性地层部分样品锆石颗粒超景深三维显微系统镜下照片。与长江三峡库区中坝遗址和玉溪遗址发现的洪水层锆石微形态扫描电镜照片(Zhu et al., 2005, 2008)特征的对比可以发现,谭家岭遗址石家河晚期文化层、石家河中期灰坑和石家河早期淤泥层中的锆石微形态(图4.12)基本上保留了锆石原生的四方双锥状特点,锆石晶体头部的锥状体保存基本完好,没有发现长途搬运和磨蚀的状况。相对比来看,长江三峡库区中坝遗址和玉溪遗址现代洪水沉积物中的锆石微形态照片(图 4.4),以及前述钟桥遗址地层中古洪水沉积物中的锆石微形态照片(图 4.5),都可见其被显著磨圆的特征;而图4.12中谭家岭遗址下部石家河文化早期黑色淤泥层中挑出的锆石微形态照片可见锆石晶体端部的尖椎体都未被磨圆,从整体上还保留棱状和次棱状特征,与洪水沉积物中的锆石有明显区别,而与文化层及灰坑中的锆石微形态相差不大。上述这些锆石微形态方面的证据结合前述谭家岭遗址地层粒度和磁化率的综合分析,充分证实谭家岭遗址下部的石家河文化早期淤泥层并非典型的古洪水沉积物,至少不应是洪水泛滥的直接沉积,而代表的是一种与古洪水有关总体上经过较弱水动力搬运过程(物源较近)的湖沼沉积环境。

石家河晚期文化层 (5-74)　　石家河晚期文化层 (5-74)　　石家河中期灰坑 (H2-66)　　石家河中期灰坑 (H2-66)

  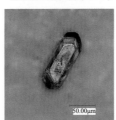 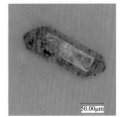

石家河早期淤泥层 (9-57)　　石家河早期淤泥层 (9-57)　　石家河早期淤泥层 (9-6)　　石家河早期淤泥层 (9-6)

图 4.12　谭家岭遗址 TJL-T0620 剖面石家河早期淤泥层与中期灰坑及晚期文化层中
锆石微形态比较

4.3　三房湾遗址 SFW-T1610 剖面

通过现场调查发现,三房湾遗址 SFW-T1610 剖面最突出的特点是在石家河文化层之下存在三层基本不含文化器物的自然淤积层(图 2.25);这与重庆丰都玉溪遗址自然淤积层中基本不含任何器物以及人类活动痕迹的特点相一致(Zhu et al.,2008)。从沉积学宏观特征来看,这三个自然淤积层自上至下分别由青灰色淤泥、黄灰色土和灰色淤泥构成,厚度总计在 1 m 左右,未见第 15 层底,它们在垂直方向上沉积物的颜色、结构、构造和粒度成分等都发生了突变,其中第 14 层黄灰色土和第 15 层上部多有夹铁锈斑的波状或水平沉积层理,并出现有扰动构造或波纹,且有灰黄颜色的交替变化。而第 13 层青灰色淤泥颜色总体较深,上部和下部颜色有深浅变化但不明显,在垂直方向上沉积物结构、构造和粒度成分变化很小,出土少量可能为屈家岭文化晚期的磨光黑陶片等器物,但并无波状或水平沉积层理以及扰动构造或波纹等典型的古洪水沉积特征。根据上述岩性和沉积特征来看,我们初步判断三房湾遗址下部三个自然淤积层中,第 13 层为湖沼相沉积的可能性很大,因河流泛滥沉积应以含较少有机质的浅色淤泥或粉细砂沉积为主,如第 14 层黄灰色土就可能为古洪水沉积层,而第 13 层的颜色较深表明其有机质含量较高;第 15 层灰色淤泥的颜色介于两者之间略偏深,夹有少量草木灰和炭屑,总体上也应为湖沼相沉积,但其上部一段沉积特征变化较大,说明可能与古洪水沉积有关。通过粒度、磁化率测试及锆石微形态鉴定分析与对比,我们将进一步揭示三房湾遗址 SFW-T1610 剖面底部三个自然淤积层的沉积环境和微观差异特征,从而有效确定该遗址区附近古洪水事件的存在。

4.3.1　粒度

在沉积物粒度参数的变化方面,由图 4.13 可以看出,剖面中值粒径 M_d 在青灰色淤泥层、黄灰色土层和灰色淤泥层上部较大,而灰色淤泥层中下部较小,曲线变化趋势与平均粒径 M_z 一致,其中,黄灰色土层的平均粒径 M_z 最大,平均为 6.77Φ。三个层位的中值粒径 M_d 和平均粒径 M_z 分别在 $5.92\sim7.07\Phi$ 和 $6.49\sim7.44\Phi$ 之间,平均值分别为 6.36Φ 和 6.90Φ,其变率很小,仅为 0.05 和 0.03,按中值粒径命名法属中粉砂至极细粉砂范围。各层位标准偏差 σ_i 在 $1.60\sim1.89$ 之间,沉积物主要粒级突出一般;偏度 S_k 变化在 $0.21\sim0.40$ 之间,所有层位均属正偏,说明粒度自然分布频率都集中于粗粒部分;峰态 K_g 变化在 $0.91\sim1.24$ 之间,平均为 1.04,属中等偏窄的沉积峰态;分选系数 S_0 在 $0.68\sim0.74$ 之间,分选相对较好。这些都显示出三房湾遗址底部三个自然淤积层之间在沉积物粒度参数特征方面没有太大的区别,同时与前人对汉江现代洪水沉积物粒度参数特征的研究结果差别也很小（张玉柱等，2012）。以上粒度各参数总体也反映了三房湾遗址下部自然淤积层是以悬移质粉砂为沉积物主体。

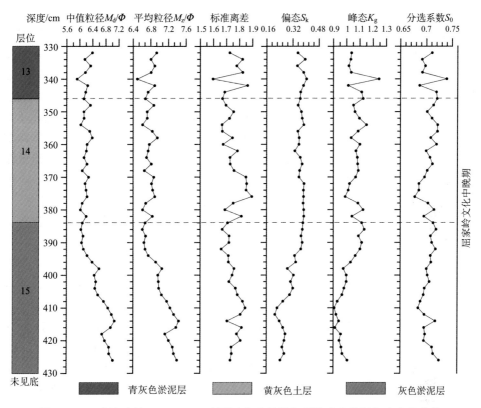

图 4.13　三房湾遗址 SFW-T1610 剖面底部自然淤积层粒度参数随深度变化曲线

粒度组成和各粒级含量变化方面（图 4.14），黏土（< 4 μm）粒级含量的变化范围在 15.75%～32.33% 之间，平均值为 22.99%。第 14 层黄灰色土和第 13 层青灰色淤泥中黏土（< 4 μm）含量较低，介于 15.75%～23.83% 之间；第 15 层灰色淤泥中黏土（< 4 μm）含量最高，介于 17.91%～32.33% 之间，平均值达 25.86%，但第 15 层上部深度 396 cm 以上部分黏土（< 4 μm）含量较低，介于 17.91%～22.54% 之间，平均含量仅为 19.62%。

剖面三个自然淤积层粉砂（4～63 μm）粒级含量变化范围在 67.67%～83.89% 之间，平均值为 76.44%，第 14 层黄灰色土以及第 13 层青灰色淤泥中粉砂（4～63 μm）的含量高，介于 75.11%～83.89% 之间，平均含量为 78.54%，而在第 15 层灰色淤泥中粉砂（4～63 μm）的含量最低，平均含量为 73.73%，但在第 15 层上部深度 396 cm 以上部分粉砂（4～63 μm）的含量较高，介于 77.17%～81.47% 之间，平均含量为 79.71%（图 4.14）。以上表明这三个自然淤积层在沉积物性质上都属于黏土质粉砂。

　　剖面三个自然淤积层砂（>63 μm）粒级含量变化范围在 0~2.31%之间，平均值为 0.57%，在深度 362 cm 和 370 cm 处出现两个尖峰值（图 4.14）。第 14 层黄灰色土砂（>63 μm）的含量最高，介于 0.13%~2.31%之间，平均含量为 0.79%，而第 13 层青灰色淤泥和第 15 层灰色淤泥中砂（>63 μm）含量较低，平均含量分别为 0.50%和 0.40%。值得注意的是，第 15 层上部深度 396 cm 以上部分砂（>63 μm）含量也很高，本层砂（>63 μm）含量最高值 1.11%亦出现在此段，平均含量达 0.67%。由上述分析可以看出，第 14 层黄灰色土和第 15 层灰色淤泥的上部是砂（>63 μm）含量的高值段，且变化的幅度较大，出现若干次高峰值，表明这些层位沉积时期水动力条件较强，这与前述判断的这两个层位遭受过古洪水影响相吻合。

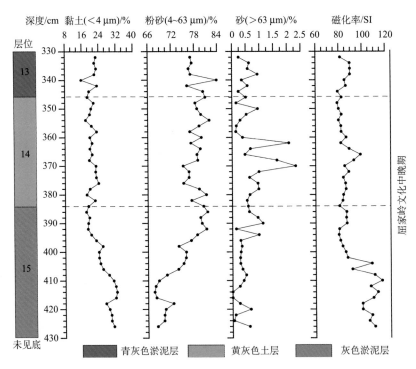

图 4.14　三房湾遗址 SFW-T1610 剖面底部自然淤泥层粒度分级百分比含量及磁化率随深度的变化曲线

　　对比前人关于汉江 2010 年现代洪水沉积物与古洪水沉积物粒度分布频率曲线（图 4.15）研究结果（查小春等，2012），发现第 14 层黄灰色土疑似古洪水层沉积物粒度分布频率曲线与汉江 2010 年现代洪水沉积非常相似（图 4.16），属于典型的河流悬移质沉积曲线类型，而第 15 层灰色淤泥粒度分布频率曲线明显分为两个有差别的部分，深度 396 cm 以上部分粒度分布频率曲线与第 14 层黄灰色土及汉江 2010 年现代洪水沉积相似（图 4.17），它们都是以单峰为主，主峰显著偏向粗颗粒方向，显示出中-细粉砂成分含量突出，其中 15～35 μm 占有相当份额，表明这两个疑似古洪水层及其携带的泥沙与汉江沿岸洪水沉积物具有共同的物质来源。与此相区别，第 15 层灰色淤泥深度 396 cm 以下部分粒度频率分布曲线形态（图 4.17）则较宽较矮，双峰式分布逐渐突出，与汉江 2010 年现代洪水沉积有明显区别，结合沉积物宏观特征及上述粒度分析认为其与第 13 层青灰色淤泥应同属湖沼相沉积。

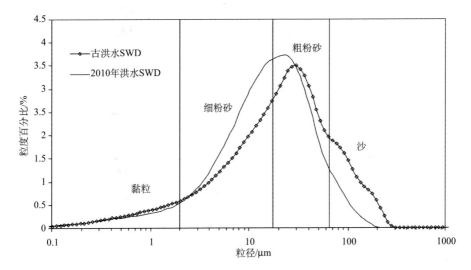

图 4.15　汉江 TJW 剖面古洪水沉积物和 2010 年现代洪水沉积物粒度分布频率曲线
（查小春等，2012）

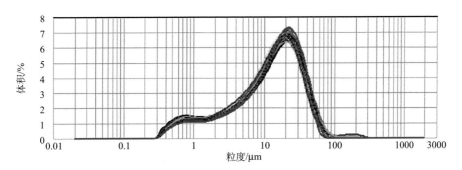

图 4.16　三房湾遗址 SFW-T1610 剖面第 14 层黄灰色土各样品粒度分布频率曲线

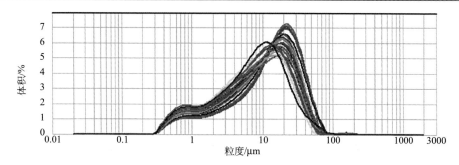

图 4.17　三房湾遗址 SFW-T1610 剖面第 15 层灰色淤泥各样品粒度分布频率曲线

4.3.2　磁化率

从图 4.14 中的磁化率曲线可知，SFW-T1610 剖面黏土（< 4 μm）粒级含量的变化趋势与磁化率曲线相近，表明该套沉积物中铁磁性矿物主要富集在细颗粒沉积物中。结合地层的划分可以看出，第 14 层黄灰色土磁化率最低，介于 78.80～98.78 SI 之间，平均值为 84.88 SI，其与已有研究成果（乔晶等，2012；查小春等，2012；张玉柱等，2012）所得出的汉江现代洪水和古洪水沉积物的低磁化率值（变化范围 39.6～94.4 SI，平均值 53.08 SI）特征相似。第 15 层灰色淤泥样品磁化率值最高，平均值达 97.40 SI，分布介于 79.96～117.31 SI 之间，但其深度 396 cm 以上部分磁化率值却较低，平均为 83.69 SI。第 13 层与第 15 层下部湖沼相沉积物磁化率值较高可能是由前述的粒度分级效应所致，即该剖面湖沼相细颗粒沉积物中铁磁性矿物富集较多，而古洪水沉积物颗粒偏粗使得铁磁性矿物富集较少所致，这一现象在与江汉平原相邻的长江下游巢湖平原沉积物中也有发现（谢红霞等，2006；王心源等，2008），其与当时周围区域的沉积环境和沉积动力条件有关。因此，以上的沉积物粒度与磁化率特征可作为判定三房湾遗址第 14 和 15 这两个疑似古洪水层确实为古洪水沉积的重要证据之一。

4.3.3　锆石微形态

表 4.7 是三房湾遗址 SFW-T1610 剖面沉积物样品在显微镜下所见的锆石晶体形态分析结果。从表 4.7 可见，三房湾遗址下部地层中的锆石在显微镜下观察主要呈浑圆柱状、浑圆状、四方双锥状、复四方双锥状和四方柱状（Zhu et al., 2005, 2008），而由于其独特的原生四方双锥体形态，其在被冲刷搬运磨蚀后呈浑圆状的依然偏少。遗址剖面下部三个自然淤积层中，第 14 层和 15 层疑似古洪水层中锆石颗粒浑圆柱状所占比例很高，达 42.39%～45.49%，若与浑圆状颗粒相累积其所占比例可达 46.9%～49.95%，而与长江上游的中坝遗址 1981 年现代洪水层浑圆柱状所占的 55.36% 以及玉溪遗址 2004 年现代洪水层 60.92% 的比例相比略低（Zhu et al., 2005, 2008)。与此相对应，青灰色淤泥层所在的第 13 层中原生四方双锥状的锆石颗粒所占比例最高，达 54.24%~59.82%，而浑圆柱状所占比例仅在 28.77%~35.48%之间。

表 4.7 天门石家河三房湾遗址 SFW-T1610 剖面沉积物样品锆石晶体微形态分析结果

| 编号 | 深度/m | 浑圆柱状 | | 浑圆状 | | 四方双锥 | | 复四方双锥 | | 四方柱 | | 总颗粒数 | 合计/% |
		颗粒数	百分比/%	颗粒数	百分比/%	颗粒数	百分比/%	颗粒数	百分比/%	颗粒数	百分比/%		
13-46	3.36	63	28.77	8	3.65	131	59.82	10	4.57	7	3.20	219	100.01
13-42	3.44	138	35.48	16	4.11	211	54.24	13	3.34	11	2.83	389	100
14-35	3.58	405	43.27	34	3.63	455	48.61	24	2.56	18	1.92	936	99.99
14-27	3.74	121	45.49	11	4.14	120	45.11	5	1.88	9	3.38	266	100
15-16	3.96	816	44.30	104	5.65	796	43.21	58	3.15	68	3.69	1842	100
15-8	4.12	103	42.39	17	7.00	106	43.62	10	4.12	7	2.88	243	100.01

从图 4.18 中可以看出，该遗址三个疑似古洪水层与 1998 年长江中游现代洪水层沉积物中的锆石在微形态上十分相似，与前述钟桥遗址古洪水沉积物、长江上游中坝遗址 1981 年现代洪水沉积物以及玉溪遗址 2004 年现代洪水层沉积物在电子显微镜下鉴定的锆石微形态上亦有相似之处（图 4.4 和图 4.5），主要表现在它们的形态多为半浑圆状或浑圆柱状，棱角均有被明显磨圆的痕迹；在图 4.18 中，三房湾遗址 SFW-T1610 剖面疑似古洪水层 14-35、14-27 和 15-16 号样品的这些锆石已由四方双锥形态被磨至近浑圆状，表明都具有被流水长途搬运后留下的一定程度的磨圆特点；而第 13 层青灰色淤泥 13-46 号和 13-42 号湖沼相沉积物中的锆石微形态则多呈棱角鲜明的四方双锥体形态，与洪水层的锆石微形态有明显差异，这种差异可能是由于该淤泥层沉积环境是经过较弱水动力搬运的，物源较近。第 15 层灰色淤泥下部 15-8 号样品磨圆程度也很高，表明其层位亦可能遭受过古洪水的影响。以上锆石表面微形态的相似性比较可作为判定该遗址两处疑似古洪水层为古洪水沉积物的又一有力证据。基于上述三房湾遗址 SFW-T1610 剖面底部三个自然淤积层的粒度、磁化率和锆石微形态的综合分析，可以判定第 14 层黄灰色土为古洪水沉积物，第 15 层灰色淤泥亦可能经历过洪水的影响，特别是其上部层位，磨圆度较高的锆石微形态特征表明已留下古洪水影响的痕迹；而第 13 层青灰色淤泥应属湖沼相沉积，可能经历过流速较为缓和、有一定水面范围的浅水湖沼环境，这也与三房湾遗址考古队在野外发掘观察得到的推论相吻合（孟华平等，2012）。

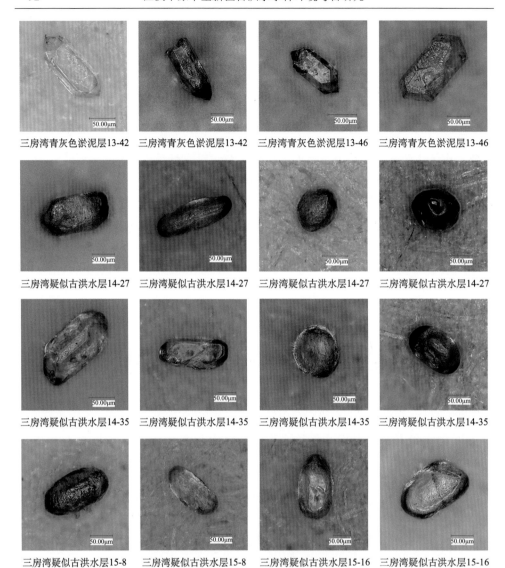

三房湾青灰色淤泥层13-42　　三房湾青灰色淤泥层13-42　　三房湾青灰色淤泥层13-46　　三房湾青灰色淤泥层13-46

三房湾疑似古洪水层14-27　　三房湾疑似古洪水层14-27　　三房湾疑似古洪水层14-27　　三房湾疑似古洪水层14-27

三房湾疑似古洪水层14-35　　三房湾疑似古洪水层14-35　　三房湾疑似古洪水层14-35　　三房湾疑似古洪水层14-35

三房湾疑似古洪水层15-8　　三房湾疑似古洪水层15-8　　三房湾疑似古洪水层15-16　　三房湾疑似古洪水层15-16

图 4.18　三房湾遗址 SFW-T1610 剖面各疑似古洪水层沉积物中锆石微形态的比较

第 5 章　江汉平原中全新世古洪水事件年代分析

在确定了古洪水沉积性质特征之后，古洪水事件发生年代的测定就显得十分必要。由于古洪水层上覆及下伏的文化层相对含较多有机质，有利于用 ^{14}C 测年方法来确定其古洪水沉积的年代（Xia et al., 2004; Zhu et al., 2005, 2008）。OSL（光释光）测年也已试用于古洪水沉积年代学研究（吴庆龙等，2009；黄春长等，2011），但目前多数情况下在考古遗址地层中是借以判断古洪水沉积埋藏的古砖瓦陶片器物等的考古年代。古洪水沉积的年代学研究尚待新方法提高精度。

一场古洪水发生年代的确定依赖于对该场古洪水沉积的测年或相邻古文化层的断代。古洪水沉积年代学研究视具体情况选择用什么样的方法和实验技术，测定该场古洪水沉积的生成年代（詹道江和谢悦波，2001）。目前常用的几千年直到上万年古洪水沉积的测年方法主要是 AMS^{14}C 测年、TIMS（高精度热电离质谱铀系法）测年、TL（热释光）测年及 OSL（光释光）测年等，有的则依赖古文化层断代或古地理分析。本研究主要依据古洪水层相邻文化层及古洪水沉积本身所夹有机物质的 AMS^{14}C 测年来分析江汉平原中全新世考古地层中记录的古洪水事件年代，同时对 OSL 测年应用于古洪水沉积直接测年作了尝试。

5.1　加速器质谱碳十四（AMS^{14}C）年代分析

20 世纪 80 年代中期以前，各个 ^{14}C 测年实验室都是通过测量样品的放射性比活度 A 来测年的，常用的测量仪器有气体正比计数管和液体闪烁计数器。前者将样品碳转化为 CO_2 或乙炔（C_2H_2）气体进行测量，而液体闪烁计数器是将样品制备成苯（C_6H_6）作为测量对象。它们都是通过探测样品中 ^{14}C 原子衰变所释放出的 β 粒子来测量样品的 ^{14}C 比活度，称为 ^{14}C 测年的常规技术（曹琼英和沈德勋，1988）。

加速器质谱 ^{14}C 测年技术简称 AMS^{14}C（Accelerator Mass Spectrometry）测年技术。这是最近 20 年来发展的先进超高灵敏质谱测试技术，在带电粒子加速器上测量样品中 ^{14}C 相对于 ^{12}C 或 ^{13}C 原子数的比值 R（14/12）或 R（14/13）。在技术上是先将测年样品转化为石墨，而后在加速器中将石墨中的碳原子离子化，加速碳离子达"兆电子伏"量级的高能量，现代的加速器技术能将高能碳离子束流中的 ^{12}C、^{13}C 和 ^{14}C 离子分开，分别测量 ^{12}C 和 ^{13}C 的束流强度，并用粒子探测器对束流中 ^{14}C 离子进行计数探测，从而实现对样品与现代碳标准物质中 ^{14}C 相对

于 ^{12}C 或 ^{13}C 的原子数之比 R（14/12）或 R（14/13）的测量（陈铁梅，2008）。加速器质谱进行的也是相对测量，即测量样品相对于现代碳标准物质的 ^{14}C 丰度比 R_0/R（t）。

AMS^{14}C 测年相对于常规技术的主要优点是减少了样品用量，从常规方法的几克碳降到 1 mg 或更少量的碳；同时，缩短了测量时间，每个样品的测量仅需几十分钟，从而提高了工作效率（陈铁梅，2008）。由上述原则性的优点导致：①扩大了样品的选择范围，使一些含碳量低的微量样品也可以进行测年，如考古地层中筛选出来的少量孢粉和生物微体化石、单颗植物种子、小骨片以及南极冰芯气泡中二氧化碳的年龄等。②提高了测年结果的可靠性。需要的样品量少，就可以挑选最合适的样品和样品中最合适的含碳组分进行测年，以去除可能的污染物，如陈铁梅等（1994）从湖南澧县彭头山遗址的陶片中挑拣已炭化的稻壳稻草等夹杂物作为测年对象，所得年龄可以比较确切的代表陶片的烧制年龄。③AMS^{14}C 测年的高工作效率也有利于提高考古测年的精确度，因为对于一个考古单元的测年数据多了，推测其年代的随机误差将减小，可信度因而增加。

5.1.1　钟桥遗址文化层与古洪水事件的 AMS^{14}C 断代

为了判定沙洋钟桥遗址 T0405 探方剖面文化层与自然沉积层（疑似古洪水层）的确切年代和成因，首先采集 T0405 探方第 6、8 和 9 号文化层、T0201 探方第 4 文化层及 T0204 探方第 12 层炭屑样品共 7 个（因 T0405 探方第 4、11 和 12 号文化层均未找到合适的含碳测年材料），由中国科学院广州地球化学研究所 AMS^{14}C 制样实验室和北京大学核物理与核技术国家重点实验室联合完成 AMS^{14}C 测年。表 5.1 是沙洋钟桥遗址各探方地层 AMS^{14}C 年代测定及校正结果，校正程序使用国际通用的 CALIB 6.0.1 版本（Stuiver and Reimer, 1993; Stuiver et al., 1998; Reimer et al., 2009）。

表 5.1　钟桥遗址 T0405、T0201 及 T0204 探方剖面文化层炭屑样品 AMS^{14}C 测年结果与校正

采样位置	深度 /cm	测试编号	^{14}C 年代 /a BP	1σ 树轮校正年代/BC			2σ 树轮校正年代/BC			1σ中值 年代 /cal. a BP	2σ中值 年代 /cal. a BP
T0201-4	130	GZ3854	3189±23	1462	(60.30%)	1435	1500	(100%)	1420	3399±14	3410±40
T0405-6	154	GZ3855	3791±28	2283	(42.95%)	2248	2299	(99.46%)	2137	4216±18	4168±81
T0405-6	205	GZ3856	3937±24	2477	(49.05%)	2450	2491	(96.01%)	2342	4414±14	4367±75
T0405-8	250	GZ4102	4030±20	2534	(75.67%)	2493	2581	(97.82%)	2477	4464±21	4479±52
T0405-8	286	GZ3857	4659±24	3475	(65.93%)	3429	3517	(87.46%)	3396	5402±23	5407±61
T0405-9	288	GZ3858	4119±25	2697	(57.07%)	2624	2714	(56.47%)	2579	4611±37	4597±68
T0204-12	—	GZ3859	5409±25	4327	(76.72%)	4282	4334	(100%)	4237	6255±23	6236±49

　　钟桥遗址各探方文化层 ^{14}C 数据 2σ 树轮校正结果表明，第 5 层疑似古洪水层沉积年代应在 4168 cal. a BP 之后，第 7 层疑似古洪水层沉积年代为 4479～4367 cal. a BP，而第 10 层疑似古洪水层年代沉积应在 4597 cal. a BP 之前。结合钟桥遗址各地层出土器物确定的考古地层年代，第 4 层石家河晚期文化层虽然 AMS^{14}C 所测年代经过 2σ 树轮校正后为（3410±40）cal. a BP，但目前考古学界依据可信度较高的石家河文化 ^{14}C 年代数据集系统校正曲线（图 5.1）公认为石家河文化最终结束的下限应为 1900 BC（郭伟民，2010），同时，考虑到遗址 T0201 探方第 4 文化层距地表较近亦可能受到现代植物根系的影响致使 ^{14}C 年代偏年轻，因此笔者最终推断第 5 层疑似古洪水层沉积年代约为 4168～3850 cal. a BP。钟桥遗址第 10 层下部的第 11 层屈家岭早期文化层年代器物排比法断代为 5100～4800 cal. a BP，

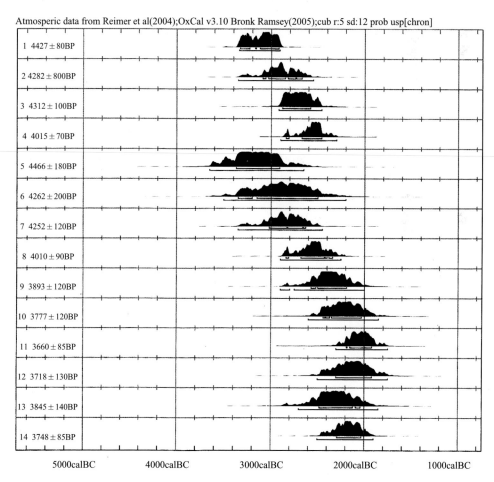

图 5.1　石家河文化 ^{14}C 年代数据集系统校正曲线部分（郭伟民，2010）

而第 12 文化层 AMS^{14}C 测得年代经过 2σ 树轮校正后为（6236±49）cal. a BP，与该文化层出土器物排比法确定其为大溪文化时期（6500～5100 cal. a BP）堆积相吻合，这也从侧面辅证了第 11 层年代判断的正确性。因此，由上可以推断出第 10 层疑似古洪水层沉积年代约为 4800～4597 cal. a BP。另外，GZ3857 号样品出现年代倒置现象，在此处讨论中予以舍弃，但该遗址地层中确实含有大溪文化层，该测年结果经过 2σ 树轮校正后为（5407±61）cal. a BP，恰好落在大溪文化时期的范围内，因此在后面剖面地层与古洪水事件年代综合对比讨论中将继续使用该年代结果。

5.1.2　谭家岭遗址文化层界定及其 ^{14}C 年代序列

谭家岭遗址 TJL-T0620 剖面地层按出土器物排比法并结合 ^{14}C 测年方法定年，树轮校正采用国际通用 CALIB 6.0.1 程序（Reimer et al., 2009）。根据谭家岭遗址 T0620 探方的出土器物及其形制特征，结合该探方剖面及其附近的石家河文化遗址 6 个文化层 ^{14}C 测年数据与年代校正，可以确定该剖面的文化层时代。谭家岭遗址 T0620 探方剖面的最老文化层（即第 9 层黑色淤泥）出土主要器物有宽扁足盆形鼎、罐形鼎、高领罐、豆、圈足盘及鬶等，红陶为该时期主流且以篮纹为主，还有一定的凹凸弦纹、镂孔、按窝纹、网状划纹等。出土的薄胎红陶外壁施有红陶衣，制作相对精致，屈家岭文化因素还较浓厚。这一组器物组合与谭家岭遗址以南 1 km 的肖家屋脊遗址石家河文化早期 H98 地层及附近茶店子遗址 H21 地层出土器物的形制特征组合相近（孟华平，1997；郭伟民，2010），在文化地层上具有可比性（表 5.2）；H98 和 H21 地层 ^{14}C 测年的 2σ 树轮校正结果分别为（4678±162）cal. a BP 和（4455±374）cal. a BP（孟华平，1997；石家河考古队，1999），由此可以确定谭家岭遗址 T0620 探方的最老文化层（即底部黑色淤泥层）属于 4.6～4.4 ka BP 的石家河文化早期。

表 5.2　谭家岭遗址 T0620 探方剖面及其附近石家河文化遗址 ^{14}C 测年数据与年代校正

采样位置编号	样品性质	测试编号	^{14}C 年代/a BP	1σ 树轮校正年代/BC	2σ 树轮校正年代/BC	1σ 中值年代/cal. a BP	2σ 中值年代/cal. a BP
肖 H98	木炭	BK89038	4135±70	2777（70.69%）2623	2890（96.65%）2566	4650±77	4678±162
茶 H21	木炭	BK84071	3960±140	2634（88.46%）2276	2879（98.63%）2131	4405±179	4455±374
谭 T0620-H2	炭屑	*GZ5043	3920±25	2470（42.54%）2434	2475（96.55%）2336	4402±18	4356±70
茶 T1	木炭	BK84066	3860±80	2462（83.39%）2276	2497（94.75%）2130	4319±93	4264±184
茶 H18	木炭	BK84069	3830±130	2470（95.41%）2133	2625（99.86%）1900	4252±169	4213±363
石 T11	木炭	BK84052	3770±85	2301（75.38%）2113	2464（97.28%）2007	4157±94	4186±229

注：*为 AMS^{14}C 测年；肖为肖家屋脊遗址；茶为茶店子遗址；石为石板巷子遗址；H 和 T 分别表示灰坑和探方，其后为编号。

谭家岭遗址 T0620 探方剖面石家河中期文化层（第 H2 和第 6～8 层）与附近茶店子遗址代表石家河文化中期的 T1 探方第 5 层出土器物形制特征组合相近，红陶剧增，彩陶少见，尚有少量素面磨光陶器，有饰纹的陶器增加，仍以篮纹为主，方格纹增加，绳纹少见，制作工艺已显粗糙，同时泥质红陶塑动物数量大量出现（孟华平，1997；郭伟民，2010）。考虑到遗址探方石家河中期文化层有合适的测年材料，作者在 T0620 探方南壁 H2 层深度为 180 cm 处采集了炭屑样品进行 AMS^{14}C 定年，测年数据由中国科学院广州地球化学研究所 AMS^{14}C 制样实验室和北京大学核物理与核技术国家重点实验室联合完成。第 H2 层的炭屑样品给出了（4356±70）cal. a BP（2σ 树轮校正）的测年结果，与茶店子遗址 T1 探方第 5 层木炭定年结果（4264±184）cal. a BP 相吻合（孟华平，1997），同属于石家河文化中期（表 5.2），因此可以确定谭家岭遗址 T0620 探方第 H2 和第 6～8 层为大约 4.4～4.2 ka BP 的石家河文化中期地层堆积。

谭家岭遗址 T0620 探方石家河晚期文化层（第 3～5 层）的确定主要是根据其具有本期特征的器物形制组合。该期地层出土陶器制作工艺粗糙、以大型器物为主，器表施以篮纹、方格纹和绳纹等，凹弦纹之间施篮纹或方格纹的复合纹饰出现；罐形鼎增加，侧装扁三角形鼎足增高，麻面足或饰凸棱的宽扁足鼎仍流行，锥足鼎渐多。上述特征已明显区别于石家河文化早期制作工艺精致的风格，与以石板巷子遗址 T11 探方第 3 层和茶店子遗址 H18 地层为代表出土的一批石家河文化晚期遗存相当（孟华平，1997；郭伟民，2010）。H18 和 T11-3 地层 ^{14}C 测年的 2σ 树轮校正结果分别为（4213±363）cal. a BP 和（4186±229）cal. a BP（孟华平，1997），从而确定第 3～5 层的堆积年代为 4.2～4.0 ka BP 的石家河文化晚期（表 5.2）。

5.1.3　三房湾遗址文化层与古洪水事件的 AMS^{14}C 断代

考古发掘表明（孟华平等，2012），三房湾遗址地层剖面底部第 13～15 层自然淤积层之上覆城垣的层位关系与出土遗物，为准确判断城垣兴废的年代提供了重要依据。从分布于城垣 6 下灰土层 2 出土的大口斜腹杯、卷沿盆、高领罐、双腹豆等陶器，城垣 7 所叠压第 13 层包含的少量磨光黑陶片，以及城垣内出土的双腹豆、碗、高领罐、鼎等陶器的特征看，都属于屈家岭文化晚期的典型风格，可知城垣的兴建年代应不早于屈家岭文化晚期（4.8～4.6 ka BP）。而从叠压在城垣之上的、叠压打破城垣南侧的文化层及遗迹的内涵分析，尽管 M1～4 均无随葬品，第 10 层、第 11A 层仅出土少量陶片，第 11B 层未见遗物，但开口于第 9 层下部并打破第 10 层的 H1 所出喇叭形厚胎杯、高柄豆等陶器均属于石家河文化晚期的风格，其间还有灰沟、灰坑、灰土层和墓葬等遗迹，可知这些文化层的时代经历了整个石家河文化时期（4.6～3.9 ka BP），城垣最晚在石家河文化晚期就已经夷为平地。该结论与石家河古城内西北部邓家湾遗址一带城垣 1992 年研究结果所得相对年代的认识大体上一致（石家河考古队，2003），可以说基本上反映了天门石家河古城的兴废年代（孟华平等，2012）。

由上述讨论可知三房湾遗址下部三个自然淤积层的堆积时代当属于屈家岭文化中晚期（4.9～4.6 ka BP），其第 15 层沉积物中炭屑的 AMS[14]C 测年结果也证明了这一点（表 5.3），与这三层出土少量器物陶片估计的考古器物断代结果相吻合，表明三房湾遗址 T1610 探方剖面底部自然淤积层（主要是第 14 和 15 层古洪水淤积，第 13 层主要为湖沼相沉积）记录的古洪水事件发生在约 4.9～4.6 cal. ka BP，即屈家岭文化的中晚期。

表 5.3　三房湾遗址 T1610 探方剖面第 15 层炭屑样品 AMS[14]C 测年数据与年代校正

采样位置	深度 /cm	测试编号	[14]C 年代 /a BP	1σ 树轮校正年代/BC	2σ 树轮校正年代/BC	1σ 中值年代 /cal. a BP	2σ 中值年代 /cal. a BP
T1610-15	412	GZ5042	4350±30	2943（43.12%）2910	3025（97.29%）2901	4877±17	4913±62

注：使用 CALIB 6.0.1 国际通用树轮程序（Reimer et al., 2009）进行年代校正。

5.2　光释光（OSL）年代分析

全新世剖面中的古洪水沉积层一般能用于 [14]C 测定沉积物年代的文化遗物和有机质材料不易取得，而用于光释光测年（optically stimulated luminescence dating，简称 OSL）的长石和石英等矿物材料存在普遍。光释光测年方法已被广泛应用于考古样品、黄土和沙漠沙等风成堆积物的断代（张家富等，2009；Sun et al., 2010；Lu et al., 2011a；Yi et al., 2012）；然而，以往释光方法对于蕴藏着丰富古洪水、古地震、环境变迁及构造方面信息的洪积、冲积、湖积等水成沉积物面临许多难题，在一定程度上限制了光释光测年方法在水成沉积物方面的应用（赵华等，2011）。近些年来，随着光释光测年方法技术的发展和改进，测年的精度或准确性都有了很大的提高（Murray and Olley, 2002；Wintle and Murray, 2006；Huang et al., 2011；王恒松等，2012），可以直接对河流阶地、湖泊、滨海等水成沉积物进行测年并且获得了成功（张家富等，2007；樊启顺等，2010；Zhao et al., 2010；Zheng et al., 2010；白旸等，2011；雷生学等，2011），但对于古洪水沉积物进行测年断代还较少（黄春长等，2011；Huang et al., 2012）。基于此，在前述古洪水沉积层相邻文化层 AMS[14]C 测年的基础上，在钟桥遗址 I 区 09SMZAI T0405 探方西壁剖面利用直径 5 cm 不锈钢管采集了 OSL 测年样品 8 个，其中于第 3、5、7 层顶底各采 OSL 测年样品共 6 个，第 10 层顶部及中部采 OSL 测年样品共 2 个。由于这只是一种尝试，且受限于研究经费，选择了第 5 层和第 7 层的两个样品送至中国地震局地质研究所新构造与年代学实验室进行沉积物的光释光（OSL）年代测定。实验采用细颗粒石英技术，前处理采用常规的实验室流程（Lu et al., 2007; 杨会丽等，2011），OSL 测量在释光测量仪 Daybreak 2200 上完成，激发光源为蓝光（最大功率 67.3 mW/cm^2，波长：470±5 nm）和红外光（最大功率 80.1 mW/cm^2，波长 880±60 nm），测量时激发光强设为最大功率的 80%，光释光信号通过 EMI QA9235 型光电倍增管（PMT）检测，在激发光源和 PMT 之间附加两块 U-340 滤光片。Daybreak 2200 机载辐照源强度，测量采用 2005 年 9 月 15 日标定的细颗粒石英（剂量率 0.0518 Gy/s），2010 年 9 月 1 日采用丹麦 Risoe 实验室辐照的高灵敏度细颗粒石英标样对其重新进行了标定，新标定后的剂量率为 0.0327 Gy/s，采用新标定的剂量率重新进行计算，并用细颗粒石英单测片再生法（Fine Q SAR）对以上采集的两个样品进行了系统的等效剂量和环境剂量率测量，钟桥遗址古洪水沉积层光释光（OSL）年代数据测试最终结果见表 5.4。

表 5.4　江汉平原沙洋县钟桥遗址 ZQ-T0405 剖面光释光测年数据

样品编号	深度/m	K/%	U/ppm	Th/ppm	环境剂量率 /（Gy/ka）	等效剂量 /Gy	方法	OSL 年龄 /ka
12-130	1.4	1.39±3.6	3.18±3.6	12.4±2.6	3.7±0.2	12.5±1.0	Fine Q SAR	3.4±0.3
12-131	2.4	1.41±3.6	3.02±3.6	12.9±2.6	3.9±0.3	13.7±1.0	Fine Q SAR	3.5±0.4

从前述钟桥遗址 ZQ-T0405 剖面的 AMS^{14}C 测年结果来看，第 5 层与第 7 层古洪水沉积物 OSL 直接测定给出的年代结果比文化层 AMS^{14}C 测年间接推出的洪水事件年代明显偏年轻（表 5.1 和表 5.4），相差约 1000 年左右，且 OSL 测年结果与文化层的考古器物断代结果也不吻合。因此，综合来看，主要还是依据文化层的 AMS^{14}C 测年结果并结合考古器物断代来判断古洪水事件发生的年代。

这是不是意味着 OSL 年代不能提供有用的地貌及环境演变信息？答案是否定的。众多学者的研究表明，水成沉积物 OSL 测年的主要问题是（雷生学等，2011；刘进峰等，2011；赵华等，2011）：①样品晒退问题。由于沉积前的晒退程度受矿物成分、粒级大小、搬运距离及搬运条件等影响，OSL 信号回零存在不确定性；若所测样品没有充分晒退即便得到最小的等效剂量值，得到的年龄值也会有偏差。②样品筛选问题。由于水成沉积物的成分及来源复杂，有些样品难以分离出适合测年的成分，或者由于样品量少不足以测出等效剂量；有些样品很难分离出细颗粒或粗颗粒组分，只能采用中间粒级的组分；还有样品中石英释光信号很弱，得出的等效剂量就比较分散，和不充分晒退因素混合在一起，更增加了确定合理等效剂量的难度。然而，正是这些问题的存在，赵华等（2011）总结了大量国内外水成沉积物光释光测年研究成果并通过分析看出，OSL 水成沉积物测年结果分为两类：①大江、大河和湖相沉积物；②崩坡积物和洪积物等。大江与大河沉积物，由于经历远距离及较长时间的搬运过程，样品晒退较彻底，测得的年龄与实际年龄比较一致，近些年来对黄河中游干流及其附近较大支流的古洪水沉积 OSL 年代学研究成果证明了这一点（Huang et al., 2010, 2011, 2012; 黄春长等，2011；王恒松等，2012）。而崩坡积物和洪积物，由于曝光时间较短暂，搬运距离近，样品晒退程度不均一且不彻底，测得年龄与实际预计相差较大，河湖交错纵横的江汉平原就属于这种情况。这样就从侧面印证了后文第七章中关于钟桥遗址地层中记录的三次古洪水层并非由长江荆江段干流洪水直接泛滥沉积形成，而是由其洪水冲入经过今长湖一带的古扬水通道泛滥覆盖遗址区堆积形成洪积物的推论（见 7.1.1 部分详述）。

5.3　剖面地层与古洪水事件年代综合对比

以各考古遗址剖面 AMS^{14}C 年代学序列为基础，根据地层关系对比和文化遗迹等信息，江汉平原汉江以西沙洋钟桥遗址 ZQ-T0405 剖面与汉江以东天门谭家岭遗址 TJL-T0620 剖面及三房湾遗址 SFW-T1610 剖面考古学文化与古洪水事件的地层年代关系如图 5.2 所示。从图 5.2 中可以很清楚地看出，三个剖面地层关系清晰，古洪水事件沉积层发育典型，年代具有可比性。钟桥遗址 ZQ-T0405 剖面的三期古洪水沉积层夹在文化地层中间，可以确定古洪水事件发生在中全新世后期，同时依据文化层 AMS^{14}C 年代可以更为精确的确定古洪水的发生年代分别在 4800～4597 cal. a BP 之间、4479～4367 cal. a BP 之间和 4168～3850 cal. a BP 之间。三房湾遗址 SFW-T1610 剖面的古洪水沉积层位于石家河古城城垣遗迹之下，依据其沉积物中炭屑的 AMS^{14}C 年代结合文化层考古断代可以确定古洪水发生在 4913～4600 cal. a BP 之间。

江汉平原及其周边地区新石器晚期以来的文化遗址堆积层中夹有古洪水层的现象比较普遍，朱诚等（1997）、史威等（2009）和张玉芬等（2009）曾分别从考古地层学、沉积学和环境磁学角度对其成因进行过论证。江汉平原地区含古洪水层的代表性遗址除钟桥遗址和三房湾遗址外，还有沔阳月洲湖（姚高悟，1986）、松滋桂花树（湖北省荆州地区博物馆，1976）、江陵太湖港（王从礼和何万年，1988；朱诚等，1997）、沙市李家台（彭锦华，1995）和麻城谢家墩（杨定爱，1985）等遗址；而本区西部代表性遗址有秭归柳林溪（王风竹等，2000）和宜昌中堡岛（史威等，2009）等（图 5.3）。从图 5.3 中各遗址典型古洪水沉积层时代对比可以看出，屈家岭文化中晚期（4900～4600 cal. a BP）和石家河文化末期至夏代（4100～3800 cal. a BP）两期古洪水层在江汉平原及其周边地区是普遍存在的，代表了该区新

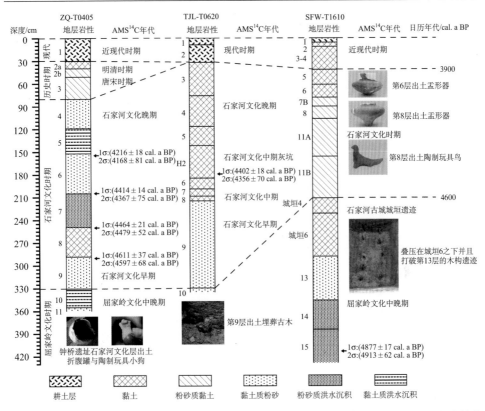

图 5.2　江汉平原 ZQ-T0405、TJL-T0620 与 SFW-T1610 剖面中全新世后期地层与古洪水事件的年代对比

石器中晚期以来主要的两次古洪水事件,表明 4900～4600 cal. a BP 和 4100～3800 cal. a BP 两次古洪水事件在长江中游江汉平原地区非常普遍,范围之广说明其属于特大洪水范畴。

　　上述两次古洪水事件发生的时间段正值原始社会末期中国古史传说时代的尧夏时期(2400 BC～2000 BC)。这一时期我国有关特大洪水的记载比较多,《史记·五帝本纪》中有"帝尧六十一年,荡荡洪水滔天……"的记载;《孟子·滕文公上》中载"当尧之时天下犹未平,洪水横流,泛滥于天下……";三峡黄陵庙有"禹开江治水,九载而功成,信不诬也"的碑刻;《华阳国志·巴志》则有"昔在唐尧,洪水滔天"的记载。关于洪水次数,按黄陵庙碑刻至少有 9 次。当时水位较高,先民们只能"聚土积薪,择丘陵而处之",以避洪泛。

　　此外,从作者收集已发表的 106 个江汉平原及其周边地区 7000～3000 cal. a BP 考古遗址的文化层 [14]C 年代数据树轮校正结果(表 5.5)及 12 个光释光(OSL)和热释光(TL)的年代数据(表 5.6)来看(中国社会科学院考古研究所实验室,

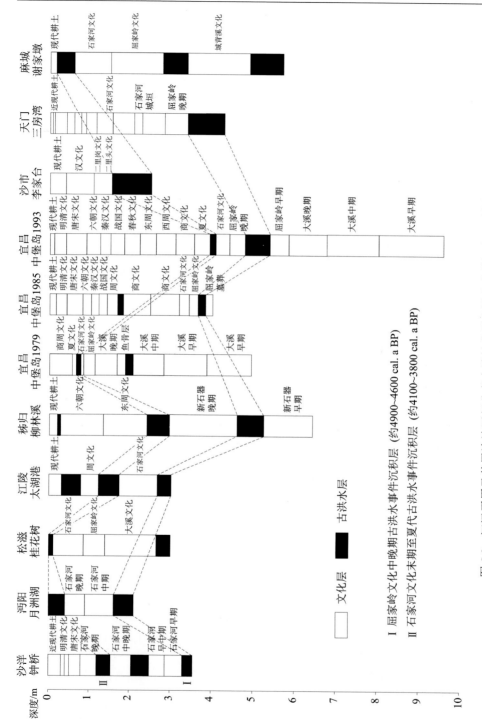

图 5.3　江汉平原及其周边地区部分考古遗址典型古洪水事件沉积层时代综合对比

表 5.5　江汉平原及其周边地区 7000～3000 cal. a BP 考古遗址文化层 ^{14}C 年代数据与树轮校正

采样位置编号	样品性质	测试编号	^{14}C 年代/a BP	1σ 树轮校正年代/BC	2σ 树轮校正年代/BC	1σ 中值年代/cal. a BP	2σ 中值年代/cal. a BP
钟 T0201-4	炭屑	*GZ3854	3189±23	1462（60.30%）1435	1500（100%）1420	3399±14	3410±40
钟 T0405-6-顶	炭屑	*GZ3855	3791±28	2283（42.95%）2248	2299（99.46%）2137	4216±18	4168±81
钟 T0405-6-底	炭屑	*GZ3856	3937±24	2477（49.05%）2450	2491（96.01%）2342	4414±14	4367±75
钟 T0405-8-顶	炭屑	*GZ4102	4030±20	2534（75.67%）2493	2581（97.82%）2477	4464±21	4479±52
钟 T0405-8-底	炭屑	*GZ3857	4659±24	3475（65.93%）3429	3517（87.46%）3396	5402±23	5407±61
钟 T0405-9	炭屑	*GZ3858	4119±25	2697（57.07%）2624	2714（56.47%）2579	4611±37	4597±68
钟 T0204-12	炭屑	*GZ3859	5409±25	4327（76.72%）4282	4334（100%）4237	6255±23	6236±49
大 H2	蚌片	ZK4261	4505±90	3358（99.14%）3090	3377（96.28%）2918	5174±134	5098±230
屈 89M2-底	木炭	ZK2397	4975±140	3825（65.00%）3649	4051（97.17%）3497	5687±88	5724±277
屈 T5-5	木炭	ZK2398	5100±160	4051（99.83%）3695	4268（97.83%）3633	5823±178	5901±318
屈 L-C-1	木炭	ZK124	4145±100	2877（100%）2620	2920（100%）2468	4699±129	4644±226
屈 L-C-2	木炭	ZK125	4195±160	2935（90.41%）2565	3134（94.09%）2345	4700±185	4690±395
屈 TQJL-W-6	炭屑	*BA071539	4475±40	3332（65.22%）3214	3347（89.52%）3079	5223±59	5163±134
屈 TQJL-W-4	炭屑	*BA071540	4290±60	2945（65.46%）2876	3092（85.41%）2851	4861±35	4922±121
雕 T2205-F1	木炭	ZK2506	4940±105	3805（82.18%）3639	3967（90.92%）3618	5672±83	5743±175
雕 T2816-H1	木炭	ZK2507	4730±120	3638（60.89%）3488	3717（89.44%）3308	5513±75	5463±205
雕 T2616-4A-1	木炭	ZK2508	4765±105	3646（72.56%）3497	3786（99.40%）3338	5522±75	5512±224
雕 T2616-4A-2	木炭	ZK2510	4735±125	3641（61.06%）3485	3775（92.22%）3264	5513±78	5470±256
雕 T2207-4B	木炭	ZK2577	5910±100	4935（100%）4686	5039（100%）4539	6761±125	6739±250
雕 T2207-H29	木炭	ZK2578	5135±90	4000（50.19%）3893	4080（92.06%）3708	5897±54	5844±186
雕 T2209-H34	木炭	ZK2579	5265±110	4182（82.18%）3978	4338（94.58%）3927	6030±102	6083±206
雕 T2308-4A	木炭	ZK2580	5280±90	4180（68.13%）4037	4331（100%）3955	6059±72	6093±188
雕 T1908-F5	木炭	ZK2581	4880±85	3774（84.40%）3631	3812（90.70%）3506	5653±72	5609±153
雕 T2206-F6	木炭	ZK2582	5020±95	3821（54.11%）3710	3986（100%）3640	5716±56	5763±173
雕 92HZD-F15	木炭	ZK2660	4402±83	3106（81.85%）2910	3197（74.38%）2896	4958±98	4997±151
边 T47-2A	木炭	BK87010	5330±80	4252（100%）4050	4332（93.51%）4032	6101±101	6132±150
边 T30-8	木炭	BK87013	5995±80	4989（100%）4792	5075（97.82%）4693	6841±99	6834±191
塞 M24	人骨	ZK2181	4360±130	3122（72.29%）2880	3368（87.49%）2830	4951±121	5049±269
塞 M22	人骨	ZK2182	4360±155	3141（65.83%）2875	3377（98.13%）2575	4958±133	4926±401
塞 T5-2	木炭	ZK2235	5395±105	4342（55.69%）4223	4375（95.56%）3988	6233±60	6132±194
塞 T7-M49	人骨	ZK2283	4540±200	3384（75.90%）3010	3707（96.54%）2847	5147±187	5227±430
塞 T106-2	木炭	ZK2486	5205±95	4083（63.25%）3944	4260（99.35%）3792	5964±70	5976±234
塞 T106-3	木炭	ZK2487	5165±95	4054（66.91%）3895	4235（99.14%）3761	5925±80	5948±237
塞 T113-2	木炭	ZK2491	4815±105	3703（86.88%）3513	3800（99.00%）3362	5558±95	5531±219

续表

采样位置编号	样品性质	测试编号	^{14}C 年代/a BP	1σ 树轮校正年代/BC	2σ 树轮校正年代/BC	1σ 中值年代/cal. a BP	2σ 中值年代/cal. a BP
塞 T114-3-1	木炭	ZK2494	5170±90	4055（66.89%）3909	4236（100%）3767	5932±73	5952±235
塞 T114-3-2	木炭	ZK2495	5380±115	4335（48.22%）4221	4404（97.47%）3972	6228±57	6138±216
关 T6-4	木炭	ZK684	4745±90	3636（74.07%）3500	3702（100%）3353	5518±68	5478±175
关 T9-3	炭屑	ZK685	5035±70	3944（100%）3770	3967（98.53%）3694	5807±87	5781±137
关 T36-7-H13	木炭	ZK831	5025±80	3942（47.13%）3856	3964（100%）3659	5849±43	5762±153
关 T51-3	木炭	ZK832	4760±110	3644（68.57%）3497	3791（97.95%）3330	5521±74	5511±231
关 F22	木炭	ZK891	4910±110	3803（79.40%）3631	3958（97.13%）3511	5667±86	5685±224
关 F21	木炭	ZK892	5300±250	4364（88.88%）3907	4689（99.76%）3634	6086±229	6112±528
关 T76-3B-F30	木炭	ZK991	4680±80	3525（87.50%）3368	3645（96.08%）3329	5397±79	5437±158
关 T69-6	木炭	ZK992	5200±250	4267（94.60%）3768	4542（99.01%）3503	5968±250	5973±520
关 T58-7	木炭	ZK994	5130±110	4044（100%）3784	4180（96.03%）3696	5864±130	5888±242
青 IT13-6	木炭	ZK429	4340±150	3127（66.28%）2865	3372（99.21%）2572	4946±131	4922±400
青 IIF1-D2	木炭	ZK430	4500±200	3377（92.78%）2915	3655（94.00%）2832	5096±231	5194±412
青 IT3-3	木炭	ZK431	3980±105	2628（92.32%）2332	2778（93.35%）2202	4430±148	4440±288
肖 H42-1	木炭	BK89037	4285±100	3030（66.62%）2852	3120（91.67%）2616	4891±89	4818±252
肖 H98	木炭	BK89038	4135±70	2777（70.69%）2623	2890（96.65%）2566	4650±77	4678±162
肖 H42-2	木炭	BK89045	4560±80	3241（53.95%）3104	3521（99.63%）3020	5123±69	5221±251
肖 H430	木炭	BK90141	4510±70	3244（63.21%）3102	3373（95.65%）3009	5123±71	5141±182
肖 H434-2	木炭	BK90142	4410±100	3116（72.28%）2914	3362（100%）2883	4965±101	5073±240
邓 T21-4	木炭	BK87091	5190±80	4070（72.00%）3940	4233（85.02%）3893	5955±65	6013±170
邓 H9	木炭	BK87092	4955±80	3800（93.17%）3649	3954（100%）3635	5675±76	5745±160
季 F2-中	木炭	BK80001	4630±260	3651（100%）3016	3963（96.22%）2835	5284±318	5349±564
鸡 H2	木炭	BK84070	4010±120	2680（78.94%）2399	2880（96.51%）2271	4490±141	4526±305
鸡 H1	木炭	BK84072	3890±120	2495（91.17%）2199	2680（97.61%）2023	4297±148	4302±329
茶 T1-5	木炭	BK84066	3860±80	2462（83.39%）2276	2497（94.75%）2130	4319±93	4264±184
茶 H18	木炭	BK84069	3830±130	2470（95.41%）2133	2625（99.86%）1900	4252±169	4213±363
茶 H21	木炭	BK84071	3960±140	2634（88.46%）2276	2879（98.63%）2131	4405±179	4455±374
七 IT7A-3	木炭	ZK549	4390±200	3366（95.56%）2866	3533（97.36%）2565	5066±250	4999±484
七 IT1B-4	木炭	ZK550	4130±90	2779（65.00%）2618	2895（100%）2485	4649±81	4640±205
七 F8-NQ	木炭	ZK551	4600±180	3529（92.67%）3094	3713（99.87%）2884	5262±218	5249±415
七 F8-BT	木炭	ZK552	4380±120	3118（73.15%）2893	3370（93.35%）2840	4956±113	5055±265
红 T110-5-F-1	泥炭	ZK352	4355±115	3116（79.66%）2880	3360（90.66%）2837	4948±118	5049±262
红 T110-5-F-2	炭屑	ZK686	4760±300	3805（77.14%）3262	4243（98.45%）2856	5484±272	5500±694
红 T110-6-H	炭屑	ZK687	5775±120	4730（91.94%）4491	4855（97.77%）4360	6561±120	6558±248

续表

采样位置编号	样品性质	测试编号	^{14}C 年代 /a BP	1σ 树轮校正年代/BC	2σ 树轮校正年代/BC	1σ 中值年代 /cal. a BP	2σ 中值年代 /cal. a BP
螺 T1-7	牛骨	ZK1317	4405±165	3196（70.02%）2899	3520（99.86%）2620	4998±149	5020±450
桅 T2-3-F	骨头	ZK2573	5285±140	4260（96.79%）3973	4370（99.44%）3782	6067±144	6026±294
桅 T5-3-上	兽骨	ZK2574	4795±155	3712（98.87%）3369	3952（93.38%）3310	5491±172	5581±321
桅 T7-3-上	人骨	ZK2575	3180±220	1694（92.79%）1190	1976（99.89%）897	3392±252	3387±540
桅 T7-3-下	人骨	ZK2576	3755±170	2353（86.15%）1959	2631（99.06%）1730	4106±197	4131±451
深 D1M-3F	人骨	ZK2392	2975±100	1316（93.92%）1055	1428（97.40%）968	3136±131	3148±230
深 D2-4	兽骨	ZK2393	5080±350	4273（86.78%）3619	4618（99.29%）3011	5896±327	5765±804
西 T1-3	兽骨	ZK2511	4215±130	2927（100%）2578	3117（96.76%）2467	4703±175	4742±325
香 T17-6	木炭	ZK2315	3290±80	1668（97.22%）1494	1750（100%）1412	3531±87	3531±169
香 T25-5	木炭	ZK2316	3365±85	1745（73.54%）1599	1883（98.66%）1492	3622±73	3638±196
香 T27-7-1	木炭	ZK2317	3745±80	2234（86.19%）2033	2351（94.27%）1944	4084±101	4098±204
香 T27-7-2	碎骨	ZK2553	3760±115	2345（96.87%）2023	2489（99.74%）1883	4134±161	4136±303
路 T1-H1	木炭	ZK2646	3120±83	1466（90.43%）1297	1537（94.83%）1187	3332±85	3312±175
路 T7-5-下	木炭	ZK2648	3523±68	1931（100%）1755	2031（100%）1687	3793±88	3809±172
中 T5402-13	木炭	ZK2760	3352±102	1750（100%）1509	1891（100%）1430	3580±121	3611±231
中 T5503-14B	木炭	ZK2761	4446±109	3133（39.87%）3010	3376（98.23%）2883	5022±62	5080±247
中 H557	木炭	ZK2762	4180±86	2818（71.19%）2662	2924（96.65%）2558	4690±78	4691±183
中 M10	人骨	ZK2768	3750±205	2467（100%）1913	2697（97.74%）1658	4140±277	4128±520
中 M11	人骨	ZK2769	3889±205	2625（90.95%）2113	2900（98.72%）1873	4319±256	4337±514
中 M12	人骨	ZK2770	4403±155	3139（60.92%）2900	3385（85.14%）2830	4970±120	5058±278
鼓 TN1E2-3	木炭	ZK2811	3795±113	2350（71.89%）2127	2496（98.26%）1923	4189±112	4160±287
鼓 94WG-1-F5	木炭	ZK2813	4420±87	3113（72.30%）2921	3345（100%）2905	4967±96	5075±220
铜 T11-6	木炭	ZK559	3205±400	1952（98.10%）971	2486（99.38%）484	3412±491	3435±1001
铜 T7	木头	ZK758	3260±100	1639（97.31%）1432	1772（99.53%）1311	3486±104	3492±231
铜 T7-J223	木头	WB8040	3140±80	1499（78.21%）1367	1612（99.90%）1209	3383±66	3361±202
铜 T7-J203	木头	WB8044	3150±80	1510（84.52%）1370	1617（97.87%）1251	3390±70	3384±183
坦 T8-3-1	木炭	ZK2867	3942±99	2576（100%）2288	2698（93.80%）2188	4382±144	4393±255
坦 T8-3-2	木炭	ZK2868	3906±106	2494（78.75%）2273	2675（96.03%）2114	4334±111	4345±281
尺 M108	木炭	ZK2929	4446±89	3131（42.87%）3011	3356（100%）2912	5021±60	5084±222
盘 T6-3	木炭	ZK3001	3500±60	1895（100%）1745	1977（99.12%）1684	3770±75	3781±147
盘 T6-2	木炭	ZK3002	3427±60	1778（73.69%）1662	1894（97.77%）1606	3670±58	3700±144
谭 T0620-H2	炭屑	*GZ5043	3920±25	2470（42.54%）2434	2475（96.55%）2336	4402±18	4356±70
荆 T17-H19	木炭	BK85081	4720±80	3454（41.50%）3377	3652（100%）3353	5366±39	5453±150
三 T2-4	木炭	BK85054	2990±100	1325（79.60%）1113	1439（98.24%）970	3169±106	3155±235

续表

采样位置编号	样品性质	测试编号	¹⁴C 年代/a BP	1σ 树轮校正年代/BC	2σ 树轮校正年代/BC	1σ 中值年代/cal. a BP	2σ 中值年代/cal. a BP
聂 D1-3	木炭	BK82008	2860±70	1126（100%）925	1221（93.75%）891	2976±101	3006±165
周 TDe-6	木炭	BK83036	2890±60	1133（78.24%）996	1263（100%）916	3015±69	3040±174
金 M9	木板	BK79033	2900±90	1215（93.18%）976	1321（95.86%）895	3046±120	3058±213
石 T11-3	木炭	BK84052	3770±85	2301（75.38%）2113	2464（97.28%）2007	4157±94	4186±229

注：*为 AMS¹⁴C 测年；钟为钟桥遗址，大为大寺遗址，屈为屈家岭遗址，雕为雕龙碑遗址，边为边畈遗址，塞为塞墩遗址，关为关庙山遗址，青为青龙泉遗址，肖为肖家屋脊遗址，邓为邓家湾遗址，季为季家湖遗址，鸡为鸡脑河遗址，茶为茶店子遗址，七为七里河遗址，红为红花套遗址，螺为螺蛳山遗址，桅为桅杆坪遗址，深为深潭湾遗址，西为西寺坪遗址，香为香炉石遗址，路为路家河遗址，中为中堡岛遗址，鼓为鼓山遗址，铜为铜绿山遗址，坦为坦皮塘村遗址，尺为尺山遗址，盘为盘龙城遗址，谭为谭家岭遗址，荆为荆南寺遗址，三为三斗坪遗址，聂为聂家寨遗址，周为周梁玉桥遗址，金为金家山遗址，石为石板巷子遗址；T、H、M、C、W、F、D、G 和 J 分别表示探方、灰坑、墓葬、文化层、西壁、房址、洞、探沟和矿井，其后为编号。

表 5.6　江汉平原及其周边地区 7000～3000 cal. a BP 考古遗址文化层释光年代数据

采样位置编号	样品性质	测试编号	测试方法	释光年代/a BP
屈家岭遗址 TQJL-7-1	黏土质粉砂	PkuL1268S	OSL	5400±300
屈家岭遗址 TQJL-7-2	红烧土	PkuL1269B	OSL	5100±300
关庙山遗址 T23-4	陶片	TK20	TL	6430±510
关庙山遗址 T23-3	陶片	TK21	TL	5128±457
关庙山遗址 T23-2	陶片	TK22	TL	4452±395
关庙山遗址 T51-2	陶罐	TK23	TL	3660±295
关庙山遗址 T35-3	陶片	TK24	TL	3659±321
关庙山遗址 T51-2	陶罐	TK32	TL	4274±401
关庙山遗址 T52-2	陶罐	TK36	TL	3795±317
关庙山遗址 T51-6	陶盆	TK38	TL	5984±515
关庙山遗址 T51-6	陶碗	TK40	TL	6121±508
关庙山遗址 F22	陶片	TK64	TL	5113±439

注：OSL 为光释光测年；TL 为热释光测年；T 和 F 分别表示探方和房址，其后为编号。

1974，1978，1979，1980，1981，1982a，1982b，1983，1985，1990，1991，1992，1993，1995；陈铁梅等，1979，1984；文物保护科学技术研究所 ¹⁴C 实验室，1982；原思训等，1982，1987，1994；北京大学考古系 ¹⁴C 实验室，1989；屈家岭考古发掘队，1992；中国社会科学院考古研究所考古科技实验研究中心，1996，1997，2000；李宜垠等，2009；Fu et al.，2010），各时期有确切年代数据的考古遗址出现频数差别很大，4900～4600 cal. a BP 和 4100～3800 cal. a BP 两次古洪水事件期与 5000～3500 cal. a BP 考古遗址出现频数最低的两个时期相一致（图 5.4），平原低

地地表水域面积的扩大及洪水事件造成的严重水灾可能使这两个时期的人类活动
受到限制，这也相互印证了前述关于古洪水事件年代分析的结论。

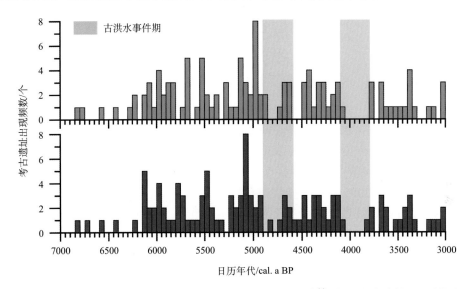

图 5.4　江汉平原及其周边地区 7000～3000 cal. a BP 具有确切 ^{14}C 年代考古遗址不同时期出现
频数分布

红色代表 2σ树轮校正后中值年代；蓝色代表 1σ树轮校正后中值年代；黄色代表古洪水事件期的年代范围

　　5000～4000 cal. a BP 之间的史前洪水及其对新石器文化终结和国家兴起的社
会影响一直是中国历史学家关注的热点问题。然而，大多数讨论都是基于早期青
铜时代流传下来的著名神话"大禹治水"。这些洪水事件的可靠地质年代学及沉
积学证据十分缺乏。江汉平原及其周边地区的古洪水沉积记录提供了可靠的大禹
时代史前洪水的证据来为后文说明其对区域新石器文化衰落和青铜时代国家兴起
的社会影响奠定了基础。

第6章 江汉平原中全新世以来的环境变化
与人类活动地层记录

江汉平原位于中国中东部亚热带季风区，是典型的由河间洼地组成的洪泛平原，其沉积物来源、水动力条件、河湖微地貌塑造、气候及沉积环境变化复杂；考古证据证实江汉平原中全新世以来即有广泛的人类活动，很大程度上影响江汉平原的环境变迁；这些信息都保存在了考古遗址地层及自然沉积地层中（周凤琴，1994；张玉芬等，2005）。考古地层与自然地层相比，除了在自然沉积环境下形成的自然地层外，还包含埋藏有古代人类活动的遗迹、遗物等地层沉积。因此，考古地层不仅涵盖了自然环境演变信息，还保留了人类活动记录（李中轩等，2008）。本章通过对钟桥遗址 ZQ-T0405 剖面、石家河古城谭家岭遗址 TJL-T0620 剖面和三房湾遗址 SFW-T1610 剖面的孢粉、地球化学、磁化率等环境代用指标分析，结合荆州江北农场 JZ-2010 河湖相沉积剖面、沔阳 M1 孔河湖相沉积剖面及长湖湖泊沉积记录的已有成果（任晓华，1990；朱育新等，1997，1999；羊向东等，1998；谢远云，2004；李枫等，2012；王晓翠等，2012），揭示江汉平原中全新世以来各地层记录的环境变化与人类活动信息，为进一步分析江汉平原中全新世古洪水事件发生规律及其机制提供气候环境背景。

6.1 钟桥遗址 ZQ-T0405 剖面孢粉鉴定结果及其环境考古意义

6.1.1 孢粉鉴定结果

孢粉鉴定结果发现钟桥遗址 T0405 探方西壁剖面上部（119 cm 以上）孢粉含量及浓度较高，而剖面下部（119 cm 以下）较低，全剖面所含植物种属较丰富，主要的孢粉类型绝大多数是现今生长在亚热带湿润地区的木本和草本植物。所鉴定植物孢粉分属于 42 个（科）属。乔木和灌木植物花粉有松属（*Pinus*）、柏科（Cupressaceae）、胡桃属（*Juglans*）、栎属（*Quercus*）、榆属（*Ulmus*）、朴属（*Celtis*）、枫杨属（*Pterocarya*）、锦葵科（Malvaceae）、榛属（*Corylus*）、桦木属（*Betula*）、椴树属（*Tilia*）、栗属（*Castanea*）、栲属（*Castanopsis*）、金缕梅科（Hamamelidae）、木兰科（Magnoliaceae）、大戟科（Euphorbiaceae）、银杏属（*Ginkgo*）、大风子科（Flacourtiaceae）、槭属（*Acer*）。草本植物花粉有禾本科（Gramineae）、菊科（Compositae）、蒿属（*Artemisia*）、十字花科（Cruciferae）、百合科（Liliaceae）、莎草科（Cyperaceae）、毛茛属（*Ranuculus*）、藜科（Chenopodiaceae）、伞形科（Umbelliferae）、蓼科（Polygonaceae）、香蒲属（*Typha*）、兰科（Orchidaceae）、葎草属（*Humulus*）、豆科（Leguminosae）、唇形科（Lamiaceae）、石竹科（Caryophyllaceae）、旋花科（Convolvulaceae）。蕨类植物孢子种类比较少，有水龙骨科（Polypodiaceae）、石松属（*Lycopodium*）、凤尾蕨属（*Pteris*）、紫萁属（*Osmunda*）及三缝孢属（*Triletes*）。另外还发现了一些环纹藻属（*Concentricystes*）孢子。

根据各科属孢粉百分含量的变化，选择剖面中孢粉百分比含量（以陆生植物花粉总数为基数）大于 1%、生态意义较大的孢粉属种，加上鉴定的孢粉总数以及环纹藻属孢子数量，应用 Grapher 2.0 软件建立了孢粉百分含量图谱（图 6.1）。由于该剖面在第 4 层以下各地层样品都未鉴定到 300 粒以上，故其鉴定结果并不能有效代表当时的区域植被与气候。

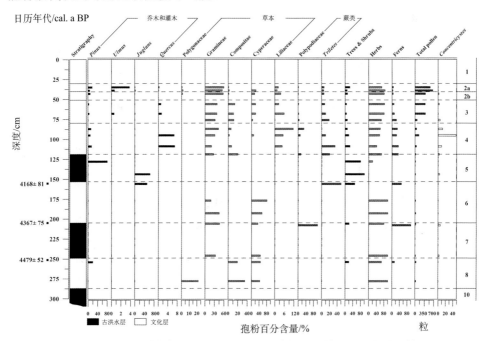

图 6.1 沙洋钟桥遗址 ZQ-T0405 探方西壁剖面孢粉百分比含量图谱
剖面第 4 文化层及其以上层位孢粉统计数量大于 300 粒，119 cm 以下地层部分孢粉统计数量不足 100 粒

6.1.2 环境考古意义分析

长时期以来，孢粉分析一直是环境演变、环境考古及过去全球变化研究的主要手段之一（Li et al., 2010; Wu et al., 2010; Jiménez-Moreno and Anderson, 2012; Rius et al., 2012; Yi et al., 2012）。然而，文化遗址堆积中的孢粉分析是否能如实反映环境演变一直存有疑问，遗址及遗址域范围的土地利用、聚落发展、人工栽培

和次生扰动等对植被状况的改变、破坏及可能导致地层中孢粉的丢失等都是不容忽视的问题。钟桥遗址 T0405 探方西壁的孢粉鉴定结果显示（图 6.1），地层中孢粉数量少，许多层位达不到统计要求，有些样品中甚至未发现一粒孢粉，不宜根据孢粉组合划分孢粉带谱以恢复古植被，尚不能准确反映当时自然植被状况。但地层中频繁出现的草本花粉和蕨类孢子（相对于木本花粉，其数量多，相对比例较高），反映钟桥遗址地区植被长期处于次生化状态，这显然与人类活动有关。

尽管"尚不能准确反映当时自然植被状况"，但是这并不意味着钟桥遗址 T0405 探方西壁的孢粉鉴定结果没有参考价值。作者分析认为钟桥遗址地层孢粉分布有几点值得注意：①草本植物花粉占明显优势，先是以莎草科而后是以禾本科为主要成分；②文化发展的旺盛阶段，如下部石家河文化时期的文化层中不少样品几乎完全没有发现孢粉，上部历史时期的文化层中孢粉则相对较多；③遗址古洪水堆积层中的孢粉含量往往大大低于文化层。

依据图 6.1 及孢粉鉴定的统计数据对钟桥遗址 T0405 探方西壁剖面孢粉的环境考古意义自下而上按时间顺序分析如下：

第 8 层，石家河文化早中期，距今 4600～4479 年（样品号 23 和 24）：草本植物花粉占优势，平均为 79.7%，木本植物花粉和蕨类植物孢子很少，在 24 号样品中未见。木本植物花粉主要是松属，平均为 11.9%。草本植物花粉中最多的为莎草科，平均为 45.8%；菊科次之，平均为 25.4%；此外，还有一些蓼科（平均仅 8.5%），未见禾本科。本层出现少许紫萁属蕨类植物孢子（平均为 8.5%），两个样品中均不含环纹藻属。本阶段为莎草科-菊科-松属组合带，结合遗址南部长湖钻孔孢粉资料表明（任晓华，1990），这些代表温和较湿气候条件下生长有稀疏松林的亚热带沼泽草甸植被。本带孢粉浓度仅 60～107 粒/g，这是由于该剖面位于遗址 I 区（即生活区），文化层受到人类如用火、建筑、踩踏等多种活动的干扰，因而难以保存大量的孢粉。

第 7 层，石家河文化中期洪水层（样品号 18～22）：木本植物花粉仅有柏科，平均为 12.2%。草本植物花粉占到 82.9%，其中最多的为禾本科，平均为 39.0%；莎草科次之，平均为 36.6%，其他有伞形科，平均为 7.3%。本层出现少许蕨类植物孢子，主要是水龙骨科（平均为 4.9%）。环纹藻属孢子含量较第 8 层剧增，为 22.0%。本阶段为禾本科-莎草科-柏科组合带，孢粉浓度仅 4～73 粒/g，因该地层为古洪水沉积层，受洪水水体流动过程及其携带沉积物沉降过程的影响，孢粉含量很少或不含孢粉（许清海等，2001；龙翼等，2009）。

第 6 层，石家河文化中晚期，距今 4367～4168 年（样品号 15～17）：本层仍然以草本植物花粉为主，较第 7 层更多，达 90.0%，主要是莎草科和禾本科，平均分别为 60.0% 和 30.0%。木本植物花粉主要是胡桃属，平均为 5.0%。该层蕨类植物孢子与第 7 层相近，平均占 5.0%，主要是三缝孢属。环纹藻属在本层未见。

本阶段为莎草科-禾本科-胡桃属-三缝孢属组合带,结合遗址南部长湖钻孔孢粉资料表明(任晓华,1990),这些代表温和湿润气候条件下生长有稀疏落叶阔叶树的亚热带湿生草地植被。本带孢粉浓度仅为 6~66 粒/g,这与遗址生活区文化层受人类活动干扰有关,且本带相较第 8 层人类活动强度更大,禾本科比例的升高可能指示该时期古人类已开始广泛进行水稻种植。

第 5 层,石家河文化晚期洪水层(样品号 11~14):木本植物花粉占到 88.9%,主要有松属(平均为 50.0%)、胡桃属(平均为 31.3%)和桦木属(平均为 18.8%)。草本植物花粉占 11.1%,仅发现有石竹科。本层未发现蕨类植物孢子。环纹藻属孢子含量不多,占 22.2%。本阶段为松属-胡桃属-桦木属组合带,孢粉浓度仅 10~18 粒/g,这与第 7 层的情况相似。

第 4 层,石家河文化晚期,距今 4168~3900 年(样品号 7~10):本层木本植物花粉比例有减少趋势,平均占到 17.4%;其中松属最多,达 9.7%,以下为栎属(平均为 4.9%)、榛属(平均为 1.2%)、大风子科(平均为 0.8%)和槭属(平均为 0.8%)。该层草本植物花粉增多并占优势,平均达 55.1%,主要为禾本科,平均为 31.2%,其次有莎草科(平均为 6.1%)、百合科(平均为 6.1%)、菊科(平均为 1.6%)、香蒲属(平均为 1.6%)、毛茛科(平均为 1.6%)、旋花科(平均为 1.6%)、石竹科(平均为 1.2%)和豆科(平均为 0.8%)。本层蕨类植物孢子较多,主要为水龙骨科、紫萁属和三缝孢属,分别占 12.6%、2.4%和 12.6%。环纹藻属含量增加,平均占 29.1%。本阶段为禾本科-水龙骨科-三缝孢属-松属组合带,孢粉浓度逐渐上升至约 225 粒/g,这些代表此时植被状况明显变好,但蕨类孢子的种类和数量也较多,说明植被的次生化现象依然存在。植被状况比较好通常有两个原因:一是气候状况比较好,二是植被的人为破坏不严重。距今 4200~4000 年的气候事件在中国东部季风区乃至全球都具有普遍意义(Wu and Liu,2004),气候偏冷干。因此,笔者判断该时期的石家河文化已经处于末期衰落阶段,人类活动强度的逐渐减弱使得地层中保留的花粉数量逐渐增多。

第 3 层,唐宋时期,距今 1332~671 年(样品号 4~6):木本植物花粉较第 4 层减少,平均占 7.6%,但类型丰富,主要有松属(平均为 3.4%)、栎属(平均为 1.1%)和银杏属(平均为 1.0%),此外还有少量的胡桃属(平均为 0.5%)、大戟科(平均为 0.5%)、柏科(平均为 0.4%)、榆属(平均为 0.2%)、锦葵科(平均为 0.2%)和木兰科(平均为 0.2%)。草本植物花粉依然占绝对优势,平均达 80.0%,主要为禾本科(平均为 37.2%)、莎草科(平均为 20.0%)和菊科(平均为 12.3%),其他还有少量百合科(平均为 3.8%)、毛茛属(平均为 1.3%)、葎草属(平均为 1.1%)、伞形科(平均为 1.1%)、蒿属(平均为 0.7%)、石竹科(平均为 0.7%)、香蒲属(平均为 0.6%)、藜科(平均为 0.6%)和唇形科(平均为 0.4%)。蕨类植物孢子含量平均为 12.5%,主要有三缝孢属、水龙骨科、凤尾蕨属、石松属和紫其属。环纹藻属孢子含量很少，平均仅占 1.0%。本阶段为禾本科-莎草科-菊科-三缝孢属-松属组合带，地层中孢粉种类和数量显著高于其前后阶段，孢粉浓度达 148～738 粒/g，表明此时植被状况比较好；蕨类孢子的种类和数量较前一阶段下降明显，说明植被的次生化现象减弱。禾本科花粉含量的进一步增加可能反映了钟桥遗址地区在唐宋时期人类栽培种植活动的增强。水生草本莎草科含量的剧增更为明显，表明该时期遗址区域可能出现水域扩大的情况，这与遗址区南部的长湖于宋代末期由江水泛滥形成长条状河间洼地湖泊的历史记载相符（易光曙，2008），这也大致能够反映该时期气候总体上温和较湿润。

第 2b 层，明清时期，距今 582～110 年（样品号 3）：草本植物花粉含量很高，达 80.7%，且植被类型丰富，依次为禾本科（57.3%）、莎草科（16.1%）、百合科（3.7%）、蓼科（1.3%）、菊科（1.1%）、葎草属（0.8%）和毛茛属（0.5%）。木本植物花粉较少，占 12.9%，主要为松属（8.4%）、金缕梅科（4.0%）和栲属（0.5%）。本层蕨类植物孢子占 6.3%，主要为三缝孢属（5.5%）和水龙骨科（0.8%）。环纹藻属含量很少，占 0.5%。本带主要为禾本科-莎草科-松属-三缝孢属组合带，孢粉浓度达 4356 粒/g，该时期地层中木本花粉已经极少，蕨类孢子数量进一步减少，这应是植被次生化减弱的结果。禾本科含量的进一步剧增反映该时期人类栽培种植活动更加突出和强烈。由于长湖湖泊自明清时期以来一直存在，莎草科花粉总体仍保持较高含量，加上松属等喜冷的针叶树种大大增加，反映出凉湿的气候环境。

第 2a 层，明清时期，距今 582～110 年（样品号 1 和 2）：草本植物花粉含量有所下降，占到 76.9%，主要有禾本科（平均为 56.8%）、莎草科（平均为 12.6%）、百合科（平均为 1.7%）、蓼科（平均为 1.4%）、菊科（平均为 1.4%）和兰科（平均为 1.0%），其他还有少量的十字花科（平均 0.5%）、香蒲属（平均 0.3%）、藜科（平均为 0.3%）、蒿属（平均为 0.2%）、豆科（平均为 0.2%）、毛茛属（平均为 0.2%）、伞形科（平均 0.2%）和旋花科（平均 0.2%）。木本植物花粉占 17.0%，主要是松属（平均为 11.2%）、榆属（平均为 2.1%）和胡桃属（平均为 1.6%），另有少量椴树属（平均为 0.6%）、枫杨属（平均为 0.5%）、栎属（平均为 0.2%）、朴属（平均为 0.2%）、锦葵科（平均为 0.2%）、榛属（平均为 0.2%）、桦木属（平均为 0.2%）与木兰科（平均为 0.2%）等。蕨类植物孢子含量较少，主要是三缝孢属（平均为 5.2%），此外还有少量水龙骨科（平均为 0.7%）和凤尾蕨属（平均为 0.2%）。本层未见环纹藻属孢子。本带主要为禾本科-莎草科-松属-三缝孢属组合带，孢粉浓度达到最高为 2673～4541 粒/g，该时期地层所反映的气候与植被状况及人类活动强度和前一阶段相似。由于本带未见环纹藻属孢子，莎草科含量及其他喜阴耐湿的花粉也减少较多，说明遗址区可能已经脱离经常被淡水湖沼淹没的环境，大致应该处于长湖北岸湖滨的位置至今。

6.2　钟桥遗址 ZQ-T0405 剖面元素记录的人类活动与环境信息

6.2.1　剖面元素地球化学特征

钟桥遗址 ZQ-T0405 剖面 113 个样品分析取得的 12 个元素含量（在南京大学现代分析中心无机分析室用 XRF 方法测试）原始数据经标准化处理后，其分析结果见图 6.2，根据剖面文化层元素含量的变化可以分为 4 个层段，显示出整个剖面元素含量变化还是比较大的。

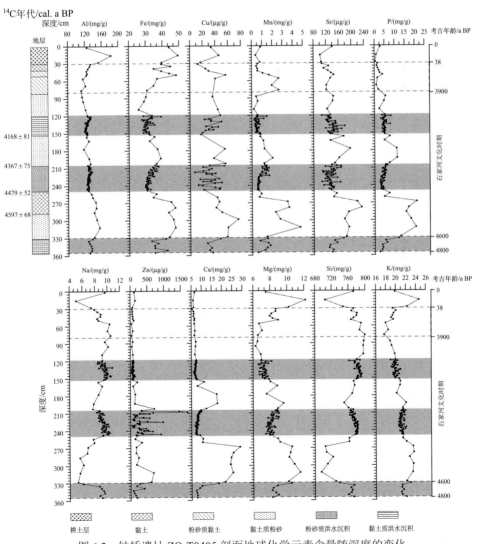

图 6.2　钟桥遗址 ZQ-T0405 剖面地球化学元素含量随深度的变化

第 1 段（30～51 cm）：本层段为明清文化层，属于黄棕色黏土或粉砂质黏土。元素 Al、P、Zn、Ca 和 K 含量变化幅度较小，但与下部唐宋文化层相比元素含量均处于相对高值时期；而变化较显著的是 Fe、Cu、Mn、Sr、Na、Mg 和 Si。其中 Al、P、Zn、K 的平均含量分别为 127.87 mg/g、2.19 mg/g、73.18 μg/g、19.54 mg/g，较其下部唐宋地层对应元素含量分别增加了 9.8%、50.00%、41.55% 和 8.08%。Fe、Cu、Mn、Sr、Ca、Na、Mg 和 Si 在本段的平均含量分别为 41.87 mg/g、30.95 μg/g、0.83 mg/g、126.20 μg/g、6.14 mg/g、8.57 mg/g、8.48 mg/g、773.34 mg/g。同时此段内 Al、Fe 的百分含量表现出较高的风化水平，而对应的 Na、Ca、Mn 等易淋溶迁移元素含量则为低值，暗示该层段较少的有机质残留（Linden et al., 2008；李中轩等，2008），这也与野外观察的剖面特征相符。

第 2 段（51～80 cm）：本层段为唐宋文化层，属于灰黄棕色粉砂质黏土。该层段的示踪元素最明显的是 Fe、Mg、K、Mn、Na、Si，其中前三种元素对应含量绝对值分别降低至 34.18 mg/g、6.78 mg/g、18.08 mg/g，较其上部明清文化层对应元素含量分别下降了 18.37%、20.05%、7.47%，而后三种元素对应含量绝对值则明显升高至 2.43 mg/g、10.35 mg/g、792.41 mg/g，较其上部明清文化层对应元素含量分别上升了 192.77%、20.77%、2.47%。此外，P、Sr、Zn 平均含量都有所下降，而 Ca 则略有升高至 6.01 mg/g。该段地层中 Al、P、Sr、K 含量均值分别为 116.46 mg/g、1.46 mg/g、125.83 μg/g、18.08 mg/g，为曲线变化中之谷值，Fe 含量也降低明显，反映了沉积物低风化作用过程的地层特征，但与上部的明清文化层相比，观察发现该层段有机质含量较多。

第 3 段（80～119 cm）：本段为新石器文化末期与历史时期过渡阶段的石家河晚期文化层，属于棕灰色黏土质粉砂。该层段变化最为明显的元素有 Fe、Mn、Sr、P、K，其中 Fe 和 Mn 的含量分别降低至 29.67 mg/g 和 0.46 mg/g，较其上部的唐宋文化层对应元素平均含量分别下降了 13.19% 和 81.07%，而 Sr、P 和 K 的含量则分别升高至 136.00 μg/g、4.50 mg/g、19.49 mg/g，较其上部明清文化层对应元素含量分别上升了 8.08%、208.22%、7.80%。此外，Al、Zn 和 Ca 的含量都有所上升，平均含量分别为 119.54 mg/g、70.68 μg/g 和 7.11 mg/g，而 Mg、Na 和 Si 的含量都有下降，平均含量分别为 6.68 mg/g、9.55 mg/g 和 791.95 mg/g。该段地层中 Fe、Mg 和 Mn 元素含量为曲线变化中之谷值，Al 和 K 含量总体也处于较低值，反映了地层沉积物的低风化作用过程，与上部唐宋文化层风化程度类似。

第 4 段（119～330 cm）：该地层段处于石家河文化的早中期，沉积物以古洪水层沉积和文化层堆积交替出现为特征，呈现颜色较深的黑棕色或棕色土质，主要成分是含粉砂质土，包括黏土质粉砂或粉砂质黏土。该段元素含量变化的主要特征是曲线反复振荡、变化幅度大，且除 Si 和 Na 处于相对高值外，各元素平均含量均处于整个剖面文化层的最高值时期，表明影响元素含量的因素具有多变性。

其中，Fe、Cu、Mn、Sr、P、Ca、Mg 元素含量变化趋势较为一致，均有两个高值区间和两个低值区间，然峰谷值的深度却不尽相同，Na 与 Si 含量则呈现出与上述元素反向的对应变化，反映人类活动参与的显著性，与地层中大量的陶片、红烧土粒等残留遗迹有关。此外，Al 和 K 在该段地层的含量变化特征相似，曲线表现平稳且变化幅度稍小，总体自底部向顶部元素含量趋于波动式下降，其顶部元素含量与其底部相比分别下降了 24.12%和 14.36%，这可能与气候环境条件的逐渐变化有关。另外值得注意的是 Zn 元素含量的变化与其他元素含量变化特征均不相同，其仅在第 6 和第 9 文化层下部出现两次峰值，可能代表了沉积地层与制陶业活动有关的堆积，第 7 层古洪水沉积物中 Zn 含量的剧烈波动变化也可能与制陶等有关活动干扰导致的沉积物后期次生变化有关系。

6.2.2　元素含量变化与人类活动的关系

由上述分析可以看出，遗址地层的地球化学载荷过程十分复杂，用土壤元素地球化学分析考古地层人类活动背景的报道也很少见，而近年来关于古人类活动空间的研究已经证实（Costa and Kern, 1999; Fernandez et al., 2002; Sullivan and Kealhofer, 2004; Wilson et al., 2005; 李中轩等，2008; Oonk et al., 2009），不同的人类活动功能区，如可耕作区、畜禽饲养区、居住区、垃圾堆放区等都有不同的地球化学记录。Terry 等（2004）将古代人类遗址地层的元素特征与现代人类活动相关功能区的地层元素特征对比后,建立了人类活动功能区识别的地球化学图式。其研究方法依然是用已知功能区背景的元素特征评判古人类遗址的性质，并基于以下假设：①已知和未知遗址人类活动的相似性、不同功能区地层中地球化学记录的差异性；②已知和未知遗址地层中输入物质具有显著地球化学记录特性；③已知遗址地球化学标准与遗址地层中的地球化学记录的相关性。因此，综合 Konrad 等（1983）、Pierce 等（1998）、James（1999）和 Wilson 等（2005, 2006, 2008）建立古人类活动元素含量变化的识别图式（表 6.1）对钟桥遗址的人类活动与环境信息按 ZQ-T0405 剖面文化层年代序列作初步探讨。

表 6.1　古人类活动场所与部分相关元素的关系

元素	燃烧、浸水	粪堆	居所	聚居点	作物、草被	灰浆	炭粒	动物骨骼	可耕地	手工制品	生活垃圾
Cu		◆				◆	◆	◆		◆	◆
Mn	◆								◆		
Sr	◆	◆			◆	◆	◆	◆			◆
P	◆	◆		◆	◆		◆	◆			◆
Ca	◆	◆		◆	◆	◆	◆	◆	◆		◆

续表

元素	燃烧、浸水	粪堆	居所	聚居点	作物、草被	灰浆	炭粒	动物骨骼	可耕地	手工制品	生活垃圾
K			◆		◆				◆		◆
Zn				◆	◆			◆	◆	◆	◆
Mg				◆		◆		◆	◆	◆	◆

◆表示可能与该元素含量发生变化的古人类活动或场所。

（1）石家河早中期文化层（249～330 cm，4600～4479 cal. a BP）

从气候环境特征来看，本期地层的 Al 元素含量相对平稳，平均值为 143.57 mg/g，是整个剖面文化层的最高值时期，Fe 元素含量亦为高值时期，反映遗址地层沉积时期的风化强度，而 Si 元素平均含量（724.24 mg/g）则为整个剖面文化层的最低值时期，说明当时地层沉积的风化程度处于脱硅富铝铁阶段，活性元素 Na 的迁移率也很高，对应气候环境特征表现为整个剖面的最温暖湿润阶段，二者含量较低也表明可能有较多水土流失，当时遗址区环境植被覆盖度不高。

该期地层的元素变化很大，与古人类活动场所相关的 Cu、Mn、Sr、P、Zn、Ca、Mg 和 K 含量曲线都出现显著的高峰值，这与该时期地层中有较多炭屑、陶片和红烧土遗迹的证据相一致，表明当地有用火痕迹和工具、器物的制作、生活垃圾堆积等活动。其中，Cu 和 Mn 含量的高值暗示当时遗址区已出现较多手工制品的制作，这与前述该段地层中出土有许多陶制小狗等玩具以及石家河文化已进入铜石并用时代并发现有铜器残片的事实相符合。变化较大且处在高值的 Sr、P、K 元素反映了地层中可耕地、生活垃圾、动物骨骼、燃烧遗迹和器物作坊等遗物（遗迹）导致的元素输入作用明显。Mg 和 Ca 在遗址地层中的高含量则对应集居地的红烧土、动物骨骼、房屋墙壁灰浆、耕作区、手工制品及生活垃圾堆积地等（李中轩等，2008）。而 Zn 含量变化与陶器或铜器的手工作坊相关联，其在石家河文化早期的高值指示遗址曾有过较发达的制陶活动历史，已有研究得到的石家河文化早期陶器制作规模大且相对精致的结论也辅证了这一点（郭伟民，2010）。由上述讨论可以看出，虽然该时期气候温暖湿润，但此时人类活动的规模较大，已经对自然环境产生了较大的干扰。

（2）石家河中晚期文化层（153～205 cm，4367～4168 cal. a BP）

从图 6.2 的 Al、Fe、Si、Na 和 K 元素含量曲线变化可见，从石家河文化中期开始气候进入向干旱转化的过渡期，干旱程度在石家河文化晚期已逐步加深（177 cm，Al=116.98 mg/g；163 cm，Fe=32.31 mg/g），上述元素组合反映的风化强度大大减弱，Fe 和 Al 平均含量相较石家河早中期文化层分别由 43.03 mg/g、143.57 mg/g 降至 35.89 mg/g、126.53 mg/g；较易淋溶的 Na 和 K 元素含量则处在相对较高时期，Si 元素含量在本段也相对较高，说明该地层沉积的风化程度已不属于脱硅富铝铁阶段，显示气候变凉变干、风化作用减弱。与古人类活动场所相关的 Cu、Mn、Sr、P、Zn、Ca、Mg 等元素含量与石家河文化早中期相比急剧降低，说明人类活动强度比石家河文化早中期减弱许多，特别是 Zn 元素含量降低最多，由石家河早中期文化层的 683.80 μg/g 降至本层的 83.20 μg/g，说明陶器制作的地位在钟桥遗址区可能已经大大下降，有证据表明石家河文化中晚期陶器制作工艺已显粗糙（郭伟民，2010）。

（3）石家河晚期文化层（80～119 cm，4168～3900 cal. a BP）

该层段的 Si 元素含量平均值达到了 791.95 mg/g，Fe、Al 含量降为 29.67 mg/g 和 119.54 mg/g，显示气候变冷干、风化作用大大减弱，出现了一个明显的冷干期，恰与中国及全球范围内的 4200～4000 a BP 气候事件相对应（Phadtare, 2000; Wu and Liu, 2004; Wu et al., 2012a）。本期地层中的 Ca、P、Sr、K、Mg 等元素含量均逐渐减少，表明遗址当时已不再是古人类的主要生活区，其中，K 含量降低指示可耕地的退化和作物量的减少，P、Ca、Mg 含量的减少反映了该地层居所或可耕地表层可能出现石英砂砾和石化迹象（James, 1999）。Cu 含量高值可对应本地层中的早期青铜器物，Zn 和 Mn 含量的异常与陶器等器物制作活动相关，Cu、Mn 和 Zn 含量在本层段也大幅度下降，说明陶器和早期青铜器等器物制作活动逐渐衰落。这与文物考古研究得出的该时期石家河文化逐渐失去在长江中游江汉平原地区经济文化中心地位的描述相一致（孟华平，1997；郭立新，2005）。综合各元素的地层记录特征可以认为，由于风化强度小，人类活动减少，植被覆盖逐渐恢复，这在孢粉记录中可以得到证明。同时植被覆盖的恢复抑制了区域的水土流失，使得反映地层中元素淋溶水平的 Na 和 Sr 等元素含量在后期都有所升高。

（4）唐宋文化层（51～80 cm，1332～671 cal. a BP）

该层段 Si 元素含量平均值达到整个剖面文化层最高值，为 792.41 mg/g，Al 元素含量平均值则继续降至全剖面文化层最低值，为 116.46 mg/g，Fe 元素含量平均值则升至 34.18 mg/g，其所反映的风化强度大体与石家河晚期文化层持平。由于该阶段植被覆盖逐渐恢复，孢粉浓度增大，木本植物花粉种类增多，加之该遗址区南部的长湖湖泊在唐宋时期逐渐形成（易光曙，2008），遗址受人类活动影响较小，故其地层元素含量变化多与环境变迁相联系。Al、K 和 Mg 元素含量在剖面 68 cm 处有明显的峰值，随后在 56 cm 处元素含量又再次降低，易淋溶元素 Na、Sr、P 等则呈相反变化，这间接指示了沉积环境当时的降水淋溶程度，这一变化可分别对应于竺可桢（1973）通过物候资料推测得到的中国近五千年来气候变化的第三温暖期（隋唐温暖期，AD 600～1000）和第三寒冷期（南宋寒冷期，AD 1000～1200）。Mn 元素含量在本层处于异常高值时期，据潜江市博物馆徐立明等同志介绍该层位文化器物受扰动较大，地层中有灰和黄颜色的交替变化，可能与遭受过长湖湖水的冲积有关，而浸水作用会导致 Mn 元素含量出现异常高值，

Cu、Zn 等含量较低排除了手工制品影响的可能。

（5）明清文化层（30～51 cm，582～110 cal. a BP）

该期 Al 元素含量平均值 127.87 mg/g 属于相对高值区间，Fe 元素平均含量 41.87 mg/g 也达到全剖面文化层最高值，对应的 Si 元素与易溶元素 Na、Sr 等含量变化曲线则呈现反向变化趋势，反映本期气候环境总体上较湿润，但从前述孢粉记录看该时期温度较低，应该属温凉较湿的气候，仅 39 cm 左右出现程度较高、但时间短的干冷期，Fe 和 Sr 元素含量出现本阶段的最低谷值，平均值分别为 34.91 mg/g、112.70 μg/g，这与 17 世纪汉江曾 7 次封冻的记录相吻合（竺可桢，1973），江汉平原周边地区的环境演变记录如神农架大九湖泥炭、巢湖湖泊沉积等也反映该时期较凉湿的气候条件（Ma et al., 2008; Wu et al., 2010）。地层中其他化学元素含量除 Mg、K 外都无显著高值，表明明清文化层因人类活动导致的元素输入作用显著减弱；Mg、K 含量升高则暗示该时期遗址区主要作为长湖北岸可耕地与生活垃圾堆积地而存在，并至现代亦延续了此种土地利用方式。可以看出，进入明清文化层时期以后流域风化强度不断增大，生态环境日益脆弱。

6.3 谭家岭遗址 TJL-T0620 剖面的环境演变与人类活动记录

6.3.1 孢粉鉴定与地球化学分析结果

谭家岭遗址地处中亚热带北缘，年降水量 1100～1700 mm，年均温度 16～18℃，现代植被成分具有从北亚热带向中亚热带过渡的特征。由于人类活动频繁扰动，常绿阔叶和落叶阔叶混交林目前只是局部分布，马尾松林（Pinus massoniana）及一些次生灌丛广泛发育。该区河流与湖泊、洼地众多，水生植被也很发育（李宜垠等，2009），谭家岭遗址区周围已开垦成农田，种植水稻、棉花和小麦等。

谭家岭遗址 T0620 探方南壁剖面孢粉分析共鉴定出 69 个科/属，木本植物主要有松属（Pinus）、铁杉属（Tsuga）、常绿栎（Quercus（E））、栲属（Castanopsis）、阿丁枫属（Altingia）、落叶栎（Quercus（D））、槭属（Acer）、桤木属（Alnus）、桦木属（Betula）、枫杨属（Pterocarya）、胡桃属（Juglans）、山核桃属（Carya）、榆属（Ulmus）、栗属（Castanea）、芸香科（Rutaceae）、木兰科（Magnoliaceae）、蔷薇科（Rosaceae）等。草本植物有葎草属（Humulus）、大戟科（Euphorbiaceae）、豆科（Leguminosae）、唇形科（Lamiaceae）、藜科（Chenopodiaceae）、蒿属（Artemisia）、禾本科（Gramineae）、毛茛科（Ranunculaceae）、莎草科（Cyperaceae）、蓼属（Polygonum）、十字花科（Cruciferae）、菊科（Compositae）、牵牛属（Pharbitis）、百合科（Liliaceae）、旋花科（Convolvulaceae）、茄科（Solanaceae）、茜草科（Rubiaceae）、伞形科（Umbelliferae）、龙胆科（Gentianaceae）、木樨科（Oleaceae）、葫芦科（Cucurbitaceae）等。蕨类植物有里白属（Hicriopteris）、紫萁属（Osmunda）、

石松属（*Lycopodium*）、蹄盖蕨科（Athyriaceae）、水蕨科（Parkeriaceae）、水龙骨属（*Polypodium*）等单缝和三缝孢子。还有环纹藻属（*Concentricystes*）等淡水藻类。就整个剖面而言，孢粉的种类和数量变化较大，平均浓度为 4456 粒/g。根据剖面的文化分期结合孢粉组合特征，将孢粉图谱划分为 5 个组合带（图 6.3 和 6.4），其他指标划带分析亦参考孢粉图谱划带（图 6.5）。孢粉组合特征按文化期由老到新的顺序简述如下。

组合带 I（石家河文化早期，年代为 4.6～4.5 ka BP，深度 330～270 cm）：本带孢粉浓度较高（2016～15 702 粒/g，平均为 5150 粒/g），但浓度值自剖面下部向上逐渐减小。木本植物花粉含量 20%～47%，平均为 30%，达到整个剖面的最大值，以常绿栎（10%～22%，平均为 15.9）为主，其次是松属（0～6%，平均为 2%）、阿丁枫属（0.7%～8.8%，平均为 3.0%）、栗属（0.3%～2.6%，平均为 1.5%）、榆属（0.8%～3.5%，平均为 1.8%）、桦木属（0～2.7%，平均为 1.5%）。草本花粉在本带占绝对优势（30%～62%，平均为 54%），主要以禾本科（8%～33%，平均 24%）和蒿属（1%～34%，平均 15%）花粉为主，其次是大戟科（0～10.5%，平均为 3.2%）、豆科（0.8%～5.2%，平均 2.8%）；水蓼（0～1.2%，平均 1.3%）、莎草科等湿生植物花粉有出现。TOC 的变化范围为 0.593%～3.450%，平均值为 2.522%；TN 的变化范围为 0.078%～0.158%，平均值为 0.125%；C/N 变化范围为 15.850～22.420，平均值为 20.279；$\delta^{13}C_{org}$ 的变化范围为 –23.838‰～–21.185‰，平均值为 –22.570‰。在此总的趋势下，根据 CONISS 聚类分析，结合主要孢粉属种含量存在的次级波动，又把组合带 I 划分为以下两个亚带。

亚带 I-1（石家河文化早期，深度 330～300 cm）：孢粉浓度较高（2947～47420 粒/g，平均为 10 537 粒/g），木本植物花粉含量 20%～47%，平均为 30，以常绿栎（10%～22%，平均为 15.9）为主，其次是松属（0～6%，平均为 2%）、阿丁枫属（0.7%～8.8%，平均为 3.0%）、栗属（0.3%～2.6%，平均为 1.5%）、榆属（0.8%～3.5%，平均为 1.8%）、桦木属（0～2.7%，平均为 1.5%）。草本花粉占绝对优势（30%～62%，平均为 54%），主要以禾本科（8%～33%，平均 24%）和蒿属（1%～34%，平均 15%）花粉为主，其次是大戟科（0～10.5%，平均为 3.2%）、豆科（0.8%～5.2%，平均 2.8%）；水蓼（0～1.2%，平均 1.3%）、莎草科等湿生植物花粉有出现。TOC 的变化范围 0.593%～3.450%，平均值为 2.522%；TN 的变化范围为 0.078%～0.158%，平均值为 0.125%；C/N 变化范围为 15.85～22.42，平均值为 20.279；$\delta^{13}C_{org}$ 的变化范围为 –23.838‰～–21.185‰，平均值为 –22.570‰。

亚带 I-2（石家河文化早期，深度 300～270 cm）：孢粉浓度为（2076～8146 粒/g，平均为 4262 粒/g）。孢粉组合整体上较亚带 I-1 变化不大，木本花粉含量略有降低（18%～31%，平均为 25%），仍然以常绿栎花粉为主（9%～21%，平均为 17%），松属次之（2.0%～10.0%，平均为 5.4%），其次是桦木属、胡桃属。

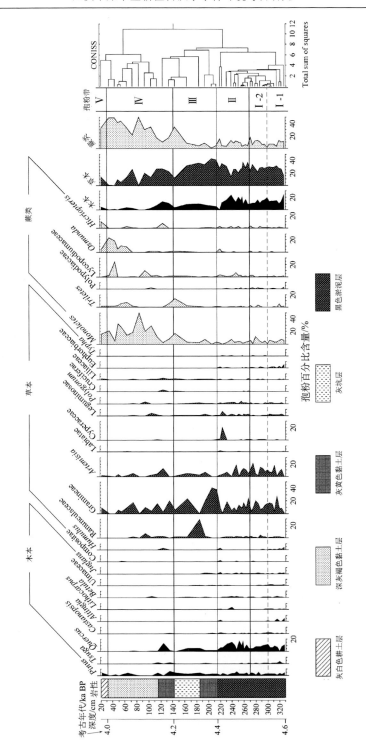

图 6.3　石家河—谭家岭遗址 TJL-T0620 剖面孢粉百分比含量图谱

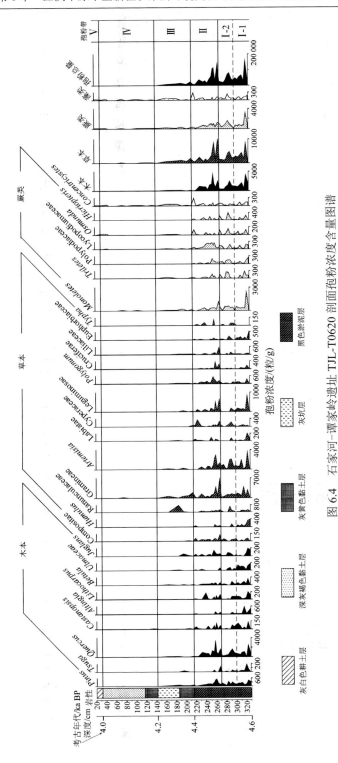

图 6.4　石家河–谭家岭遗址 TJL-T0620 剖面孢粉浓度含量图谱

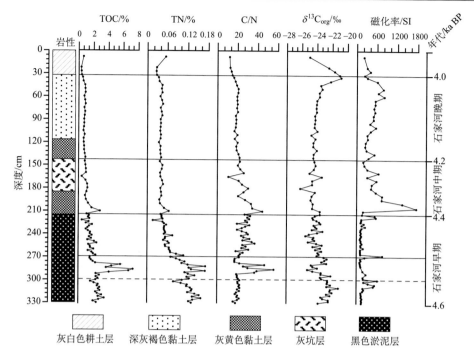

图 6.5 谭家岭遗址 TJL-T0620 剖面总有机碳、总氮、C/N、有机碳同位素
和质量磁化率变化曲线

草本花粉占绝对优势（42%～66%，平均 53%），草本植物以蒿属和禾本科花粉为主，百分含量分别为 3%～26%，平均为 21% 和 8%～32%，其次是毛茛科，莎草科、水蓼及香蒲等湿生植物花粉含量增加。TN 与 TOC 及 C/N 值突然增大，TOC 的变化范围 1.530%～7.306%，平均值 3.390%，TN 的变化范围为 0.070%～0.172%，平均值为 0.120%。C/N 变化范围为 17.300～56.200，平均值为 27.435，$\delta^{13}C_{org}$ 的变化范围为 –25.25‰～–22.19‰，平均值为 –23.61‰。

组合带 II（石家河文化早期，年代为 4.5～4.4 ka BP，深度 270～215 cm）：孢粉浓度有所增加（822～11 252 粒/g，平均为 5025 粒/g），从下到上有减小趋势，木本植物花粉降低（0～46%，平均为 27%），草本花粉含量略有增加（37%～74%，平均为 56%），蕨类孢子占 16%，还有环纹藻等淡水藻类。木本植物主要是松属（1.0%～11.0%，平均为 5.3%）、常绿栎（12%～34%，平均为 20%）、桦木属（0～3.0%，平均为 1.4%）、胡桃属（0～4.7%，平均为 1.2%）。草本植物主要以禾本科（0～47.0%，平均为 21.8%）和蒿属（0～35%，平均为 15%）为主，百合科（0～5.8%，平均为 1.0%）、十字花科（0～3.10%，平均为 0.87%）、豆科（0～13.7%，平均为 3.6%）的含量略有增加，水蓼（0.40%～4.70%，平均为 2.96%）。TN 与 TOC 较上层有较为一致的减小趋势，TOC 的变化范围 0.469%～2.290%，平均值为 1.505%；TN 的变化范围为 0.017%～0.107%，平均值为 0.057%；C/N 变化范围为 27.60～21.40，平均值为 26.96；$\delta^{13}C_{org}$ 的变化范围为–26.225‰～–23.101‰，平均值为–24.220‰。

组合带Ⅲ（石家河文化中期，年代为 4.4～4.2 ka BP，深度 215～142 cm）：本带孢粉浓度急剧降低（27～2353 粒/g，平均为 1170 粒/g），其中 H-73，5-77，4-79 层样品统计的数量少于 100 粒，其百分含量仅能部分指示环境变化。木本植物含量为 7%～19%，平均为 13%，主要是松属（0～13.0%，平均为 5.6%）、常绿栎（0～26.0%，平均为 5.7%）、桦木属（0～1.90%，平均为 0.67%）、胡桃属（0～3.40%，平均为 0.78%）。草本植物变化范围为 23.8%～86.0%，平均为 65.7%，草本植物中主要禾本科（0～82%，平均为 42.8%），毛茛科（平均为 11.8%），其次是蒿属（0～9.5%，平均为 4.9%），水蓼（0～2.1%，平均为 1.08%），豆科（0～1.9%，平均为 1.7%），莎草科（0～2.9%，平均为 0.59%）。蕨类孢子（1.3%～68.2%，平均为 20）主要是单缝孢子。TOC 的变化范围 0.987%～2.857%，平均值 1.153%；TN 的变化范围为 0.036%～0.064%，平均值 0.043%；C/N 变化范围为 10.85～44.64，平均值 26.1。$\delta^{13}C_{org}$ 的变化范围为–25.008‰～–24.386‰，平均值为–24.37‰。

组合带Ⅳ（石家河文化晚期，年代为 4.2～4.0 ka BP，深度 142～30 cm）：本带很多样品统计数量不够 100 粒，孢粉浓度急剧降低（0.52～122 粒/g，平均为 62 粒/g），木本植物的孢粉浓度仅为 6.5 粒/g，草本植物为 25 粒/g，蕨类孢子为 32 粒/g，藻类为 16.8 粒/g。木本植物主要是松属，草本植物主要是禾本科和蒿属。其中，草本植物主要以禾本科（0～47%，平均为 29%）和蒿属（0～26.3%，平均为 5.8%）为主，百合科（0～2.6%，平均为 0.26%）、十字花科（0～5.3%，平均为 0.67%）和豆科（0～8.7%，平均为 1.3%）的含量略有增加，其次是水蓼和莎草科等湿生植物，但其含量已经很小。TOC 的变化范围 0.676%～0.912%，平均值 0.777%；TN 的变化范围为 0.034%～0.046%，平均值为 0.040；C/N 变化范围为 16.7～21.9，平均值为 19.2；$\delta^{13}C_{org}$ 的变化范围为–24.788‰～–20.88‰，其平均值为–24.22‰。

组合带Ⅴ（近现代耕土层，深度 30～8 cm）：耕作层带的花粉浓度较大（32～27 799 粒/g，平均为 9292 粒/g），木本植物的浓度为 814 粒/g，草本植物为 8186 粒/g，蕨类孢子为 292 粒/g。木本植物、草本植物和蕨类分别占 8%、57%、33%。耕作层代表了近现代人类农耕活动对自然植被的影响。木本植物主要是次生性松属、常绿栎等，草本植物主要是禾本科、十字花科、豆科和百合科等，可能与近现代人类的农业耕作活动有关，此外还有一些蕨类孢子。TOC 的变化范围 0.353%～0.635%，平均值 0.477%；TN 变化范围为 0.026%～0.054%，平均值为 0.034%；C/N 变化范围为 11.8～16.1，平均值为 14。$\delta^{13}C_{org}$ 的变化范围为

–22.496‰～–21.507‰，平均值为–21.762‰。

6.3.2　环境演变与人类活动记录讨论

石家河文化早期（年代为 4.6～4.4 ka BP，深度 270～215 cm），孢粉浓度大，种属多，主要是以常绿栎、阿丁枫属、栗属、榆属等亚热带植被为主且湿生植物孢粉占一定比例，表明当时生态环境较好，气候较为暖湿，湿地面积较大。TOC含量一般指示当时原始生产力水平和区域生物量的变化，温暖湿润的气候条件下TOC 含量高，反之 TOC 含量低（Meyers and Ishiwatari, 1993; Müller and Mathesius, 1999; 高华中等，2005; Lu et al., 2012; Wu et al., 2013）。自然界的陆生植物根据其光合作用路径的不同，可以分为 C_3、C_4 和 CAM 型植物三大类。C_3 植物适合在大气 CO_2 浓度较高和较湿润的气候条件下生长，$\delta^{13}C_{org}$ 值的变化范围在–32‰～–20‰之间（白雁等，2003）。TOC、TN、C/N 指标显示遗址区初级生产力较高，有机质输入量较大；$\delta^{13}C_{org}$ 的变化指示当地植被类型主要为 C_3 木本植物，气候条件相对温湿。第 9 层主要是黑色淤泥层，夹较多草木灰炭屑，出土器物主要为黑陶、红陶及古木（315 cm 处），沉积特点以及出土器物特征自下而上变化不大，但在 300～270 cm（I-2 带），TOC、TN、C/N 指标增大明显，常绿栎、湿生孢粉含量增加，表明气候更湿润，遗址区环境发生过水域面积增大且持续时间不长的变化。第 9 层下部存在大量埋藏古木，这与江汉平原地区在石家河文化初期（4.6～4.4 ka BP）气候湿润较为一致（李枫等，2012）。

石家河文化中期（年代为 4.4～4.2 ka BP，深度 215～142 cm），孢粉浓度减小，木本植物的含量急剧下降，草本植物的含量迅速上升，尤其是禾本科植物花粉百分比含量增加明显，这可能与古人的农业活动有关（吴立等，2008）。TOC、TN、C/N 指标也持续减小，反映当时的生物原始生产量减小，有机质输入减小，气候转凉干，人类活动干扰较大。

石家河文化晚期（年代为 4.2～4.0 ka BP，深度 142～30 cm）孢粉浓度和种类持续减小，且 TOC、TN、C/N 指标较上层略微减小，表明有机质的输入继续减小，气候较为凉干，这不仅与前人对江汉平原河湖相沉积的研究结果较为一致（李枫等，2012; 王晓翠等，2012），且得到考古学方面证据的证实：同在石家河古城内的三房湾遗址下部 3 m 处还出土了石家河文化晚期墓葬（孟华平等，2012），且其海拔比谭家岭遗址更低，表明当时地下水水位较低，气候较为干旱。

由上述分析来看，谭家岭遗址 TJL-T0620 剖面孢粉与地球化学分析综合反映了遗址区石家河文化时期的环境演变与人类活动关系。石家河文化早期，遗址区孢粉种类多且浓度大，喜暖湿的常绿植物孢粉含量达到整个剖面最大值，喜湿的香蒲和莎草科含量较大；TN、TOC 和 C/N 值偏高，$\delta^{13}C_{org}$ 偏低，表明遗址区以 C_3 植物为主，植被覆盖好，区域有机质生产量大，气候较为温暖湿润，当时该遗址可能为积水洼地，且期间有过水域面积增大但持续时间不长的变化。石家河文化中晚期，遗址区孢粉种属和浓度减小，TN 和 TOC 持续减小，$\delta^{13}C_{org}$ 偏高，植被覆盖较差，表明气候较凉干，区域有机质输入减小，地下水位下降，谭家岭遗址已经转变为古人居住用地，受到当时人类生产及生活活动的较大影响。

6.4　三房湾遗址 SFW-T1620 剖面环境演变的地球化学记录

6.4.1　地球化学分析结果及其环境意义

三房湾遗址 SFW-T1610 剖面的 TOC、TN、C/N 和有机碳同位素（$\delta^{13}C$）实验分析均在中国科学院南京地理与湖泊研究所湖泊与环境国家重点实验室完成，分析结果统计见表 6.2。前文第三章已对有机碳同位素（$\delta^{13}C$）、TOC、TN 和 C/N 值的一般环境意义进行过讨论，具体到三房湾遗址 SFW-T1610 剖面底部三个自然淤积层，当 C_3 或 C_4 陆生植物来源有机碳进入沉积物之后，其 $\delta^{13}C$ 值的差异便会保存记录在地层中，虽然后期可能因植物碎屑物质分解会产生其他的分馏作用（Zhou et al., 2009）。从表 6.2 可以看出，整个剖面 $\delta^{13}C$ 值变化在–19.77‰～–25.81‰之间，平均值为–21.22‰。这说明三个自然淤积层的 $\delta^{13}C$ 值总体都较低，属于 C_3 类植物，陆生高等植物是其主要的有机物质来源，而 C_3 类植物适于生长在日照较强、温度适中且地下水较丰富的环境中，不适宜生存在温度较高的环境（Ma et al., 2008; Hogan, 2011）。因此，三房湾遗址 SFW-T1610 剖面底部三个自然淤积层的 $\delta^{13}C$ 值应与温度和降水条件呈正相关。C/N 值的分析结果则表明，三房湾遗址 SFW-T1610 剖面自然淤积层中的有机物质主要来源于外源陆生植物（表 6.2）。来源于陆生植物的有机物质通常是经过雨水冲刷和地表径流搬运到沉积中心的，因此该剖面中 C/N 值是随着降水量增加而增加的。

表 6.2　三房湾遗址 SFW-T1610 剖面底部自然淤积层 $\delta^{13}C$、TOC、TN 和 C/N 值分析结果

地层层位	属性	TN/%	TOC/%	C/N	$\delta^{13}C/‰$
	最大值	0.030	0.316	12.857	–20.401
13	最小值	0.021	0.261	9.567	–23.750
	平均值	0.025	0.285	11.581	–22.083
	最大值	0.025	0.441	22.050	–20.419
14	最小值	0.019	0.182	9.579	–22.821
	平均值	0.022	0.258	12.019	–21.390
	最大值	0.039	0.601	26.130	–19.765
15	最小值	0.020	0.254	10.889	–25.809
	平均值	0.030	0.447	15.113	–20.727

6.4.2　不同层位环境演变阶段的地球化学记录

基于 TOC、TN、C/N 和有机碳同位素（$\delta^{13}C$）等多指标地球化学记录的分析（图 6.6），三房湾遗址 SFW-T1610 剖面底部屈家岭文化中晚期自然淤积层记录的环境演变分述如下：

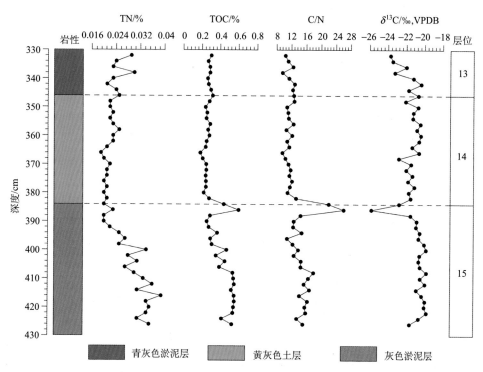

图 6.6　三房湾遗址 SFW-T1610 剖面底部自然淤积层 TOC、TN、C/N 和有机碳同位素变化

（1）第 15 层灰色淤泥（深度 426～384 cm）。该地层以湖沼相沉积为主，但受到过洪水沉积的影响。$\delta^{13}C$ 值变化范围在 –19.77‰～–25.81‰，平均值为 –20.73‰，相对较高，主要属于 C_3 类植物的 $\delta^{13}C$ 值分布范围，而与该遗址区现代地表植被以 C_4 植物为主不同。TOC 与 TN 含量在该层位也较高且高于全剖面平均值。TOC 含量变化范围在 0.25%～0.60% 之间，平均值为 0.45%；TN 含量变化范围在 0.020%～0.039% 之间，平均值为 0.030%。C/N 比值变化范围在 10.89～26.13，平均值为 15.11。上述分析结果表明，该地层沉积物中的有机物质主要来源于异地搬运的陆生植物。结合前述 $\delta^{13}C$ 值环境意义的分析，可以表明该地层沉积时期的气候条件温暖湿润，C_3 植物是该时期主要的植被景观。在该地层顶部深度 384～386 cm 处，TOC 与 C/N 值有一个迅速的上升，同时 $\delta^{13}C$ 值快速下降，表明陆生

植物碎屑进入该灰色淤泥层的比例达到最大值,环境状况有突然的变化;由于 TN 含量很低,这一沉积环境状况的突然改变可能是因为邻近地区的洪水造成的,有机物质大量冲入该剖面所在的沉积位置,而不是周边刀耕火种等人类活动加强影响的结果。

（2）第 14 层黄灰色土（深度 384～346 cm）。该层已证明为古洪水沉积,$\delta^{13}C$ 有所下降,平均值为–21.39‰,变化范围在–20.42‰～–22.82‰,表明 C_3 类植物在遗址区生态系统中进一步扩张,当然也有可能是洪水携带较多 C_3 陆生植物碎屑沉积造成的。TOC 含量变化在 0.18%～0.44%之间,平均值为 0.26%;TN 含量变化范围在 0.019%～0.025%之间,平均值为 0.022%。TOC 和 TN 含量的下降表明该层位的初级生产力较低,水热条件可能不及上一个沉积时期,C/N 比值（变化范围在 9.58～22.05 之间,平均值为 12.02）的进一步下降亦证明了这一点。从沉积地层本身看,各指标综合反映出该地层沉积时期有效湿度和温度有所下降,外源陆生植物有机物质在沉积物中的比例下降,气候状况总体上温和稍湿。

（3）第 13 层青灰色淤泥（深度 346～330 cm）。该地层主要是湖沼相沉积。TOC 含量变化范围在 0.26%～0.32%之间,平均值为 0.29%;TN 含量变化范围在 0.021%～0.030%之间,平均值为 0.025%。显然,TOC 和 TN 含量都高于第 14 层,但是仍比第 15 层要低,表明气候条件中温度有所降低。深度 340 cm 以上 TN 含量明显增加,而 C/N 比值（平均值为 11.58,变化范围在 9.57～12.86 之间）则保持在相对较低水平,表明沉积物中外源陆生植物有机物质比例持续下降,湖沼水域面积有所扩大,遗址区周边形成了稳定的森林环境且土壤侵蚀较弱。$\delta^{13}C$ 值变化范围在–20.42‰～–22.82‰,平均值为–21.39‰。$\delta^{13}C$ 值的继续降低很可能表明这一沉积时期遗址区生态环境中 C_3 植物有大幅度扩张、地下水较丰富。因此,各地球化学指标综合表明该时期气候状况虽有波动,但总体上仍相对温暖湿润。

综上所述,天门三房湾遗址 SFW-T1610 剖面底部自然淤积层 TOC、TN、C/N 和有机碳同位素（$\delta^{13}C$）等多指标地球化学记录很好地反映了该遗址区屈家岭文化中晚期的古代环境状况,气候状况总体经历了温暖湿润-温和稍湿-相对温暖湿润三个阶段,C_3 植物一直占据植被类型的主要位置。屈家岭文化中晚期三房湾遗址区总体温暖湿润的气候使得以 C_3 植物为主导的稳定森林生态系统得以建立和维持,同时也十分适宜古人在此处定居并有利于原始农业的发展,这些最终使该遗址区屈家岭晚期和石家河早期的文化趋于繁盛。在这一时期,三房湾遗址出现了早期的夯土城墙和环濠,标志着本区人类的新石器文化逐渐踏入中华早期文明的起源阶段,这也与该时期良好的自然环境条件密切相关。

6.5　荆州江北农场 JZ-2010 河湖相沉积记录的全新世环境干湿变化

6.5.1　荆州江北农场 JZ-2010 河湖相沉积剖面概述

在对江汉平原进行大量野外调查和资料搜集工作基础上，作者选取了位于荆州市江陵县江北农场的一处人工地层露头（JZ-2010 剖面），地表高程 29.32 m（a.s.l），地理坐标 30°11′01″N，112°22′02″E（图 6.7）。2010 年 3 月经开挖清理取得总深度为 637 cm 的新鲜剖面，下部厚度约 303 cm 为灰棕、黄棕与棕黑色淤泥

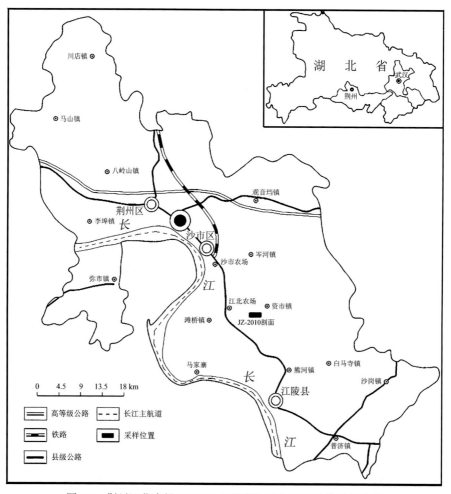

图 6.7　荆州江北农场 JZ-2010 河湖相沉积剖面采样位置示意图

互层，夹杂碳屑和植物残体，富含有机质并伴有明显呈锈斑状的铁锰聚集；中部为约 103 cm 的黑色泥炭；上部约 183 cm 为暗棕、红棕、灰红色淤泥互层，发育良好水平层理，层理厚 3～5 mm 至 10～20 cm 不等；顶部约 48 cm 为黏土质粉砂和表土层。该剖面根据沉积结构、颜色和粒级形态分为 17 个层位（图 6.8）。在利用 6 个 AMS^{14}C 测年建立江汉平原 12.76 cal. ka BP 以来环境演变时间序列的基础上（李枫等，2012；Li et al., 2014），首先对该河湖相沉积物中的 Rb 和 Sr 的差异分布、Rb/Sr 值、Ti 元素含量及磁化率等多项环境代用指标进行综合分析，探讨江汉平原 12.76 cal. ka BP 以来的气候波动和沉积环境变化，以期深入理解地球化

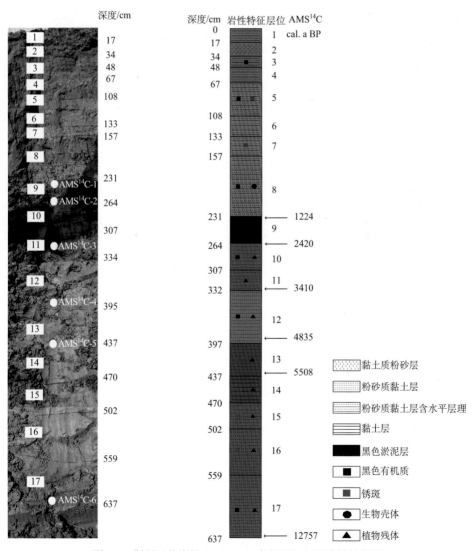

图 6.8　荆州江北农场 JZ-2010 河湖相沉积剖面岩性柱状图

学元素分布和环境磁学替代指标在环境变化研究中的应用特点。同时，这也是在江汉平原首次利用 Ti、Rb、Sr 元素分布和高分辨率 Rb/Sr 值、磁化率替代指标重建古气候、古环境，对江汉平原河湖生态系统演变、洪涝灾害评估与防治乃至研究区域经济社会可持续发展，都具有重要的科学价值和现实意义。

6.5.2　荆州江北农场 JZ-2010 河湖相沉积剖面的环境干湿变化记录

根据元素 Ti、Rb、Sr 含量数据分析，结合 Rb/Sr 值和磁化率的变化特点，JZ-2010 剖面所记录的江汉平原环境干湿变化可划分为 7 个阶段（图 6.9）。

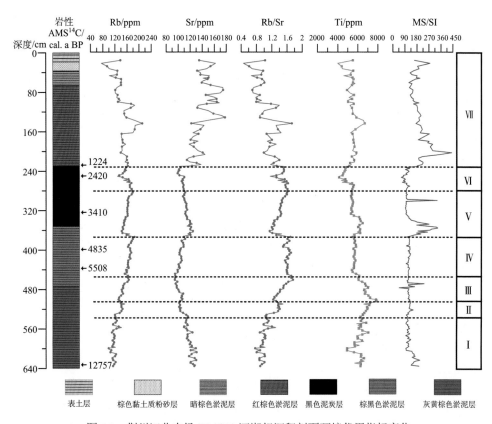

图 6.9　荆州江北农场 JZ-2010 河湖相沉积剖面环境代用指标变化

阶段 I，年代 12.76～9.06 cal. ka BP（深度 637～535 cm）。这是晚冰期向全新世过渡和偏干环境逐渐转向偏湿的阶段。各环境替代指标于 12.0～11.5 cal. ka BP 显著波动，综合分析是研究区域对 YD 事件的响应，其时段与邻近的大九湖泥炭 TOC 和 δ^{13}C（马春梅等，2008）、南京葫芦洞 δ^{18}O（Wang et al., 2001）及贵州茂兰石笋 δ^{18}O（覃嘉铭等，2004）的记录部分重合。随后各指标 10.7～10.4 cal. ka BP

和 9.9～9.6 cal. ka BP 又记录了两次较明显的变干。

阶段 II，年代 9.06～7.9 cal. ka BP（深度 535～503 cm）。该阶段初期各环境替代指标都呈明显变化，指示着江汉平原全新世早期显著的环境变化。随后各指标显示江汉平原区降水和湿度持续增加。对非洲全新世湖泊水位变化的研究显示，在 9.0 ka BP 从 15°30′S 向北的所有湖泊均处于高水位（Kiage and Liu, 2006）。Spaulding（1991）通过模拟研究认为是轨道变化驱动夏季辐射增加，进而导致低纬度地区季风增强，影响范围估算在 10°～35°N。这些理论和研究结果提供了有力地支持。Alley 等（1997）的研究指出约 8.2 ka BP 出现全新世以来范围最大、程度最强的气候突变，而 JZ-2010 剖面各指标表现均不突出。显然，江汉平原对显著变冷干的 8.2 ka BP 事件无明确响应，其环境变化的区域独特性值得结合其他替代指标进行更深入探讨。

阶段 III，年代 7.9～6.05 cal. ka BP（深度 503～452 cm）。本时期江汉平原环境湿润程度继续增强，植被发育良好使基岩侵蚀减弱，沉积通量减少且沉积组分变细。但在约 7.1～6.6 cal. ka BP 期间磁化率异常波动，Ti 含量也显著升高，可能是古人类活动的反映。考古研究证实，江汉平原新石器时代大溪文化起始时间即为约 6.9 ka BP（王红星，1998）。

阶段 IV，年代 6.05～4.42 cal. ka BP（深度 452～375 cm）。该阶段江汉平原处于全新世以来最湿润的环境。对新石器时代人类遗址时空分布与环境变迁关系的研究表明，此期江汉湖群不断扩张（王红星，1998；郭立新，2005；朱诚等，2007）。而约 5.2～4.8 cal. ka BP 气候相对变干时期，推测是促成大溪文化向屈家岭文化转变的自然背景。

阶段 V，年代 4.42～2.7 cal. ka BP（深度 375～280 cm）。该阶段初期各环境替代指标都现突变，磁化率值异常偏高，侵蚀加剧且较粗颗粒组分增多，显示江汉平原 4.42～4.0 cal. ka BP 经历了显著的干旱事件，此前 7.9～4.42 cal. ka BP 持续约达 3.5 ka 的湿润期迅速结束。自然环境的变化促进了屈家岭文化向石家河文化转变，人类开始进入江汉平原腹地定居（王红星，1998；郭立新，2005；朱诚等，2007）。4.0 cal. ka BP 后环境又快速转向偏湿直至本时段结束。约 3.0 cal. ka BP 的磁化率异常偏高应与古楚人迁入江汉平原有关（谭其骧，1980）。

阶段 VI，年代 2.7～1.22 cal. ka BP（深度 280～231 cm）。该阶段前期各指标变化显示江汉平原经历了由湿润转偏干再转湿的过程。现存史料对这一阶段的环境变化有着明确记载。对比各指标对 4.42～4.0 cal. ka BP 干旱事件和本阶段 2.2～1.9 cal. ka BP 变干的记录，本阶段磁化率并无异常增高，Ti 含量亦以溶解降低为主，结合史料推测原因应是楚人迁入江汉平原后，研究区长期作为楚王游猎的禁苑保护地，客观上减少了人类活动对植被的破坏，减弱了侵蚀和沉积。

阶段 VII，1.22 cal. ka BP 至今（深度 231～0 cm）。该阶段各环境替代指标波动剧烈，江汉平原环境整体向偏干发展，侵蚀加剧，水位与沉积条件变化迅速，气候与环境都极大程度地受到人类活动干扰，磁化率峰值和 Ti 的高含量显示其影响于唐宋时期达到高峰。这与历史地理文献中的相关记载一致（邹逸麟，2007）。

综上，荆州江北农场 JZ-2010 河湖相沉积剖面记录的江汉平原 12.76 cal. ka BP 以来环境干湿变化经历了晚冰期由偏干转向偏湿波动、全新世开始湿度增强、全新世中期偏湿到湿润再至干湿波动，全新世晚期至现代偏湿到偏干的过程；同时多指标明确记录了 YD、4.2 cal. ka BP 和 2.0 cal. ka BP 的变干事件。这些变化过程体现了东亚季风环流的影响，特别是晚冰期后夏季风快速增强，全新世早期强盛和随后衰退的变化特点，其驱动机制应当是夏季太阳辐射控制下赤道热带辐合带逐渐南移并导致东亚季风降水减弱；同时也表现出较强的区域独特性，即受到白垩纪以来持续构造沉降，以及东北、北、西三面环山而东南面向夏季风倾斜开放的地势影响。

6.6　沔阳 M1 孔河湖相沉积记录的全新世古环境演化

6.6.1　沔阳 M1 孔概述及其沉积特征

沔阳即今湖北省仙桃市沔城镇，位于江汉平原中部偏北。地质构造处于沔阳凹陷，地势低洼，系江汉平原第四纪沉积中心之一。M1 孔（GPS 位置 113°13′E，30°12′ N）岩芯总长 56.18 m，取芯率 90%（朱育新等，1997）。根据岩性和沉积特征并结合沉积物粒度中值粒径 M_d 分布（图 6.10），M1 孔大致可分为 9 个层段，其中有些层段还包括多次次级波动。

以上可以看出 M1 孔岩性变化不是太大，40.31 m 以下以中细砂的河流相沉积为主；40.31～25.7 m 以粉砂、细砂、泥质粉砂、粉砂质淤泥及其互层为主，为河间洼地沉积；25.7～3.9 m 以泥质粉砂、粉砂质淤泥、淤泥为主，为湖相环境；3.9 m 以上为陆上环境。

关于 M1 孔的年代问题，由于缺乏底部的 ^{14}C 测年，因此主要根据江汉平原钻孔的一般特征和 M1 孔的沉积特征与速率来推定。根据现有的 ^{14}C 年代，基本可以推断出 M1 孔底部为全新世前后。一般根据江汉平原古地形和冲积扇发育规律，将钻孔中河湖相黏土、粉砂质黏土和粉砂沉积层之下的一套连续的冲积扇沉积层（砂砾石和中细砂层）作为全新统的下限（阎国年，1991）。据此，M1 孔全新世地层下限可认为在河流相沉积处，即 46.7～55.38 m 之间。根据实际岩性，可以大致确定全新世下限在 50.0 m 或 55.38 m 处（朱育新等，1997）。

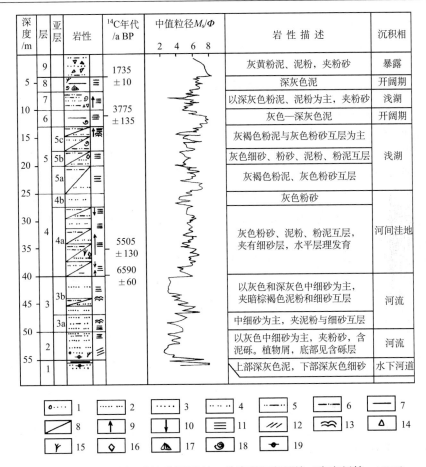

图 6.10　沔阳 M1 孔河湖相剖面岩性、粒度及沉积环境（朱育新等，1997）

1. 含砾砂；2. 中细砂；3. 细砂；4. 粉砂；5. 泥质粉砂；6. 粉砂质泥；7. 泥；8. 互层；9. 正韵律；10. 反韵律；11. 水平层理；12. 斜层理；13. 变形层理；14. 砖瓦块；15. 植物屑；16. 石器；17. 瓣鳃化石；18. 螺化石；19. 泥砾

6.6.2　沔阳 M1 孔河湖相沉积孢粉记录的全新世气候与环境演化

从沔阳 M1 孔孢粉百分比含量图谱（图 6.11）可以看出，50.0 m 处为一明显的界线：在其下部有高达 5%～25% 的柏科（Cupressaceae），而在其上部却几乎没有柏科。55.38～50.0 m 木本植物以柏科、松（Pinus）为主，草本发育，以蒿（Artemisia）和禾本科（Gramineae）为主，植被类型为以针叶为主的针叶、阔叶混交林，说明当时气候凉干，明显代表晚冰期的植被类型。因此，可以初步认为全新统下限在 50.0 m 处。根据孢粉组合特征，结合前述沉积特征、粒度、¹⁴C 年代等综合分析，可以划分为 7 个孢粉组合带，其中全新世气候环境变化经历了三个主要阶段，包含了 4 个孢粉组合带。

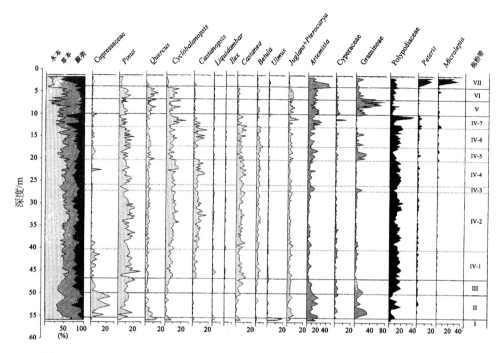

图 6.11　沔阳 M1 孔河湖相沉积剖面孢粉百分比图谱（根据朱育新等，1997 改绘）

全新世早期（10.0～8.9 ka BP），相当于 M1 孔深度 50.0～46.7 m，包含孢粉组合带Ⅲ。植被类型为松-栗-水龙骨科（Polypodiaceae）为主的落叶、阔叶林，表明气候条件较之前的带Ⅰ和带Ⅱ（植被是以柏科为主的针叶、阔叶混交林）明显改善，转向温湿气候，开始进入全新世，温度呈现上升趋势。这些在平原西部龙泉湖钻孔（刘光琇，1991）、神农架大九湖钻孔（Ma et al., 2008; Zhu et al., 2010）及长江下游镇江孔（徐馨等，1987）等均有反映。

全新世中期（8.9～3.5 ka BP），相当于 M1 孔深度 46.7～10.0 m，包含孢粉组合带Ⅳ。植被类型为青冈栎-栲（Castanopsis）-栗-水龙骨科占优势的常绿及落叶、阔叶混交林，气候温暖湿润，为全新世大暖期。带Ⅳ又可分为 7 个亚带，反映出不同阶段气候变化的特征，其中 6.8～4.9 ka BP 是最适宜期，为河间洼地环境，早期云梦泽即在此时形成（周凤琴，1994）；4.9～4.8 ka BP 和 4.4～4.2 ka BP 为两次降温事件，4.8 ka BP 积水湖盆开始形成，3.9～3.5 ka BP 温度虽不高，湿度条件却不差，温凉偏湿环境下蒸发减少，有效湿度增大，加上长江主河道南移后该区泄水河道南迁（Zhu et al., 1998），造成该时期湖泊扩张，云梦泽达到鼎盛期。

全新世晚期早段（3.5～1.7 ka BP），相当于 M1 孔深度 10.0～3.9 m，包含孢粉组合带 V 和 VI。植被类型由以禾本科-栎-青冈栎-松占优势的含常绿属种的落叶、阔叶、针叶混交林逐渐演替为以栎-青冈栎-松-蒿占优势的常绿和落叶、阔叶、针叶混交林，气候总体温凉偏湿。从 M1 孔的孢粉分析看，本阶段木本孢粉含量下降，草本孢粉增加，反映了古人在此生存时砍伐森林，发展种植业，创造生存条件。3.5～2.5 ka BP 出现有石器、砖和陶瓷等，且禾本科孢粉含量高达 50%～60%，说明此阶段云梦泽萎缩后该区或邻近地区已有人居住，而 2.5～1.7 ka BP 云梦泽发展为稳定湖泊后，岩芯中不仅不见文化遗物，孢粉中木本含量也重新增加，草本花粉减少，说明湖进人退、湖退人进、人类被动适应自然的过程。

全新世晚期晚段（1.7 ka BP 至今），相当于 M1 孔深度 3.9 m 以上，包含孢粉组合带 VII。植被类型为蒿-鳞盖蕨（*Microlepia*）-凤尾蕨（*Peteris*）占优势的草本植被，森林覆盖为全孔最少，推测与人类在此生存时大量砍伐森林垦殖有关，云梦泽萎缩，M1 孔位置露出水面。

6.7　长湖地区孢粉记录的全新世气候变化

6.7.1　长湖地区钻孔的孢粉资料

位于汉江以西的长湖地区北抵汉水一线，南以长江为界，是典型的河间洼地区。长湖是宋代末期由于江水泛滥才形成的长条状河间洼地湖泊（邓宏兵，2005），之前本区曾是河湖交错的景观，洪水时积水泛滥一片，洪水过后即形成众多的小湖群（任晓华，1990）。根据长湖地区几个钻孔（图 6.12）的孢粉分析资料（任晓华，1990），表明本区在全新世期间的大部分时段一直以森林景观为主，从植被类型变化看，其演替与气候变化过程分为 8 个阶段。

第一阶段，年代为 10 300～9400 a BP，是以针叶为主的温带针阔叶混交林，孢粉组合为松属-冷杉属-桦木属，反映凉偏冷的气候环境。

第二阶段，年代为 9400～7500 a BP，植被为温带针阔叶混交林，孢粉组合为松属-水杉属-水龙骨科，常绿阔叶树较前一阶段有所增加，反映气候较前一阶段温暖。

第三阶段，年代为 7500～6800 a BP，植被发展到以亚热带阔叶树种为主的常绿阔叶、落叶阔叶林植被群，孢粉组合为栎属-青冈属-栗属，反映气候比现在湿热。

第四阶段，年代为 6800～5800 a BP，是以松为主的暖温带针阔叶混交林，水龙骨科较前一阶段大大增加，为松属-水龙骨科-栗属孢粉组合带，反映气候环境温暖湿润。

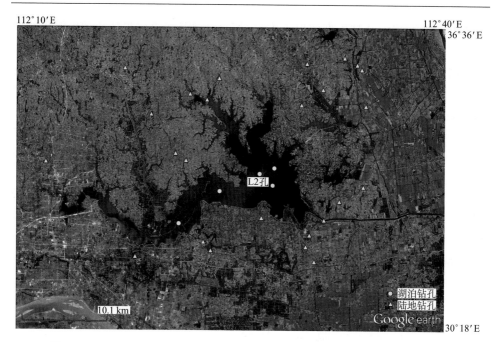

图 6.12　长湖地区陆地钻孔与湖泊钻孔位置分布图（根据任晓华，1990 改绘）

第五阶段，年代为 5800～5200 a BP，植被为以阔叶树为主的亚热带针阔叶混交林，为栎属-青冈属-桦木属，松属和水龙骨科含量急剧减少，表明气候环境较前一阶段更温暖。

第六阶段，年代为 6200～4000 a BP，该时期针叶树种增加，植被类型为暖温带针阔叶混交林，孢粉组合特征为水龙骨科-松属-栎属-蒿属，气温、湿度均较前一阶段降低，是整个中全新世中气温降低比较明显的时期。

第七阶段，年代为 4000～2800 a BP，属亚热带针阔叶混交林植被，孢粉组合为水龙骨科-松属-栎属-桦木属，含亚热带喜暖树种青冈属、栎属、栗属、枫香属等，反映气候温暖。

第八阶段，年代约为 2800 a BP 至今，属晚全新世，为松属-水龙骨科-蒿属孢粉组合带，植被的种类和数量均较前一阶段大大减少，亚热带阔叶树也减少，含水生草本和少量云杉属、冷杉属等，属亚热带山地松林类型，反映凉湿的气候环境。

6.7.2　长湖湖泊钻孔的孢粉分析

对取自长湖湖泊 206 cm 长的 L2 孔（图 6.13）沉积物孢粉分析结果表明，整个剖面的孢粉成分变化不大，只是量多量少的变化，总的优势度不高。孢粉组合中以木本花粉居优势，占孢粉总数的 49.4%～90%，草本花粉占 4.3%～33.9%，蕨类等孢子植物占 3.3%～33.5%。木本花粉中，针叶植物花粉较多，以松属为主，占 12.7%～61.8%，罗汉松、冷杉、油杉常见；阔叶花粉中，栎属、冬青属、胡桃属和木兰属等均有一定含量。蕨类孢子中主要以里白及水龙骨科的孢子较多。草本主要有禾本科、莎草科、藜科、菊科和豆科等。因此，从孢粉组合上来看，本区仍为针叶及阔叶混交林植被类型，构成植被优势科属为松属-栎属-冬青属-里白科，属于温暖湿润的北亚热带气候，有时偏温凉，与现在气候条件基本一致，与上述孢粉组合带反映的全新世气候也基本吻合。

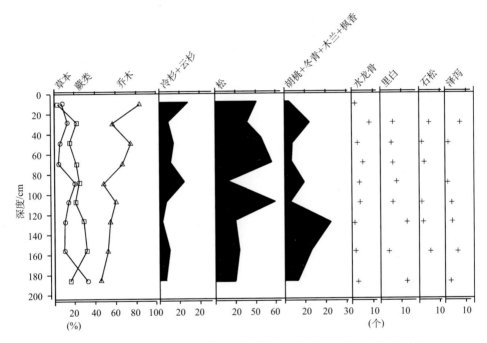

图 6.13　长湖湖泊 L2 孔主要孢粉种类图谱（根据任晓华，1990 改绘）

○为草本花粉百分比含量，□为蕨类孢子百分比含量，△为乔木花粉百分比含量

　　从图 6.13 还可以看到，L2 孔孢粉记录的气候变化明显存在两个温暖期和两个温干期。孢粉曲线峰谷相间比较清楚。木本花粉曲线的峰谷分别与蕨类、草本的谷峰相对应。喜冷的云杉属、冷杉属及喜暖的胡桃属、冬青属、木兰属、枫香属的谷峰也有较好对应关系。尽管谷峰出现的年代不完全一致，但起伏趋势彼此是先后呼应的。

第7章 中全新世古洪水事件成因及其对江汉平原新石器文化发展的影响

江汉平原中全新世三个考古遗址地层记录的三期古洪水层,主要有两期可与区域洪水频发期相对应。这两期主要为中全新世气候转型期,气候环境变化的变率较大,灾害或灾变事件较多且较易发生。该时期内江汉平原地区的若干次古洪水事件主要是气候-河湖环境短期振荡的响应结果,包括一些特殊的天气系统所造成的影响,长江、汉江及江汉湖群的水文变动对古洪水事件的发生起了重要控制作用。

中全新世以来,人类进入新石器文化的大发展时期,生产工具的进步促进了生产力的发展,对周边自然环境的改造能力有了很大提高。由于研究区在 770 BC(楚文化)之前仍主要为江汉平原河湖环境的自然演变阶段(顾延生等,2009),江汉湖群演化还主要受降水条件和新构造运动的影响,兼有人类活动的联合影响,因此,作为自然生态系统的一个因子,人类的生产活动方式、内容、地域范围及生活居住特点等与自然环境系统之间发生着连续的、直接或间接的、主动或被动的联系。这种联系性通过大气圈、水圈、生物圈和岩石圈等载体反馈到地球系统中,叠加在自然环境系统固有的运行机制上,使得全新世环境变迁的特征比末次冰期时更为复杂多变,特别是中全新世气候转型期古洪水等灾变事件的发生及其对区域新石器人类文明演进的影响,已成为目前环境考古学界深入探讨的问题。

7.1 古洪水事件成因分析

7.1.1 地貌与古水文过程

史料记载的长江与汉江历史时期洪水事件很多,但前述第4章的讨论表明钟桥遗址地层目前只发现三个与长江洪水泛滥有关的古洪水事件层,而天门三房湾遗址地层也只发现两个与汉江洪水泛滥有关的古洪水事件层。其原因主要是古水文过程与古地貌关系密切,各时代古洪水只有当其水位高于当时的遗址古地貌面表层时才有可能保留洪水憩流沉积物,而后期的自然剥蚀作用或人类活动也会造成原有古洪水层缺失或其厚度发生变化。普通洪水憩流沉积由于水位和沉积位置较低,常被后期洪水冲蚀而不能长期保存;而只有保存位置较高的中—大洪水才会发生地貌面淹没现象，从而可能在遗址剖面中留下比较厚的憩流沉积物并易于被保存下来（Huang et al., 2010, 2012; 史威等，2011）。

江汉平原是在第四纪以来的新构造运动作用下，于中生代构造基底上重新拗陷而逐步形成的，其构造沉降一直延续至今（史辰羲等，2010）。已有研究表明，江汉平原全新世构造沉降平均速率达 1.19 mm/a（陈国金，1999），而钟桥遗址所在的上荆江江北区域沉降速率在 5000 a BP 以来更是逐渐增大（程功弼，2005），其中 5000～2000 a BP 平均为 1.53 mm/a，2000 a BP 以来平均达 4.52 mm/a，而 1950 年以来的现代沉降速率更是达到 11.78 mm/a，这就表明钟桥遗址在新石器时期其古地貌面高程与现今有很大差异。依据上述沉降速率、遗址现代地表高程和各地层堆积厚度可以约略推算出钟桥遗址 3 期古洪水水位及石家河时期古地貌面高程信息，其计算公式为

$$\mathrm{WL}（\mathrm{Elev}）=H-h+[（a_1-2000）v_1+2000v_2+（a_2-1950）v_3]/1000 \qquad (7.1)$$

式中，WL 为古洪水水位，m; Elev 为古地貌面高程，m; H 为遗址现代地表高程，m（a.s.l.）; h 为遗址中某地层距地表深度，m; a_1 为遗址中某地层距今年代，a BP; a_2 为遗址发掘采样年代，AD; v_1 为本区 5000～2000 a BP 的平均沉降速率，mm/a; v_2 为本区 2000 a BP 以来的平均沉降速率，mm/a; v_3 为本区 1950 年以来的现代平均沉降速率，mm/a。在本研究当中，遗址现代地表高程 H 取平均值为 29 m（a.s.l.），遗址发掘采样年代 a_2 为 AD 2009，而古洪水水位 WL 的确定近似采用古洪水沉积层的顶面高程（李晓刚等，2010）。

根据以上确定的计算公式和相关参数，推算出钟桥遗址第 10 层屈家岭文化晚期古洪水水位在 39.47～39.83 m 之间，第 7 层石家河文化中期古洪水水位在 40.03～40.31 m 之间，第 5 层石家河文化晚期古洪水水位为 40.38～40.51 m，而石家河文化不同时期古地貌面高程介于 39.83～40.77 m 之间。由于钟桥遗址南部的长湖是于宋代末期才形成的长条状河间洼地湖泊（邓宏兵，2005），加之史前时代的长江荆江段河道与现在相比更靠北侧（邹逸麟，2007），上述古洪水水位在某种程度上可以代表新石器晚期长江中游荆江段洪水位的高度。可以看出，这三次古洪水水位都较高，高于当地现代一般洪水位 32.50 m 和 1950 年实测最高洪水位 33.38 m（湖北省地方志编纂委员会，1997），且普遍超过长江上荆江段恢复的 5000～4000 a BP 洪水位 30.65 m（周凤琴，1986）和现代多年平均水位 36.70 m，接近长江中游 1998 年和 1954 年两次特大洪水水位，其分别为 45.22 m 和 44.67 m（谈广鸣和罗景，1999）。因此，有理由认为钟桥遗址中古洪水层所反映的洪水规模至少应当与中-大洪水规模相当，结合第 5 章中古洪水事件层分布范围的讨论，反映出江汉平原地区在此期间发生过特大洪水事件，与前人根据遗址分布、文化间断、埋藏古树和历史资料统计得出江汉平原 4700～3500 a BP 属于第Ⅱ洪水频

发期的结论相一致(朱诚等,1997)。然而,由于钟桥遗址现今距长江干流有 30 km,其地层中记录的三期古洪水层可能并非由长江荆江段干流洪水直接泛滥沉积形成。现今湖北省荆州市至天门市汉江西南岸（先秦时期古地名郢至竟陵）之间的长湖地区本没有湖泊,而是先秦时期连接江汉之古扬水经过的一段河间洼地（易光曙,2008）。因此,根据湖泊成因和地貌判断,这三期古洪水沉积层应是由长江干流洪水涨水顶托冲入古扬水通道泛滥覆盖遗址所在区域而堆积形成的洪积物,秦汉和魏晋南北朝时期均有由于长江干流洪水引发古扬水在该区泛滥的记载便是明证(邹逸麟,2007)。

　　天门谭家岭遗址与三房湾遗址所在的石家河古城区域在现今仍属于汉江罗汉寺灌区的中心位置（水利部长江水利委员会,1999）。因此,三房湾遗址地层底部存在的两期古洪水沉积层与史前时代汉江洪水的关系自然密不可分。已有研究表明,石家河古城城垣兴建年代不早于屈家岭文化晚期(孟华平等,2012)。在屈家岭文化晚期之前该区域可能为流速较缓且有一定水域面积的浅水湖沼环境,但是由于距汉江干流较近经常遭受其洪水泛滥的侵袭,从而堆积了若干古洪水沉积物或受古洪水影响的湖沼相沉积物。至屈家岭文化晚期,伴随着古人开始迁入此地,石家河古城兴建,其初始的修建目的也可能与来自西部和南部汉江洪水的威胁和防御外侵有关,故屈家岭文化晚期和石家河文化早期遗址主要分布在石河镇北部(孟华平等,2009),谭家岭遗址下部的黑色湖沼相淤泥层表明至石家河文化早期古城应当还是河湖沼泽分布较多的区域,黑色淤泥层中出土的许多埋藏古木也说明遗址区依然受到过洪水的影响,只是没有留下古洪水沉积物。此外,在三房湾遗址 SFW-T1610 剖面城垣遗迹堆积下发现形制特殊的木构遗迹,木柱整齐排列,打破了第 13 层湖沼相青灰色淤泥堆积。根据石家河古城内的地形地貌及淤泥堆积的特点分析,三房湾遗址在没有形成城垣以前附近存在一条通往湖泊的南北向古河道,而古河道刚好垂直于木构遗迹的位置,推断可能是连接三房湾遗址与古城内东北部蓄树岭遗址的一处古桥遗迹（孟华平等,2012）。考虑到石家河城垣兴建年代不早于屈家岭文化晚期,则木构遗迹的年代也不晚于屈家岭文化晚期。

7.1.2　古洪水事件对环境演变的响应

　　气候环境在水文系统中是最重要的驱动力,大洪水的发生一般与区域或全球气候突变时期相对应(Saint-Laurent, 2004)。气候稳定时期,大洪水发生的概率小,而在气候恶化、环境变率加大的不稳定时期,降水变率大,洪水发生的频率增大(Benito, 2003)。在中国季风气候区,快速或突然的气候变化时段有与更多频繁发生的极端大洪水相联系的倾向（Yu et al., 2000, 2003; Wu and Liu, 2004; Li et al., 2011）。众多全新世气候研究成果表明（Thompson et al., 1997; Xiao et al., 2004; Shen et al., 2005; Wang et al., 2005; 王晖, 2005; Ge et al., 2007; Ma et al., 2009; 张婷等，2011），中国中全新世气候适宜期从 5000 a BP 开始逐渐衰退，4500～3000 a BP 则是由海洋季风主导向大陆季风主导转变的时期，气候系统变得高度多变且不稳定，多干旱及降温事件，同时伴有频繁发生的洪水现象。从研究区周边多点的气候环境变化记录来看（图 7.1），神农架山宝洞和贵州董哥洞等洞穴石笋 $\delta^{18}O$ 变化曲线的波动幅度在 5000 a BP 后变得更加显著（Dykoski et al., 2005; Wang et al., 2005, 2008; Dong et al., 2010），说明气候的不稳定性增强，这与前人研究神农架大九湖泥炭多代用指标划分的全新世大暖期后期出现的过渡性阶段基本吻合（朱诚等，2006；Ma et al., 2008; Zhu et al., 2010）；若尔盖红原泥炭（王富葆等，1993；Hong et al., 2005）、云南洱海湖泊沉积（Zhang et al., 1999）以及广西龙盘洞石笋（覃嘉铭等，2000）等的 $\delta^{13}C$ 记录也反映出 5000～3000 a BP 气候波动最大，但总体向干旱化发展。结合江汉平原全新世河湖相沉积气候演化记录（谢远云，2004；李枫等，2012）发现本区中全新世主要的旱涝灾害、降温事件就发生在这一时段里，尤其是在 5000～4500 a BP 及 4000 a BP 前后的时间段里气候表现得尤其不稳定，江汉平原湖群也处于不稳定或持续变动期（周凤琴，1994；史威等，2009），中原地区在 4000 a BP 前后也出现降水突变和异常洪水事件（张俊娜和夏正楷，2011），这正与前述的屈家岭文化中晚期（4900～4600 cal. a BP）和石家河文化末期至夏代（4100～3800 cal. a BP）两次古洪水事件相对应，表明这两次古洪水事件与气候环境变化驱动的江汉平原湖群扩张也存在一定联系。

5000～3000 a BP 也是全球异常洪水事件频发时期，是全新世适宜期即将结束、全球进入气候加剧波动的时期（竺可桢，1973；施雅风等，1992；夏正楷等，2003；Huang et al., 2011），在东亚、西亚、北非、西欧、两河流域和印度河流域等地都有气候突变的记录（Pang, 1987; Weiss et al., 1993; 许靖华，1998; Cullen et al., 2000; Gasse, 2000; Bond et al., 2001; deMenocal, 2001; Gupta et al., 2003; Stanley et al., 2003; Marchant and Hooghiemstra, 2004; Booth et al., 2005; Arz et al., 2006; Wünnemann et al., 2010）。这次气候波动导致中北非撒哈拉沙漠中的绿洲5200 a BP 以后重新沙化，湖泊减少或干涸（deMenocal et al., 2000），我国祁连山敦德冰芯记录也表明 4900～2900 a BP 虽然整体变暖，此期间仍明显出现有 5 次冷暖交替（姚檀栋和 Thompson，1992）。特别是发生在 4000 a BP 前后的气候突变事件被 Bond 等（1997）称之为"全新世事件 3"，标志着全球许多地区气候适宜期的结束和晚全新世的开始（张兰生等，1997；许靖华，1998；Wu and Liu, 2004）。受其影响，西亚地区进入当地最冷和最为干旱的时期（Weiss et al., 1993），欧洲阿尔卑斯山地区此时冰川开始广泛分布（Perry and Hsu, 2000），北大西洋开始幅度达到 1～2℃的广泛降温过程（Bond et al., 1997），中北非洲撒哈拉沙漠中的淡水湖泊全部干涸（Gasse and Campo, 1994）。因此，全新世适宜期气候总体温暖湿润且

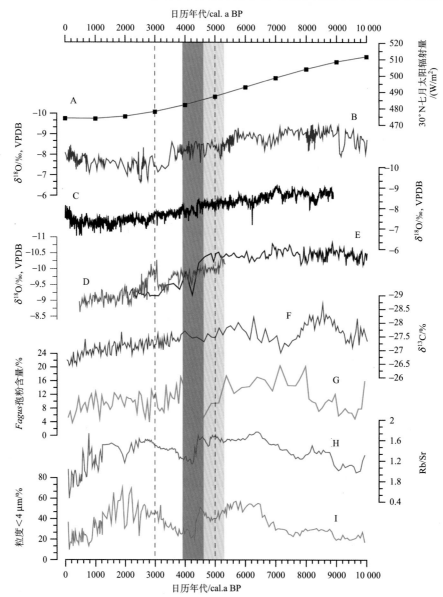

图 7.1　江汉平原及其周边地区高分辨率石笋、泥炭和河湖沉积记录的环境变化与古文化演变
序列对比

A. 10000 cal. a BP 以来的 30°N 的夏季太阳辐射变化（Berger and Loutre, 1991）；B. 贵州荔波董哥洞 D4 石笋 δ^{18}O
记录（Dykoski et al., 2005）；C. 贵州荔波董哥洞平均分辨率为 5 年的 DA 石笋 δ^{18}O 记录（Wang et al., 2005）；
D. 湖北神农架山宝洞 SB26 石笋 δ^{18}O 记录（Wang et al., 2008）；E. 湖北神农架山宝洞 SB10 石笋 δ^{18}O 记录（Wang
et al., 2008）；F. 湖北神农架大九湖泥炭 δ^{13}C 记录（Ma et al., 2008）；G. 湖北神农架大九湖泥炭水青冈属孢粉百
分比（朱诚等, 2006；Zhu et al., 2010）；H. 荆州江北农场 JZ2010 河湖相沉积 Rb/Sr 记录（李枫等, 2012）；I. 荆
州江北农场 JZ2010 河湖相沉积< 4 μm 粒度组分百分比（王晓翠等, 2012）. 图中深灰色条带代表石家河文化时期
（4600～3900 a BP），浅灰色条带代表屈家岭文化时期（5100～4600 a BP），虚线所夹部分为全新世大暖期后期
（5000～3000 a BP）出现的过渡性阶段

稳定，而适宜期后期（5000～3000 a BP）进入气候转型时期，环境变化极不稳定，气候波动加剧是异常降水事件发生的主要原因，而降水变率增大则是造成特大洪水发生的主要原因。

7.1.3 大气环流模式与季风雨带移动变化

众多研究表明，大洪水事件总是与和气候变化有关的特殊大气环流模式相联系（Knox, 2000; Redmond et al., 2002; Baker et al., 2008; Huang et al., 2007, 2011）。中国东部的大部分地区属于季风气候区，主要是由夏季风从海上带来的大量水汽形成降雨。气团边界的位置和暴雨路径是产生导致过量径流和洪水的大规模水汽输送和快速温度变化的主要原因（Knox, 2000）。20 世纪 50 年代以来，江汉平原地区经历了两次极端大洪水事件。一次发生在 1998 年 6 月 12 日至 8 月 27 日，为百年一遇的大洪水；另一次发生在 1954 年 6 月 25 日至 10 月 3 日，为两百年一遇的大洪水。同时，长江流域干流及各主要支流都记录了这两次洪水。与暴雨导致的 1998 年特大洪水相关的大气环流模式见图 7.2，其描述的大气环流模式变化提供了类似的参照来理解本研究中暴雨导致的中全新世大洪水事件发生时的环流模式（张瑛等，2008）。青藏高原及其周边与长江中下游地区从对流层至平流层大气环流的低频振荡可能会加强 30°N 附近的纬向水汽输送以及经向气流交汇，从而最终导致中国东部季风环流的增强（张瑛等，2008）；带有暴雨水汽的盛行东风从太平洋向长江流域输送了大量的降水，最终导致该时期极端洪水事件的发生。

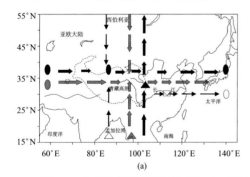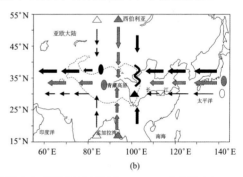

图 7.2 青藏高原及其周围与长江中下游地区大气环流场低频振荡（LFO）传播特征
（据张瑛等，2008 改绘）

（a）季节变化前；（b）季节变化后；深阴影箭头、浅阴影箭头和单线箭头分别表示 100 hPa、500 hPa 和 850 hPa 风场的传播，对应颜色的圆点表示东西方向上的各层加强区或源地，三角表示南北方向上各层的加强区或源地；1998 年特大洪水长江干流上游宜昌站的洪峰流量为 63 300 m³/s，中游汉口站洪峰流量为 71 100 m³/s，下游铜陵大通站洪峰流量则达 82 300 m³/s，这是江汉平原地区过去 100 年来遭受的仅次于 1954 年特大洪水的第二大极端洪水灾害

从季风雨带的移动变化来看，东亚夏季风降水是由来自热带海洋的暖湿气团与来自高纬大陆的干冷气团相互作用的锋面系统所决定的，降雨的多寡及分布与

西太平洋副高进退、季风活动强度等诸多因素有关（郭其蕴，1996）。同时，降水变化在不同区域也常是不同的。东亚夏季风增强或减弱并不能使季风区内所有地区的降水都增加或减少，一般来说，在锋面滞留时间缩短的地区降水减少，反之则降水增多（刘晓东等，1996）。因此，我国季风降水异常也与西太平洋副热带高压位置和强度的变化存在密切的联系。

中全新世后期（5000～3000 a BP）气候在波动中逐渐变干变冷引起西太平洋副热带高压面积缩小、强度减弱，使东亚夏季风锋面南移，导致东亚季风中部偏南长江中游江汉平原一带的降水增加（吴文祥和葛全胜，2005）。同时，江汉平原具有特殊的季风气候条件，在蒙古高压、高原斜压涡与西太平洋副热带高压之间的竖切线和从西伯利亚东部南下的短波冷槽影响下，降水年际变率大，常产生连续性、长时间的强降水天气，甚至出现暴雨。

总之，江汉平原地区在 5000～3000 a BP 大洪水事件的发生与全新世大暖期后期气候逐渐恶化在发生时间上相吻合，表明两者之间存在一定联系。气候转型时期降水变率的增大提高了异常洪水发生的概率；气候变化会导致季风雨带的北撤，致使降水量的增加或降水时间延长。此外，陈兴芳等（2000）提出了影响长江流域洪水发生的五个方面综合因素，其中 ENSO 因素是不可忽视的重要方面（李崇银，1989；董进国等，2006）。研究表明现代 ENSO 有 3～8 年的变化周期（Peng et al., 2003; Wang et al., 2005），在短时间尺度上亚洲季风系统变化与 ENSO 事件关系非常密切（Johnson et al., 2002），而季风异常又往往是长江洪水发生的直接原因。上述几种因素叠加共同作用，导致江汉平原地区中全新世屈家岭文化中晚期（4900～4600 cal. a BP）和石家河文化末期至夏代（4100～3800 cal. a BP）两期大洪水的发生。

7.2　古洪水事件与环境演变对区域新石器文化发展的影响

中全新世是我国上古文明孕育和发展的黄金时代，江汉平原地区当然也不例外。特别是进入中全新世后期以来，在大溪文化和油子岭文化等基础上，江汉平原地区依次出现了屈家岭文化、石家河文化和夏商周文明。大量的古文化遗址、历史文献记录等记录了古人类的发展历程，也反映了自然环境变化对古文化发展的影响。下面通过江汉平原及其周边地区屈家岭文化至西周时期遗址时空分布特征，结合文化器物特征及前述关于古洪水事件与环境变化的讨论，来探讨不同时期古洪水事件与环境变迁对江汉平原地区新石器文化发展的影响。

7.2.1　江汉平原及其周边地区考古遗址分布特征

江汉平原及其周边地区屈家岭文化至西周时期有较短时间间隔尺度（一般小

于 500 年）明确分期的考古遗址资料主要来源于中国知网（http://www.cnki.net/）
上收录已发表的各类研究区内考古发掘报告、中国文物地图集·湖北分册（国家文
物局，2003）以及湖北省文物考古研究所提供的考古遗址调查资料等。统计表明，
江汉平原及其周边地区屈家岭文化至西周时期考古遗址共 542 处（剔除叠置遗址
后为 325 处）。其中，屈家岭文化早期 37 处，屈家岭文化晚期 95 处，石家河文化
早期 64 处，石家河文化中期 61 处，石家河文化晚期 91 处，夏朝时期 10 处，商
朝时期 68 处，西周时期 116 处（表 7.1）。

表 7.1　江汉平原及其周边地区屈家岭文化至西周时期（5100～2720 cal. a BP）遗址不同海拔分布的变化

分类	高程和遗址数量/处					总计/处
	2～50 m	50～150 m	150～300 m	300～600 m	600～1000 m	
屈家岭文化早期	20	13	3	1	0	37
屈家岭文化晚期	36	42	13	4	0	95
石家河文化早期	33	24	6	1	0	64
石家河文化中期	34	20	3	4	0	61
石家河文化晚期	41	36	9	4	1	91
夏朝时期	0	6	3	0	1	10
商朝时期	39	19	7	2	1	68
西周时期	70	31	11	3	1	116

根据 542 处遗址分布情况将它们填绘于用 ArcGIS 9.3 软件矢量化的不同海拔
分层设色地形图上，获得江汉平原及其周边地区从屈家岭文化早期至西周时期各
时代考古遗址分布图（图 7.3～图 7.10）。从各时期遗址数量对比看，本区遗址的
数量波动较大。屈家岭文化晚期、石家河文化晚期、西周时期遗址数量较多，石
家河文化早期、石家河文化中期、商朝时期遗址数量次之，而屈家岭文化早期、
夏朝时期遗址数量相对较少。其中，西周时期遗址最多，达 116 处；夏朝时期遗
址最少，仅 10 处（表 7.1）。

从考古遗址的空间分布来看，屈家岭文化早期（5100～4800 cal. a BP）遗址主
要分布在大洪山南麓、汉水东岸和涢水西岸以京山市和天门市为中心的汉东地区，
其次分布在荆山东南麓、长江干流北岸以荆州市和荆门市为中心的江汉平原西部地
区，此外在汉水上游的丹江、三峡东部以及武汉市以东的鄂东平原等地区亦有少量
遗址分布（图 7.3）。伴随着屈家岭稻作农业文化在长江中游地区的确立和发展，
屈家岭文化遗址在其晚期（4800～4600 cal. a BP）以汉东地区为核心开始沿汉江
两岸向西延伸至丹江流域，比屈家岭文化早期增加了 14 处遗址，且常有与新石

器时代中原文化遗址分布区重叠的现象,向东延伸至武汉以北的孝感、应城和汉川地区,向北扩展至桐柏—大别山南麓地带,反映了江汉平原地区新石器文化正处于繁荣期,表现出强烈地向中原地区扩张的态势(图7.4),古遗址总数亦达到95处。同时,江汉平原西部和三峡东部地区的遗址亦明显有向上游扩展的趋势,仅宜昌以西地区就增加了6处遗址,而武汉市以东的鄂东平原和低山丘陵区遗址数量变化不大(图7.3和图7.4)。

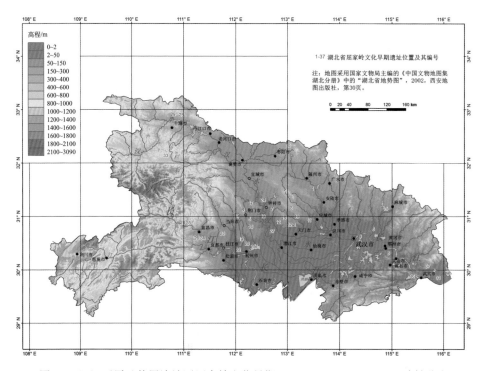

图7.3　江汉平原及其周边地区屈家岭文化早期(5100~4800 cal. a BP)遗址分布

石家河文化早期(4600~4400 cal. a BP)古遗址分布的地域格局与屈家岭文化晚期相比变化不大,特别是在江汉平原汉水以西至三峡东部地区遗址数量变化较小,但该时期遗址总数减少明显。图7.5也显示,本期石家河文化遗址在汉水上游的丹江流域和桐柏—大别山南麓地带遗址数量减少较多,如丹江流域就减少了9处遗址;同时武汉市周边以孝感、汉川和应城为中心的地区遗址数量亦有减少,表明本期文化的势力范围明显缩小。至石家河文化中期(4400~4200 cal. a BP)考古遗址分布范围进一步缩小,已基本从北部桐柏—大别山南麓地带撤出南下,集中于汉川、天门和荆州一带,和屈家岭文化时期的势力范围向淮河流域、南阳和信阳盆地强势渗透不同,这个时期的文化遗址主要被压缩在钟祥—安陆—麻城一线以南,汉水上游的丹江流域、三峡东部以及鄂东沿江平原一带遗址分布状况变化不大(图7.6)。

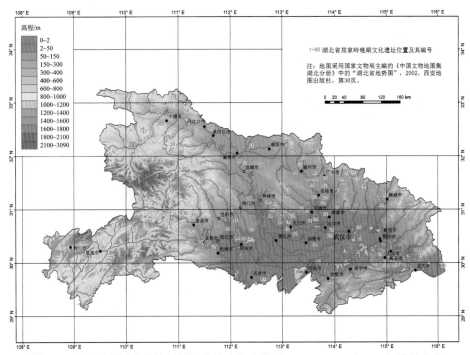

图 7.4　江汉平原及其周边地区屈家岭文化晚期（4800～4600 cal. a BP）遗址分布

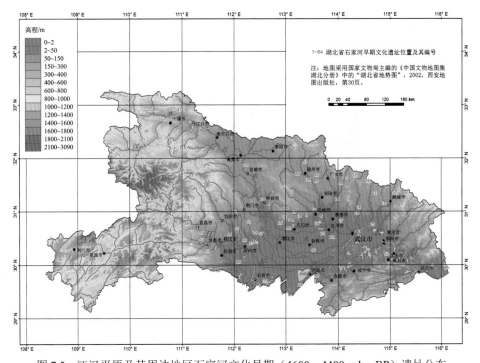

图 7.5　江汉平原及其周边地区石家河文化早期（4600～4400 cal. a BP）遗址分布

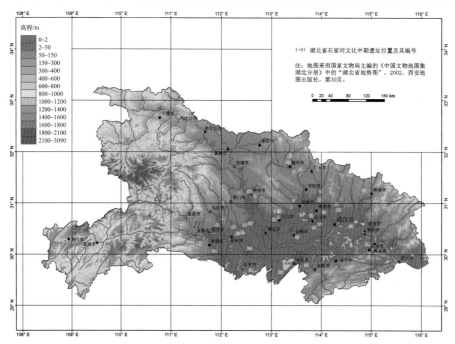

图 7.6　江汉平原及其周边地区石家河文化中期（4400～4200 cal. a BP）遗址分布

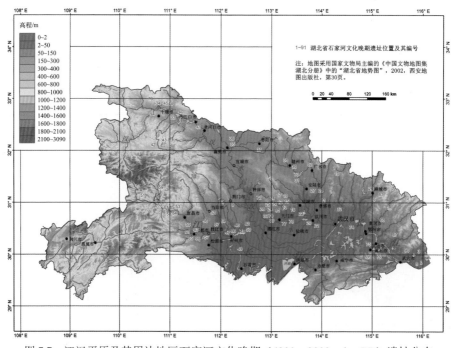

图 7.7　江汉平原及其周边地区石家河文化晚期（4200～3900 cal. a BP）遗址分布

石家河文化晚期（4200～3900 cal. a BP）以考古遗址分布为特征的文化势力范围从北方的回撤依然十分明显，在整个江汉平原北部地区仅保留丹江流域和随州两地分布较多遗址，但表现在考古学文化上，石家河文化晚期汉水中上游一带其文化已带有强烈的中原龙山文化晚期色彩，但黄河中游的龙山文化继续向石家河文化的中心渗透并未就此停步，在考古学文化特征上表现为石家河文化核心区的文化内涵中在该时期也开始有中原龙山文化的因素大量渗透（笪浩波，2009）。由于受到中原文化的冲击，本地文化的发展受到抑制，在考古遗址分布上突出表现为这时期汉东地区的文化遗址数量没有过多增长，而大量石家河文化的遗址人群开始向东南和向西迁移，该时期鄂东南地区和三峡东部地区的遗址数量都有较大的增长，文化内涵上也仍保有石家河文化的传统特色。上述考古遗址分布变化的情况一方面是石家河文化自身外拓的结果，同时也是黄河中游中原文化向江汉平原冲击的结果。

夏朝时期（4020～3550 cal. a BP）本区文化遗址数量急剧减少，仅有 10 处，其中有 3 处遗址是叠置于新石器时代文化遗址之上的（图 7.8）。夏朝时期遗址分布密度也很低，全区域文化处于衰落状态，仅有的 10 处遗址分布于汉水上游的丹江流域和宜昌西部的峡江地区，此外在湖北省北部的枣阳与襄樊之间亦有遗址分布，聚落遗址分布的地带海拔位置很高是这个时期的主要特点。

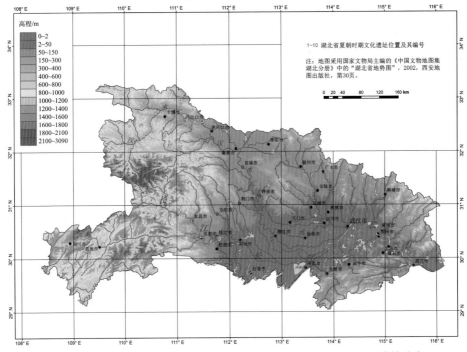

图 7.8　江汉平原及其周边地区夏朝时期（4020～3550 cal. a BP）遗址分布

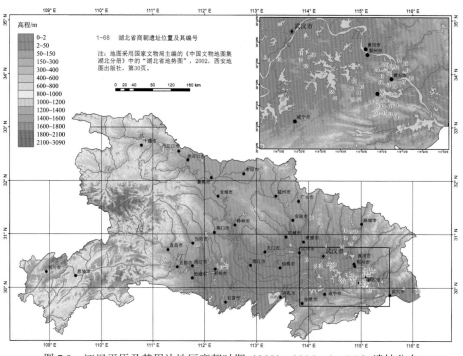

图 7.9　江汉平原及其周边地区商朝时期（3550～2996 cal. a BP）遗址分布

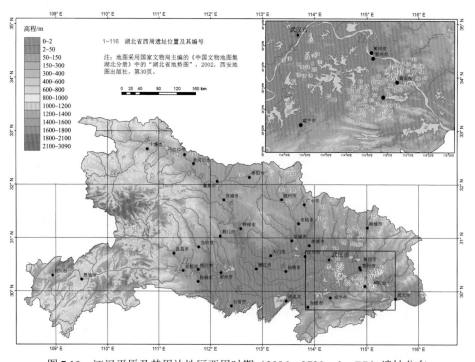

图 7.10　江汉平原及其周边地区西周时期（2996～2720 cal. a BP）遗址分布

商朝时期（3550～2996 cal. a BP）江汉平原及其周边地区文化遗址数量又有大幅度增多，且数量上已超过石家河文化早中期。该时期文化遗址在分布区域上与新石器时代各文化时期有很大的不同，与图 7.3～图 7.7 相比，石家河文化时期分布在荆州—宜昌之间与三峡东部地区的遗址在商朝时期大范围减少，而武汉市东南面的鄂东沿江平原和低山丘陵区文化遗址呈密集增加趋势，成为该时期遗址分布的主要区域。其中，该时期遗址分布最密集的区域在黄石—大冶一带，即大冶湖流域及其所属的长江干流两岸，其次在武汉市南部的梁子湖周边地区，此外在武汉—麻城一线及荆州附近地区亦有较多遗址分布（图 7.9）。总体上，在夏朝时期本区中断了的文化发展在该时期逐渐得到恢复，但文化遗址分布的中心已转移到鄂东地区。

西周时期（2996～2720 cal. a BP）文化遗址的分布区域和范围基本上承袭了商朝时期的分布特点，但范围稍有不同，主要体现在：①武汉市东南面的鄂东沿江平原和低山丘陵区仍是文化遗址分布的核心区域，武汉—麻城一线也仍是文化遗址分布的次核心区域，但二者遗址数量都有大幅度的增长，表明其文化中心的地位得到了加强；②江汉平原西部的荆州—荆门一带和三峡东部地区文化遗址数量大幅度减少，原先在商朝时期分布的 11 处遗址仅剩下两处；③原先商朝时期几乎没有遗址分布的江汉平原北部、桐柏—大别山南麓的随枣走廊一带文化遗址数量增加明显（图 7.10）。以上考古遗址分布特点显示出西周时期本区文化又逐渐进入发展的繁荣期，在巩固自己中心文化区的基础上有向北扩张的态势。

7.2.2　遗址高程变化与环境演变的关系

影响遗址高程分布的机制主要有地貌发育变化、气候环境演化、构造运动以及农业生产发展等因素，其中前三个因素都涉及环境演变与遗址高程变化的关系，而人类活动因素（如农业生产发展等）亦有不可忽视的作用（李中轩，2009）。总体上看，江汉平原及其周边地区屈家岭文化至西周时期考古遗址高程分布的范围在 1000 m 以下，江汉平原的腹地和 1000 m 以上的中—高山地区均不见遗址分布（表 7.1 和表 7.2）。

表 7.2　江汉平原及其周边地区屈家岭文化至西周时期考古遗址分布高程分级百分比统计

分期　　海拔/m	屈家岭文化早期	屈家岭文化晚期	石家河文化早期	石家河文化中期	石家河文化晚期	夏朝时期	商朝时期	西周时期
2～50	54.1%	37.9%	51.6%	55.7%	45.1%	0	57.4%	60.3%
50～150	35.1%	44.2%	37.5%	32.8%	39.6%	60.0%	27.9%	26.7%
150～300	8.1%	13.7%	9.4%	4.9%	9.9%	30.0%	10.3%	9.5%
300～600	2.7%	4.2%	1.6%	6.6%	4.4%	0	2.9%	2.6%
600～1000	0	0	0	0	1.1%	10.0%	1.5%	0.9%

　　屈家岭文化早期遗址分布的高程特征表现在，该时期遗址高程在 0～50 m 地区的有 20 处，占该时期遗址数的 54.1%；50～150 m 的遗址有 13 处，占 35.1%；150～300 m 的遗址有 3 处，占 8.1%；仅有一处遗址分布于高程 300～600 m 的鄂西山地北麓，而海拔 600 m 以上地区不见遗址分布（表 7.1 和表 7.2，图 7.3）。屈家岭文化晚期古遗址分布明显具有从低海拔向高海拔地区转移的特征，其中遗址高程在 0～50 m 地区的虽增加至 36 处，但其占该时期遗址数的比例降低至 37.9%；海拔 50～150 m 的地区有 42 处，占该时期遗址数的 44.2%；300～600 m 海拔区的遗址为 4 处，比例增加至 4.2%；海拔 600 m 以上地区仍不见遗址分布（表 7.1 和表 7.2，图 7.4）。石家河文化早期遗址分布又向低海拔地区迁移，海拔位于 2～50 m 地区的遗址数减少至 33 处，但其占该时期遗址总数的比例增加至 51.6%；50～150 m 的遗址减少至 24 处，且其占该时期遗址总数的比例亦减少至 37.5%；此外，150～300 m 的遗址有 6 处，占 9.4%；仅有一处度家洲遗址分布于高程 300～600 m 的汉水中游南岸地区，海拔 600 m 以上地区不见遗址分布（表 7.1 和表 7.2，图 7.5）。石家河文化中期基本上继承了早期的遗址分布格局（表 7.1 和表 7.2，图 7.6），以海拔 2～50 m 地区的遗址最多，达 34 处，占该时期遗址总数的 55.7%；50～150 m 地区的遗址数有 20 处，占 32.8%；150～300 m 地区遗址减少至 3 处，其所占比例减至 4.9%；但该时期 300～600 m 地区遗址数增加至 4 处，比例上升至 6.6%，海拔 600 m 以上地区仍不见遗址分布。至石家河文化晚期，文化遗址分布格局又开始发生变化，高海拔地区遗址数有逐渐增加的趋势，其中海拔 2～50 m 的地区遗址数虽增加至 41 处，但其占该时期遗址总数的比例降低至 45.1%；海拔 50～150 m 的地区遗址数则增加至 36 处，占该时期遗址总数的比例也增加至 39.6%；150～300 m 的遗址有 9 处，占 9.9%；300～600 m 的遗址有 4 处，占 4.4%；该时期另一个明显变化是在 600～1000 m 海拔区的长阳鱼峡口东南 0.5 km 清江北岸出现了香炉石遗址（王善才，2001），并一直延续至西周时期（表 7.1 和表 7.2，图 7.7）。

　　夏朝时期该区域文化遗址时空分布特征变化很大，除了前述的该时期遗址数量急剧减少之外，遗址分布的高程也具有明显较高的特点，遗址分布的密度也很低，其中海拔 50 m 以下地区不见遗址分布；50～150 m 海拔区有 6 处遗址，占该时期遗址总数的 60.0%；150～300 m 地区的遗址有 3 处，仅 1 处香炉石遗址分布在 600～1000 m 海拔区（表 7.1 和表 7.2，图 7.8）。商朝时期文化遗址分布又明显具有从高海拔地区向低海拔地区转移的特征，遗址数量也不断增多，海拔 2～50 m 的地区又增加至 39 处遗址，占该时期遗址总数的 57.4%；50～150 m 的地区有 19 处，占 27.9%；150～300 m 地区的遗址有 7 处，占 10.3%；分别仅有两处和一处遗址分布在海拔 300～600 m 和 600～1000 m 范围（表 7.1 和表 7.2，图 7.9）。至西周时期文化遗址分布更继承了商朝时期的格局特征（表 7.1 和表 7.2，图 7.10），比较突出的特点是位于海拔 2～50 m 地区的遗址数增加至 70 个，占该时期遗址数的 60.3%，均高于前述各文化时期；50～150 m 地区的遗址数达 31 处，占 26.7%；位于 150～300 m 地区的遗址为 11 处，占 9.5%；位于海拔 300～600 m 的地区有 3 处，占 2.6%；香炉石遗址的文化发展依然延续，且分布在清江北岸 600～1000 m 海拔的鄂西山地区（王善才，2001）。

　　根据各文化期遗址高程的分布特征，可以将它们分为以下五类：平原低地型（高程 2～50 m）、岗地型（高程 50～150 m）、山前台地型（高程 150～300 m）、丘陵型（高程 300～600 m）、山地型（高程 600～1000 m）。综合上述讨论，可以得出各文化时期遗址分布的地貌特征：①除夏朝时期外，其他各文化时期遗址主要以平原低地型、岗地型为主，夏朝时期遗址则以岗地型和山前台地型为主；②屈家岭文化晚期遗址主要以岗地型所占比例最大，这与夏朝时期相似，而其他各时期遗址都主要以平原低地型所占比例最大；③各文化时期遗址高程分布平原低地、岗地、山前台地、丘陵和山地比重相对均衡，总体上符合新石器至先秦时期人类聚落遗址时空分布的一般规律（朱光耀等，2005；郑朝贵等，2008；Wu et al.，2010）。总的来看，各时期文化遗址都主要分布在高程小于 300 m 的范围；屈家岭文化晚期和夏朝时期遗址高程主要分布于 50～150 m 之间，石家河文化晚期遗址 50～150 m 岗地类型和 150～300 m 山前台地类型比重均都升高，这可能都与江汉湖群湖面扩张和洪水泛滥密切相关。

　　在江汉平原及其周边地区，主要地形为平原低地和岗地丘陵，环境变化往往从河湖水位变化上反映的比较明显；如果前后两期的文化遗址在高程上有显著相关性，可能表明两期文化遗址高程存在继承性，进一步推断出两个文化时期具有类似的环境特征（李中轩，2009）。由此，江汉平原及其周边地区不同时期文化遗址高程分布的相关性可以用计算两种相关矩阵的方法来讨论。

　　第一种方法是按文化时期划分，将每个文化时期内不同高程分布遗址所占的百分比作为原始数据记录（表 7.2），进行相关性分析。表 7.3 是对应每两个时期之间古遗址高程分布的相关矩阵，可以看出除夏朝时期之外其他各文化时期遗址高程特征之间都有很好的相关性，相关系数均达到 0.80 以上；而相关性最高值表现在从商朝到西周时期文化遗址的高程变化，二者相关系数达到了 0.999，表明这两个时期遗址在高程分布特征方面有显著的继承性；屈家岭文化晚期遗址高程分布与石家河文化早期的相关性反而高于屈家岭文化早期，它们的相关系数分别为 0.942 和 0.914。此外，夏朝时期与其他各文化时期遗址高程特征之间的相关性均很差，相关系数最高值仅为 0.523，说明其与屈家岭文化晚期的遗址高程分布特征最接近，其次为石家河文化晚期的 0.323；相关性最差为从夏朝时期到商朝时期文化遗址的高程变化，二者相关系数仅为 0.001，反映了这两个时期区域文化与聚落发展有巨大的变更。

表7.3　江汉平原及其周边地区屈家岭文化至西周时期考古遗址高程分布的相关矩阵

文化分期/相关系数 R	屈家岭早期	屈家岭晚期	石家河早期	石家河中期	石家河晚期	夏朝时期	商朝时期	西周时期
屈家岭早期	1.000	0.914	0.997	0.993	0.981	0.145	0.984	0.977
屈家岭晚期	0.914	1.000	0.942	0.875	0.974	0.523	0.836	0.813
石家河早期	0.997	0.942	1.000	0.981	0.992	0.224	0.970	0.960
石家河中期	0.993	0.875	0.981	1.000	0.961	0.048	0.984	0.980
石家河晚期	0.981	0.974	0.992	0.961	1.000	0.323	0.932	0.918
夏朝时期	0.145	0.523	0.224	0.048	0.323	1.000	0.001	0.041
商朝时期	0.984	0.836	0.970	0.984	0.932	0.001	1.000	0.999
西周时期	0.977	0.813	0.960	0.980	0.918	0.041	0.999	1.000

　　第二种方法是将不同文化时期的考古遗址按相同高程分类（表7.4），利用它们的百分数作为原始数据进行相关分析，表7.5是相关矩阵分析结果。表7.5显示从屈家岭文化早期到石家河文化中期每两个前后交替时期同高程遗址之间都表现为正相关，相关系数从0.285至0.948不等；从石家河文化晚期到西周时期每两个前后交替时期同高程遗址之间也都表现为正相关，相关系数从0.745至0.930不等；而从石家河文化中期到石家河文化晚期相同高程遗址之间的相关性则为负相关，其相关系数为−0.280；同时石家河文化晚期之后的各文化时期与其之前的各文化时期相同高程遗址之间的相关性均为负相关，它们的相关系数从−0.952至−0.228不等。综合上述两种分类方法的相关矩阵分析结果，无论是按文化时期分类还是按高程分类，江汉平原及其周边地区屈家岭文化至西周时期的遗址在高程的相关性方面有两个文化过渡阶段比较显著，即屈家岭文化晚期→石家河文化早期、石家河文化晚期→夏朝时期→商朝时期，这两个阶段（5000～3000 cal. a BP之间）各时期遗址高程的相关水平较低，可能暗示江汉平原及其周边地区河湖特征的变化或灾害性事件如洪水、干旱等的影响。

表7.4　江汉平原及其周边地区屈家岭文化至西周时期同高程不同时期遗址类型百分比统计

分期 海拔/m	屈家岭文化早期	屈家岭文化晚期	石家河文化早期	石家河文化中期	石家河文化晚期	夏朝时期	商朝时期	西周时期
2～50	0.0733	0.1319	0.1209	0.1245	0.1502	0	0.1429	0.2564
50～150	0.0681	0.2199	0.1257	0.1047	0.1885	0.0314	0.0995	0.1623
150～300	0.0545	0.2364	0.1091	0.0545	0.1636	0.0545	0.1273	0.2000
300～600	0.0526	0.2105	0.0526	0.2105	0.2105	0	0.1053	0.1579
600～1000	0	0	0	0	0.2500	0.2500	0.2500	0.2500

表 7.5　江汉平原及其周边地区屈家岭文化至西周时期同高程不同时期遗址类型的相关矩阵

文化分期/ 相关系数 R	屈家岭 早期	屈家岭 晚期	石家河 早期	石家河 中期	石家河 晚期	夏朝时期	商朝时期	西周时期
屈家岭早期	1.000	0.780	0.925	0.624	−0.870	−0.949	−0.884	−0.362
屈家岭晚期	0.780	1.000	0.717	0.573	−0.616	−0.825	−0.952	−0.763
石家河早期	0.925	0.717	1.000	0.285	−0.914	−0.772	−0.753	−0.228
石家河中期	0.624	0.573	0.285	1.000	−0.280	−0.815	−0.743	−0.571
石家河晚期	−0.870	−0.616	−0.914	−0.280	1.000	0.763	0.630	−0.017
夏朝时期	−0.949	−0.825	−0.772	−0.815	0.763	1.000	0.930	0.487
商朝时期	−0.884	−0.952	−0.753	−0.743	0.630	0.930	1.000	0.745
西周时期	−0.362	−0.763	−0.228	−0.571	−0.017	0.487	0.745	1.000

7.2.3　中全新世江汉平原古洪水事件与环境演变对文化遗址分布的影响

中全新世江汉平原地区以荆州—公安一线为界的东、西部断块都以相对沉降运动为主，沉降速率达到 1 mm/a（肖平，1991）。这一时期长江和汉江常发生洪水泛滥，河间洼地和平原边缘广泛沉积了洪水漫过河堤的悬移物质，其沉积物多为棕-灰黄色粉砂质黏土（淤泥）、亚黏土和黏土互层（王苏民和王富葆，1992）。中全新世中期平均气温比现在高 2℃左右，冬季最冷月温度比现在高 3～5℃，气候渐由暖干转为暖热湿润（施少华，1992）。其气候变化与中国中全新世气候变化基本上一致。中全新世是近 1.1 万年以来最温暖湿润的时期（施雅风等，1992），但在此期间温度仍存在 4～5℃ 的波动，距今 7500～7000 年和 4000～3500 年是最明显的两个升温期（金伯欣，1992）。中全新世中国东部海平面持续上升并到达现在的位置。7000 a BP 以前全新世海侵的影响范围可能深达陆地数百里，长江口退至现在的扬州—镇江一带，海侵引起的江水顶托必然导致沿江平原洼地潴水成湖（Zhu et al., 2003; Wu et al., 2012a）。值得注意的是，这一时期古人类活动已扩展到江汉平原的腹地地区，考古发现大溪文化（6500～5100 a BP）、屈家岭文化（5100～4600 a BP）、石家河文化（4600～3900 a BP）和夏商周文明（4020～2720 a BP）都在这里留下痕迹（王红星，1998；Wu et al., 2012a）。

上述环境的演化对江汉平原地区的河湖发育产生了重要影响。洪水泛滥形成的平原边缘淤泥、淤泥质黏土及河间洼地等细粒沉积物，常堵塞冲沟谷口或分流河口而形成堰塞湖。同时，河间洼地湖泊广泛发育，在长江、汉江以及东荆河等河流之间存在着排湖洼地、王家大湖洼地、四湖洼地、汈汊湖洼地等地势低洼的地方，在其上面发育了诸如王家大湖、洪湖、白露湖、三湖、长湖等河间洼地湖（邓宏兵，2005）。与气候波动相对应，中全新世的江汉湖群扩张可分为三个时期：

①湖群扩张期（7500～6000 a BP）；②湖群退缩期（6000～5000 a BP）；③湖群扩张与全盛期（5000～3000 a BP）（肖平，1991）。根据可以对比的测年结果（5240±125 a BP，湖北潜江，张金海 345 号孔）也说明距今 5000 年前后江汉湖群为退缩期。屈家岭文化早期（5100～4800 a BP）遗址在江汉平原及其周边地区分布的高程较低（多数分布在 2～50 m）也证明了在此期间中全新世湖泊群的衰退。从湖沼相沉积的分布范围来看，5000～3000 a BP 为江汉湖群全盛期，在 3000 a BP 前后达到最盛时期；但在最鼎盛时期，湖沼相地层的分布也只占到江汉河间低洼地范围的 1/3 强（邓宏兵，2005），且主要分布在河间洼地中央和平原边缘地带，这与前述第 6 章朱育新等（1997）对江汉平原沔城 M1 钻孔研究的结论较为一致；沔城 M1 孔的沉积记录发现 3900 a BP 以来出现典型湖相即"古江汉湖群"形成扩张事件，而之前的 4500～3900 a BP 气候逐渐转凉干，海面上升趋于停止，以荆江为代表的江汉平原河湖水位亦出现暂时的相对稳定。从湖相沉积分布的不连续性及其范围也可以看出，连接江汉甚至洞庭湖的大型湖泊应不存在，但洪水期暂时性、巨大的洪泛区存在是可能的，而且洪水过后，仍分解为众多的中—小型湖泊。

　　根据遗址分布的最低高程实际上只能推测出一般性洪水位的特征，而特大洪水则往往高于遗址分布的最低高程，因此，根据考古遗址的高程特征推知古洪水水位还应结合地层沉积记录。事实上，从前述的分析讨论中已经可以看出，洪水灾害的发生与遗址分布存在着内在的关联。不考虑地层沉降的因素，江汉平原屈家岭文化至西周时期考古遗址总体上高程分布有逐渐降低的趋势，并且从商朝时期到西周时期高程在 2～50 m 地区的遗址增加了近 3.0%。从表 7.2 的数据来看，各个时期遗址高程的变化范围均在 2～300 m，表明该地貌区段数千年间人类遗址高程较为稳定。然而，这个时段中间存在两个遗址高程增加速度较快的时期，在屈家岭文化晚期及石家河文化晚期与夏朝时期遗址高程的增加可能预示洪水位的提高。

　　洪水位的升高通常与河流上游来水量增加和下游的排泄是否通畅有关。湖北神农架大九湖泥炭剖面 $\delta^{13}C$ 记录（Ma et al.，2008）和水青冈属孢粉百分比（朱诚等，2006；Zhu et al.，2010），以及荆州江北农场 JZ-2010 河湖相沉积 Rb/Sr 记录（李枫等，2012）和< 4 μm 粒度组分百分比（王晓翠等，2012）变化都显示在屈家岭文化时期研究区气候温暖较湿润，使得屈家岭文化晚期在襄阳—荆门—孝感一线以北的较高地势区遗址增长明显，而江汉平原低地区遗址比例减少较多。此种变化可能与当时水域范围扩大有关，位于武汉的放鹰台遗址屈家岭晚期文化层也正处于东湖之滨的低缓山丘上，说明当时降水仍较丰富，洪水泛滥（顾延生和蔡述明，2001）。石家河文化时期处于中全新世适宜期晚期，气候多变，降水量总体开始减少，这与湖北山宝洞石笋 $\delta^{18}O$ 记录的降水量变化特征是一致的（邵晓华等，2006）。但是，这一水患程度较低的时期仅持续到了石家河文化中期末，石家河文

化晚期直至夏朝时期进入中全新世气候转型时期（Wu and Liu, 2004），即 4000 a BP 事件期（或称 Holocene Event 3），这在本区的众多沉积记录中都有明显体现（图 7.1）。位于本区的湖北清江 9000 年来和尚洞石笋 δ^{18}O 记录也表明（Hu et al., 2005, 2008），石家河文化末期至夏朝时期气候异常温凉潮湿，丰富的降水引发了大洪水，如在石家河文化末期的黄陂张西湾城址考古发掘队就发现了厚达 30 多米用于防御洪水灾害的城垣（顾延生等，2009）。古气候降水的多少又直接影响了江汉湖群的扩张活动，使得这两个时期遗址分布的高程升高明显。

　　从前面遗址分布的分析可知，就整个江汉平原及其周边地区而言，屈家岭文化至西周时期考古遗址的高程分布在时间序列上总体是由高到低逐渐增加的，但由于在 4900～4600 cal. a BP 和 4100～3800 cal. a BP 两个古洪水事件期湖面不断扩张而使高海拔区遗址有增加趋势。吴锡浩等（1994）的研究认为，长江中游地区在屈家岭和石家河文化时期为中湖面兴盛时期，但屈家岭文化晚期和石家河文化晚期确有高湖面重新抬头的趋势。江汉平原地区的湖泊多与人-水关联有着密切的水文联系，受河流调节的湖水位升降还与流域降水、径流或冰雪融水的大幅度变化有关。因此，在两个出现高湖面的时段，其机理不能全归因于降水的增加，除前述讨论过的与古洪水事件的重要关联外，构造沉降因素也不容忽视。中全新世以来，江汉沉陷带的构造沉降速率不断增大，特别是从 6000 a BP 的 1.44 mm/a 到 4000 a BP 的 1.53 mm/a（童潜明，2000），造成河床不断抬高，引起水位上升，易导致河床加积与洪水泛滥。因此，在江汉平原及其周边地区，遗址高程的变动与江汉湖泊的扩张和洪水灾害的侵袭密切相关，它们之间存在着明显的因果关系。从这一角度看，本研究讨论的遗址高程变化与古洪水事件、湖面变化三者间的关系是相一致的，即从屈家岭文化早期到屈家岭文化晚期、从石家河文化晚期到夏朝时期由于古洪水事件发生与湖面扩张而使这两个时期的文化遗址高程增加。综合以上讨论可见，屈家岭文化早期江汉湖群已开始扩张，低洼地潴水成泽，但由于气候适宜且稳定，洪涝灾害较少，人类因该时期稻作农业生产发展的刺激而在江汉平原一带以平原低地为主的地方生活；屈家岭文化晚期发生了分布范围较广的特大洪水事件，湖泊进一步扩大，人类居住地仅限于地势较高的岗地与平原的过渡地区；屈家岭文化晚期末至石家河文化中期湖群萎缩，遗址重新出现在低地平原，同时石家河文化中期在 300～600 m 海拔的丘陵区遗址数有明显的增加，这可能与文化发展导致的人口增长有关；石家河文化晚期以后，又进入了 4000 a BP 前后的异常洪水事件期，湖群再次扩张，人类居住地再次从低地平原迁出转向高海拔区分布。夏代江汉平原及其周边地区仅剩 10 处遗址，且均分布在海拔 50 m 以上地区，表明该时期确实经历过显著的特大洪水事件，受其影响人类只能在海拔较高的地方生存。

7.2.4　江汉平原 4000 a BP 前后文化兴衰与古洪水事件的关系探讨

江汉平原是长江中游洪涝灾害的高发区，江湖水位涨落、河湖环境变迁对人类社会发展影响巨大。即使在有大堤保护的今天，该区仍然水患频发，对人民的生命财产构成极大威胁。在新石器时代的生产力条件下，洪水更可以轻易向江汉平原中的低洼地区泛滥。石家河文化之前及石家河文化早期，江汉平原地区古聚落遗址密度还不是很大，遗址所在的地貌部位也以平原外围海拔稍高的低缓岗丘为主。虽然长江及其支流水位波动导致的洪水也时有发生，但对当时人类社会的影响还较为局限，不足以逆转人类文化的发展趋势。所以，该地区的新石器文化在人口逐渐增加、技术不断进步等因素的推动下获得了持续发展，并进入了初期文明时代。然而，在石家河文化中期，随着文化的发展，聚落遗址的规模不断增大，人类活动的范围向平原低地逐渐扩展（Li et al., 2011），所面对的洪水威胁越来越大。石家河文化晚期，由于气候变化、构造沉陷、泥沙淤积等因素导致江湖水位上升（史辰羲等，2010），洪水给当时人类社会造成的灾害也逐渐增大，聚落遗址从低地平原向高海拔区分布的趋势逐渐明显。特别是 4000 a BP 前后气候波动引起的特大洪水事件（Wang et al., 1999; Wu and Liu, 2004; 王晖，2005；谭亮成等，2007），以及石家河文化末期该地区内部或同中原以及其他地区间的冲突（尹弘兵，2011），都加速了石家河文化的崩溃，这一点我们可以从 4000 a BP 前后气候异常事件与整个长江流域石家河文化消失时间一致得到佐证（Wu and Liu, 2004; Wu et al., 2012a）。具有全球意义的 4000 a BP 前后灾难性气候异常变化也同样在世界其他地区的高分辨率洞穴堆积物、冰芯、湖泊和深海沉积记录中被发现（Fleitmann et al., 2003; Gupta et al., 2003; Vinther et al., 2009; Wünnemann et al., 2010）。该事件已被定义为一个以剧烈的百年尺度旱涝灾害交替为典型特征的冷事件，目前普遍发现于北非、西南亚和美洲大陆的环境演变记录中（Gasse, 2000; Marchant and Hooghiemstra, 2004; Booth et al., 2005; Arz et al., 2006）。4000 a BP 前后的气候事件是由北大西洋千年尺度 Bond 事件的一部分变化所驱动（Wang et al., 1999; Bond et al., 2001），古代世界著名的埃及古王国、美索不达米亚阿卡德王国和印度河流域哈拉帕文明等的崩溃都与这次气候事件相关联（Cullen et al., 2000; deMenocal, 2001; Stanley et al., 2003; Staubwasser et al., 2003）。因此，石家河文化早中期因人口增加和稻作农业发展刺激人类活动向地势低平的江汉平原腹地持续扩展，而至石家河文化晚期江湖水位的波动上升引起洪患加剧，人类所面对的洪水威胁也越来越大，加之 4000 a BP 前后气候异常引起的特大洪水事件，以及石家河文化末期该地区内部或同中原以及其他地区间的冲突，这种社会发展过程和环境变化过程特别是与古水文过程的矛盾在石家河文化末期已特别突出，这是导致该区石家河文化最终走向衰落和灭亡的主要原因。

然而，这次气候事件的正面影响便是促进了以夏朝建立为标志的中国古代文明的形成（吴文祥等，2005）。吴文祥等（2004，2005）研究认为"Holocene Event 3"导致了南涝北旱的环境格局；同时，"Holocene Event 3"还大大增加了人口压力，不断增加的人口压力与紧张资源之间的矛盾促进了新石器时代末期社会团体之间冲突和战争盛行，并由此开辟了中国古代早期文明诞生的道路。总而言之，4000 a BP 以后江汉平原一带文明的出现不是当地石家河文化自身发展的产物，而是夏商周文明向这里传播的结果。在 4000 a BP 前后气候异常事件和石家河文化衰落的背景下，由于夏商周文明的南下，打乱了江汉平原及其周边地区的发展序列，该地区最终失去独立进入文明古国时代的机会，而夏商周文明与石家河文化属于不同渊源的异类社会团体，彼此之间不能衔接（江林昌，2003），这从夏商周时代文化遗址分布的地域范围与屈家岭文化和石家河文化迥然相异便可见一斑（图 7.3～图 7.10），如位于汉口北郊商代早期的盘龙城遗址（赵艳和杜耘，1998），宫殿等虽已初具规模，但它实际上是商文明南下的结果，是商文明的有机组成部分，而与此前的石家河文化没有联系。

7.3　对江汉平原中全新世古洪水事件环境考古研究的概括性总结与认识

通过对江汉平原钟桥、谭家岭及三房湾等中全新世晚期典型遗址古洪水事件考古地层学和年代学、孢粉、锆石微形态、粒度、磁化率、地球化学等环境代用指标的综合研究，结合研究区现代洪水沉积物特征指标对比分析、考古遗址数量和时空分布变化、地层堆积特征、区域遗址变动情况及江汉平原众多中全新世考古遗址的地理位置、年代学数据、地貌高程、古洪水层埋深和文化层厚度等资料的统计，对江汉平原中全新世古洪水事件及其与人类文明演进的互动响应关系进行系统的环境考古研究，这些对于阐明中华文明早期起源阶段江汉平原地区人与自然的关系，总结社会发展与资源环境保护的经验教训，规避各种自然灾害事件，在适应自然环境中改造社会，从而实现区域可持续发展具有独特深远的意义。

（1）通过对江汉平原地区的沙洋钟桥遗址、天门石家河古城内谭家岭遗址和三房湾遗址疑似古洪水层和该区域长江、汉江现代洪水沉积物的 AMS^{14}C 和 OSL 测年、粒度、磁化率、锆石微形态、孢粉、Rb/Sr 和 Cu 等地球化学指标比较研究，结合沉积物的宏观特征和性质分析发现，钟桥遗址地层中第 5 层、第 7 层和第 10 层三个自然淤积层为三期古洪水沉积层；谭家岭遗址地层中第 9 层石家河文化早期淤积层是一种与古洪水有关大体经过较弱水动力搬运过程（物源较近）的湖沼相沉积层；三房湾遗址地层底部的第 14 层黄灰色土为古洪水沉积物，第 15 层灰色淤泥亦可能经历过洪水的影响，特别是其上部层位，而第13层青灰色淤泥应属湖沼相沉积，可能经历过流速较为缓和、有一定水面范围的浅水湖沼环境。其判别的主要依据有以下几点：①遗址古洪水层与该区现代洪水层沉积物在粒度分布频率曲线以及其他粒度参数特征方面的相似性；②古洪水层与现代洪水层磁化率值均较低，而文化层较高；③古洪水层与现代洪水层在锆石微形态特征上具有相似性，多为半浑圆状或浑圆柱状，有些已由四方双锥形被磨至近浑圆状，表明均有被流水长途搬运后留下的磨圆特征；④古洪水层的 Rb/Sr 值均高于文化层；⑤古洪水层的 Cu 含量较低，而文化层中偏高；⑥与遗址的文化层相比，古洪水层所含孢粉总量比较少，经常出现水生草本和藻类，且有孢粉的远源再沉积现象，突出表现为古洪水层中松属和柏科等含量较高。

（2）结合江汉平原三个典型考古遗址文化地层对比，根据 AMS^{14}C 和 OSL 测年结果以及考古器物断代，确定沙洋钟桥遗址在 4800～4597 cal. a BP 之间、4479～4367 cal. a BP 之间和 4168～3850 cal. a BP 之间分别出现三次古洪水事件；天门三房湾遗址洪水沉积层中炭屑的 AMS^{14}C 年代结合文化层考古断代可以确定古洪水事件发生在 4913～4600 cal. a BP 之间。江汉平原一带其他各遗址典型古洪水沉积层时代对比表明，屈家岭文化中晚期（4900～4600 cal. a BP）和石家河文化末期至夏代（4100～3800 cal. a BP）两次极端洪水事件在长江中游的江汉平原地区非常普遍。从 106 个江汉平原及其周边地区 7000～3000 cal. a BP 考古遗址的文化层 ^{14}C 年代数据树轮校正结果和 12 个释光年代数据来看，各时期有确切年代数据的考古遗址出现频数差别很大，4900～4600 cal. a BP 和 4100～3800 cal. a BP 古洪水事件期与 5000～3500 cal. a BP 考古遗址出现频数最低的两个时期相一致，这也相互印证了洪水发生年代的结论。

（3）通过对钟桥遗址、石家河古城谭家岭遗址和三房湾遗址的孢粉、地球化学、磁化率等环境代用指标分析，结合荆州江北农场 JZ-2010 河湖相沉积剖面、沔阳 M1 孔河湖相沉积剖面以及长湖湖泊沉积记录的已有成果，揭示江汉平原中全新世以来各地层记录的环境变化与人类活动信息，进一步分析了江汉平原中全新世古洪水事件发生规律及其机制的气候环境背景，研究结果反映出 5000～3000 a BP 气候波动最大，但总体向干旱化趋势发展，本区中全新世主要的旱涝灾害、降温事件就发生在这一时段里，尤其是在 5000～4500 a BP 及 4000 a BP 前后的时间段气候表现得尤其不稳定，江汉湖群也处于不稳定持续变动期，这与前述的屈家岭文化中晚期（4900～4600 cal. a BP）和石家河文化末期至夏代（4100～3800 cal. a BP）两次古洪水事件相对应，江汉平原地区在 5000～3000 cal. a BP 异常洪水事件的发生与全新世大暖期后期气候逐渐恶化过程在发生时间上相吻合，表明这两次古洪水事件与气候环境变化驱动的江汉平原湖群扩张存在一定联系。

（4）地貌与古水文过程分析表明，钟桥遗址地层中古洪水层所反映的洪水规模至少应当与中—大洪水规模相当；三个古洪水层可能并非由长江荆江段干流洪水直接泛滥沉积形成，应是由长江干流洪水涨水顶托冲入古扬水通道泛滥覆盖遗址所在区域而堆积成的洪积物，秦汉和魏晋南北朝时期均有由于长江干流洪水引发古扬水在该区泛滥的记载便是佐证。天门谭家岭遗址与三房湾遗址所在的石家河古城区域现今仍属于汉江罗汉寺灌区的中心位置，因此三房湾遗址地层底部存在的两期古洪水沉积层与史前时代汉江洪水的关系密不可分。在屈家岭文化晚期之前该区域为流速较缓且有一定水域面积的浅水湖沼环境，但由于距汉江干流较近经常遭受洪水泛滥侵袭，从而堆积了若干古洪水沉积物或受古洪水影响的湖沼相沉积物；屈家岭文化晚期古人迁入此地，石家河古城兴建，其初始修建目的应与来自西部和南部汉江洪水的威胁和防御外侵有关；谭家岭遗址下部黑色湖沼相淤泥层表明至石家河文化早期古城应当还是河湖沼泽分布较多的区域，黑色淤泥层中出土的埋藏古木也说明遗址区依然受过洪水影响，但未留下洪水沉积物。

（5）从江汉平原及其周边地区屈家岭文化至西周时期考古文化遗址分布特征的分析讨论中可以看出，不考虑地层沉降的因素，江汉平原屈家岭文化至西周时期考古遗址总体上高程分布有逐渐降低的趋势，但在这个时段中间存在两个遗址高程增加速度较快的时期，屈家岭文化晚期以及石家河文化晚期与夏朝时期遗址高程的增加可能预示洪水位的提高。因此，在江汉平原及其周边地区，遗址高程变化与古洪水事件、湖面变化三者间的关系是相一致的，即从屈家岭文化早期到晚期、从石家河文化晚期到夏朝时期由于大洪水事件发生与湖面扩张而使这两个时期的文化遗址高程增加。可见，屈家岭文化早期江汉湖群已开始扩张，由于气候适宜且稳定，洪涝灾害较少，人类因稻作农业生产发展的刺激而在以平原低地为主的地方生活；屈家岭文化晚期发生了分布范围较广的特大洪水事件，湖泊扩大，人类居住地仅限于地势较高的岗地与平原过渡地带；屈家岭文化末期至石家河文化中期湖群萎缩，遗址重新出现在低地平原；石家河文化晚期以后又进入了4000 a BP 前后的异常洪水事件期，湖群再次扩张，人类再次从低地平原迁出向高海拔区分布。夏朝时期整个江汉平原及其周边地区仅剩 10 处遗址，且均分布在海拔 50 m 以上地区，表明该时期确实经历过显著的特大洪水事件，受洪水影响人类只能在海拔较高的地方生存。

（6）石家河文化早中期因人口增加和稻作农业发展刺激人类活动向地势低平的江汉平原腹地持续扩展，而至石家河文化晚期江湖水位的波动上升引起洪患加剧，人类所面对的洪水威胁也越来越大，这种社会发展过程和环境变化过程特别是古水文过程的矛盾在石家河文化末期已特别突出，这是导致该区石家河文化最终走向衰落和灭亡的主要原因。具有全球意义的 4000 a BP 前后气候异常引起的特大洪水事件，以及石家河文化末期该地区内部或同中原以及其他地区间的冲突，都加速了石家河文化的崩溃。夏商周文明与石家河文化已属于不同渊源的社会团体，彼此之间不能衔接。

（7）日本学者根据对中国湖南城头山遗址地层的研究，认为4200～4000 cal. a BP欧亚大陆广泛发生的夏季风减弱与气候干旱事件造成农业灌溉所需的降水量减少，从而导致新石器时代末长江中游石家河文化的衰落。然而，本研究表明，虽然5000～3000 cal. a BP气候总体向干旱趋势发展，但环境的干湿波动变率大，典型遗址考古地层学和遗址时空分布学研究结果均证实了4000 cal. a BP前后气候异常引起的特大洪水事件是长江中游地区石家河文化消亡的重要环境因素。3500 BC～1500 BC中国文明形成与早期发展阶段的史前洪水及其对新石器文化终结和国家兴起的社会影响一直是中国历史学家关注的热点问题。然而，大多数的讨论都是基于早期青铜时代流传下来的著名神话"大禹治水"。这些洪水事件的可靠地质年代学及沉积学证据十分缺乏。本书探讨的江汉平原及其周边地区具有可靠年代的大洪水沉积记录增加了我们关于4000 cal. a BP前后气候事件中国季风区短尺度快速气候变化的认识，同时也提供了可靠的大禹时代史前洪水证据来说明其对中国新石器文化衰落和青铜时代国家兴起的社会影响。

当然，作者也期待在将来的研究工作中能进一步深入。选取更多的中全新世时段内江汉平原含有古洪水灾害序列信息的典型考古遗址地层进行系统的环境考古与地层学研究，从而有效的重建江汉平原地区中全新世时期较为完整的古洪水事件序列信息，结合与研究区各典型自然沉积记录载体反映的古气候环境变化的对比分析，系统揭示该区中全新世古洪水事件的年代、特征过程、发生的环境背景与古东亚季风降水变化的关系，并弄清古洪水事件对新石器时代各期文化和人类文明演进过程的影响。同时，通过确定江汉平原地区考古遗址的环境生态学特征因素，构建古遗址人地关系特征因素地理信息系统，并在考古遗址时空分布特征中进一步整合Thiessen多边形、遗址分布密度与等密度线、坡度和坡向等较新的GIS空间分析方法，为区域环境考古研究提供定量化指标，使考古调查、发掘和研究过程及时方便的收集表达和系统分析人地关系的特征因素。此外，要重视对地观测技术特别是遥感信息对环境考古的巨大作用，江汉平原的许多史前人类遗址和遗迹为第四系沉积物所掩埋，而经过处理的遥感信息不仅可以恢复古人类生活的地貌和水系特征，而且可以发现古人类遗址的空间分布和区域特征，并在此基础上探讨古代人类活动与古地貌、古水文过程之间变化的互动响应关系。今后在该区域选择反映古气候环境变化的典型自然沉积记录载体开展全新世古洪水事件序列信息的高分辨率提取并探讨异常洪水灾害事件的成因仍是一个重要的研究方向。

参 考 文 献

白九江, 邹后曦, 朱诚. 2008. 玉溪遗址古洪水遗存的考古发现和研究. 科学通报, 53(增刊 I): 17-25.

白雁, 刘春莲, 郑卓, 等. 2003. 海南岛双池玛珥湖沉积中的碳、氮地球化学记录及其环境意义. 古地理学报, 5(1): 87-93.

白旸, 王乃昂, 何瑞霞, 等. 2011. 巴丹吉林沙漠湖相沉积的探地雷达图像及光释光年代学证据. 中国沙漠, 31(4): 842-847.

北京大学考古系碳十四实验室. 1989. 碳十四年代测定报告(八). 文物, (11): 90-92.

曹琼英, 沈德勋, 等. 1988. 第四纪年代学及实验技术. 南京: 南京大学出版社.

陈道公. 2009. 地球化学. 2 版. 合肥: 中国科学技术大学出版社.

陈国金. 1999. 长江中游地区江湖综合整治环境地质研究. 地球科学——中国地质大学学报, 24(1): 89-97.

陈建强, 周洪瑞, 王训练. 2004. 沉积学及古地理学教程. 北京: 地质出版社.

陈铁梅. 2008. 科技考古学. 北京: 北京大学出版社.

陈铁梅, Hedges R E M. 1994. 彭头山等遗址的陶片和我国最早的水稻遗存的加速器质谱 ^{14}C 测年. 文物, (3): 88-94.

陈铁梅, 原思训, 王良训, 等. 1979. 碳十四年代测定报告(三). 文物, (12): 77-80.

陈铁梅, 原思训, 王良训, 等. 1984. 碳十四年代测定报告(六). 文物, (4): 92-96.

陈星灿. 1997. 中国史前考古学史研究(1895—1949). 上海: 生活·读书·新知三联书店.

陈志清. 1997. 黄河龙门—三门峡段河漫滩组成物质的粒度特征. 地理学报, 52(4): 308-315.

程功弼. 2005. 江汉—洞庭湖区新石器遗址分布于河湖演变的联系性分析. 安徽师范大学学报 (自然科学版), 28(2): 218-221.

笪浩波. 2009. 长江中游新石器时代文化与生态环境关系研究. 武汉: 华中师范大学.

邓宏兵. 2005. 江汉湖群演化与湖区可持续发展研究. 北京: 经济科学出版社.

邓辉, 陈义勇, 贾敬禹, 等. 2009. 8500 a BP 以来长江中游平原地区古文化遗址分布的演变. 地理学报, 64(9): 1113-1125.

董进国, 孔兴功, 汪永进. 2006. 神农架全新世东亚季风演化及其热带辐合带控制. 第四纪研究, 26(5): 827-834.

范国昌, 李荣森, 李小刚, 等. 1996. 我国趋磁细菌的分布及其磁小体的研究. 科学通报, 41(4): 349-352.

樊启顺, 赖忠平, 刘向军, 等. 2010. 晚第四纪柴达木盆地东部古湖泊高湖面光释光年代学. 地质学报, 84(11): 1652-1660.

高华中, 朱诚, 孙智彬. 2005. 三峡库区中坝遗址考古地层土壤有机碳的分布及其与人类活动的关系. 土壤学报, 42(3): 518-522.

格林·丹尼尔. 1987. 考古学一百五十年. 黄其煦, 译. 北京: 文物出版社.

葛兆帅. 2009. 长江上游全新世特大洪水对西南季风变化的响应. 地理研究, 28(3): 592-600.

顾延生, 蔡述明. 2001. 武汉部分先秦遗址考古土壤中的植硅石组合及其环境意义. 武汉大学学报(人文科学版), 54(2): 167-172.

顾延生, 葛继稳, 黄俊华, 等. 2009. 2 万年来气候变化人类活动与江汉湖群演化. 北京: 地质出版社.

国家文物局. 2003. 中国文物地图集·湖北分册(上, 下). 西安: 西安地图出版社.

郭立新. 2005. 长江中游地区初期社会复杂化研究(4300BC—2000BC). 上海: 上海古籍出版社.

郭其蕴. 1996. 气候变化与东亚季风//施雅风. 中国气候与海面变化及其趋势和影响(1): 中国历史气候变化. 济南: 山东科学技术出版社: 468-483.

郭伟民. 2010. 新石器时代澧阳平原与汉东地区的文化和社会. 北京: 文物出版社.

韩家懋, Hus J J, 刘东生, 等. 1991. 马兰黄土和离石黄土的磁学性质. 第四纪研究, (4): 310-325.

何报寅. 2002. 江汉平原湖泊的成因类型及其特征. 华中师范大学学报(自然科学版), 36(2): 241-244.

侯亮亮, 王宁, 吕鹏, 等. 2012. 申明铺遗址战国至两汉先民食物结构和农业经济的转变. 中国科学: 地球科学, 42(7): 1018-1025.

湖北省博物馆. 2007. 屈家岭——长江中游的史前文化. 北京: 文物出版社.

湖北省地方志编纂委员会. 1997. 湖北省志·地理(上, 下). 武汉: 湖北人民出版社.

湖北省荆州地区博物馆. 1976. 湖北松滋县桂花树新石器时代遗址. 考古, (3): 187-196.

湖北省荆州地区博物馆. 1994. 湖北京山油子岭新石器时代遗址的试掘. 考古, (10): 865-876, 918.

湖北省水利志编纂委员会. 2000. 湖北水利志. 北京: 中国水利水电出版社.

湖南省文物考古研究所, 国际日本文化研究中心. 2007. 澧县城头山——中日合作澧阳平原环境考古与有关综合研究. 北京: 文物出版社.

湖北省文物考古研究所, 孝感市博物馆, 孝南区博物馆. 2012. 湖北孝感市叶家庙新石器时代城址发掘简报. 考古, (8): 3-28.

黄春长, 庞奖励, 查小春, 等. 2011. 黄河流域关中盆地史前大洪水研究——以周原漆水河谷地为例. 中国科学: 地球科学, 41(11): 1658-1669.

黄健民, 徐之华. 2005. 气候变化与自然灾害. 北京: 气象出版社.

黄铿, 朱诚, 马春梅, 等. 2009. 苏北梁王城遗址黄泛层初步研究. 地层学杂志, 33(4): 398-406.

黄锂. 1996. 湖北武汉地区发现的红陶系史前文化遗存. 考古, (12): 25-31, 35.

季峻峰, 陈骏, Balsam W, 等. 2007. 黄土剖面中赤铁矿和针铁矿的定量分析与气候干湿变化研究. 第四纪研究, 27(2): 221-229.

贾蓉芬, 颜备战, 李荣森, 等. 1996. 陕西段家坡黄土剖面中趋磁细菌特征与环境意义. 中国科学(D辑), 26(5): 411-416.

江林昌. 2003. 中国早期文明的起源模式与演进轨迹. 学术研究, (7): 86-93.

姜晓宇. 2007. 考古地层学的环境考古研究. 长春: 吉林大学.

金伯欣. 1992. 江汉湖群综合研究. 武汉: 湖北科学技术出版社.

科技部社会发展科技司, 国家文物局博物馆与社会文物司. 2009. 中华文明探源工程文集: 环境卷(I). 北京: 科学出版社.

孔屏, 丁林, 来庆州, 等. 2010. 南极格罗夫山地表岩石样品中宇宙成因 ^{21}Ne 的含量及暴露年龄. 中国科学(D辑), 40(1): 45-49.

雷生学, 陈杰, 刘进峰, 等. 2011. 南京长江全新世河流阶地的年代及其意义. 地震地质, 33(2): 391-401.

李枫, 吴立, 朱诚, 等. 2012. 江汉平原 12. 76 cal. ka BP 以来环境干湿变化的高分辨率研究. 地理科学, 32(7): 878-884.

李杰, 郑卓, 邹后曦, 等. 2011. 重庆阿蓬江涪碛口遗址近 3000 年来环境变化研究. 第四纪研究, 31(3): 554-565.

李兰, 朱诚, 姜逢清, 等. 2008. 连云港藤花落遗址消亡成因研究. 科学通报, 53(增刊 I): 139-152.

李兰, 朱诚, 林留根, 等. 2010. 江苏宜兴骆驼墩遗址地层全新世沉积环境研究. 第四纪研究, 30(2): 393-401.

李晓刚, 黄春长, 庞奖励, 等. 2010. 黄河壶口段全新世古洪水事件及其水文学研究. 地理学报, 65(11): 1371-1380.

李晓刚, 黄春长, 庞奖励, 等. 2012. 汉江上游白河段万年尺度洪水水文学研究. 地理科学, 32(8): 971-978.

李宜垠, 侯树芳, 莫多闻. 2009. 湖北屈家岭遗址孢粉、炭屑记录与古文明发展. 古地理学报, 11(6): 702-710.

李瑜琴. 2009. 泾河流域全新世环境演变及特大洪水水文学研究. 西安: 陕西师范大学.

李元芳. 1994. 西汉古黄河三角洲初探. 地理学报, 49(6): 543-550.

李中轩. 2009. 中全新世环境演变对汉水流域新石器文化发展的影响研究. 南京: 南京大学.

李中轩, 朱诚, 张广胜, 等. 2008. 湖北辽瓦店遗址地层记录的环境变迁与人类活动的关系研究. 第四纪研究, 28(6): 1145-1159.

梁美艳, 郭正堂, 顾兆炎. 2006. 中新世风尘堆积的地球化学特征及其与上新世和第四纪风尘堆积的比较. 第四纪研究, 26(4): 657-664.

梁思永. 1959. 后冈发掘小记//梁思永. 梁思永考古学论文集. 北京: 科学出版社.

刘东生. 2003. 第四纪科学发展展望. 第四纪研究, 23(2): 165-176.

刘光琇. 1991. 江汉平原晚冰期及冰期后的植被与环境. 植物学报, 33(8): 581-588.

刘进峰, 陈杰, 王昌盛. 2011. 新疆叶尔羌河上游全新世阶地的释光年代与河流下切速率. 地震地质, 33(2): 421-429.

刘明光. 2010. 中国自然地理图集. 北京: 中国地图出版社.

刘沛林. 2000. 长江流域历史洪水的周期地理学研究. 地球科学进展, 15(5): 503-508.

刘庆柱. 2010. 中国考古发现与研究(1949—2009). 北京: 人民出版社.

刘晓东, 安芷生, 李小强, 等. 1996. 最近 18ka 中国夏季风气候变迁的数值模拟研究//刘东生, 安芷生, 吴锡浩. 黄土·第四纪地质·全球变化(第四集). 北京: 科学出版社: 142-150.

刘秀铭, 刘东生, Shaw J. 1993. 中国黄土磁性矿物特征及其古气候意义. 第四纪研究, (3): 281-287.

龙翼, 张信宝, 李敏, 等. 2009. 陕北子洲黄土丘陵区古聚湫洪水沉积层的确定及其产沙模数的研究. 科学通报, 54(1): 73-78.

鹿化煜, 张红艳, 孙雪峰, 等. 2012. 中国中部南洛河流域地貌、黄土堆积与更新世古人类生存环境. 第四纪研究, 32(2): 167-177.

阊国年. 1991. 长江中游湖盆三角洲的形成与演变及地貌的再现与模拟. 北京: 测绘出版社.

吕厚远, 刘东生. 2001. C_3, C_4 植物及燃烧对土壤磁化率的影响. 中国科学(D 辑), 31(1): 43-53.

马春梅. 2006. 近 1.6 万年来神农架大九湖泥炭高分辨率环境演变记录研究. 南京: 南京大学.

马春梅, 朱诚, 郑朝贵, 等. 2008. 晚冰期以来神农架大九湖泥炭高分辨率气候变化的地球化学记录研究. 科学通报, 53(增刊 I): 26-37.

茂林. 1985. 天门谭家岭遗址发掘简讯. 江汉考古, (3): 82.

孟华平. 1997. 长江中游史前文化结构. 武汉: 长江文艺出版社.

孟华平. 2007. 屈家岭文化——长江中游史前文化发展的重要界标//湖北省博物馆. 屈家岭——长江中游的史前文化. 北京: 文物出版社: 12-19.

孟华平, 黄文新, 张成明. 2009. 大洪山南麓史前聚落调查——以石家河为中心. 江汉考古, (1): 3-23.

孟华平, 刘辉, 邓振华, 等. 2012. 湖北天门市石家河古城三房湾遗址 2011 年发掘简报. 考古, (8): 29-41.

莫多闻, 曹锦炎, 郑文红, 等. 2007. 环境考古研究(第四辑). 北京: 北京大学出版社.

莫多闻, 李非, 李水城, 等. 1996. 甘肃葫芦河流域中全新世环境演变及其对人类活动的影响. 地理学报, 57(1): 56-69.

莫多闻, 杨晓燕, 王辉, 等. 2002. 红山文化牛河梁遗址形成的环境背景与人地关系研究. 第四纪研究, 22(2): 174-181.

莫多闻, 赵志军, 夏正楷, 等. 2009. 中华文明探源工程环境课题主要进展//科技部社会发展科技司, 国家文物局博物馆与社会文物司. 中华文明探源工程文集: 环境卷(I). 北京: 科学出版社: 1-27.

庞奖励, 黄春长, 周亚利, 等. 2011. 汉江上游谷地全新世风成黄土及其成壤改造特征. 地理学报, 66(11): 1562-1573.

彭锦华. 1995. 湖北沙市李家台遗址发掘简报. 考古, (3): 203-208.

潜江市博物馆. 2014. 沙洋钟桥遗址考古发掘简报//湖北省文物局, 湖北省南水北调管理局. 湖北南水北调工程考古报告集(第五卷). 北京: 科学出版社: 33-83.

乔晶, 庞奖励, 黄春长, 等. 2012. 汉江上游郧县段全新世古洪水滞流沉积物特征. 地理科学进展, 31(11): 1467-1474.

秦伯强, 许海, 董百丽. 2011. 富营养化湖泊治理的理论与实践. 北京: 高等教育出版社.

覃嘉铭, 林玉石, 张美良, 等. 2000. 桂林全新世石笋高分辨率 $\delta^{13}C$ 记录及其古生态意义. 第四纪研究, 20(4): 351-358.

覃嘉铭, 袁道先, 程海, 等. 2004. 新仙女木及全新世早中期气候突变事件: 贵州茂兰石笋氧同位素记录. 中国科学(D 辑): 地球科学, 34(1): 69-74.

邱维理, 李容全, 殷春敏. 2003. 华北平原全新世古洪水及其对古代人类活动的影响//王昌燧. 科技考古论丛(第三辑). 合肥: 中国科学技术大学出版社: 165-168.

屈家岭考古发掘队. 1992. 屈家岭遗址第三次发掘. 考古学报, (1): 63-96.

任晓华. 1990. 长湖地区全新世环境变迁与古气候. 武汉: 中国科学院测量与地球物理研究所.

邵晓华, 汪永进, 程海, 等. 2006. 全新世季风气候演化与干旱事件的湖北神农架石笋记录. 科学通报, 51(1): 80-86.

沈吉, 刘兴起, Matsumoto R, 等. 2004. 晚冰期以来青海湖沉积物多指标高分辨率的古气候演化. 中国科学(D 辑): 地球科学, 34(6): 582-589.

沈吉, 薛滨, 吴敬禄, 等. 2010. 湖泊沉积与环境演化. 北京: 科学出版社.

沈强华. 1998. 油子岭一期遗存试析. 考古, (9): 53-63.

申洪源, 张红梅, 赵海英. 2010. 全新世古洪水研究进展与趋势. 地球与环境, 38(1): 117-121.

申洪源, 朱诚, 贾玉连. 2004. 太湖流域地貌与环境变迁对新石器文化传承的影响. 地理科学, 24(5): 580-585.

史辰羲, 莫多闻, 刘辉, 等. 2010. 江汉平原北部汉水以东地区新石器晚期文化兴衰与环境的关系. 第四纪研究, 30(2): 335-343.

石河联合考古队. 1989. 石河遗址群1987年考古发掘的主要收获. 江汉考古, (2): 1-4.

石家河考古队. 1999. 肖家屋脊: 天门石家河考古发掘报告之一. 北京: 文物出版社.

石家河考古队. 2003. 邓家湾: 天门石家河考古发掘报告之二. 北京: 文物出版社.

施少华. 1992. 中国全新世高温期环境与新石器时代古文化的发展//施雅风. 中国全新世大暖期气候与环境. 北京: 海洋出版社: 185-191.

施雅风, 孔昭宸, 王苏民, 等. 1992. 中国全新世大暖期的气候波动与重要事件. 中国科学: 化学, 22(12): 1300-1308.

史威. 2008. 8ka~2kaBP长江三峡库区典型遗址的环境考古研究. 南京: 南京大学.

史威, 朱诚, 焦锋, 等. 2011. 长江上游玉溪地层6567~6489a BP洪水频发事件的历史文献考证分析. 长江流域资源与环境, 20(2): 251-256.

史威, 朱诚, 李世杰, 等. 2009. 长江三峡地区全新世环境演变及其古文化响应. 地理学报, 64(11): 1303-1318.

史威, 朱诚, 马春梅, 等. 2008. 中坝遗址约4250 a BP以来古气候和人类活动记录. 地理科学, 28(5): 703-708.

史威, 朱诚, 王富葆, 等. 2007a. 宁镇及宜溧地区全新世中晚期典型沉积相与5700 a BP前后的气候突变事件. 27(4): 512-518.

史威, 朱诚, 徐伟峰, 等. 2007b. 重庆中坝遗址剖面磁化率异常与人类活动的关系. 地理学报, 62(3): 257-267.

水利部长江水利委员会. 1999. 长江流域地图集. 北京: 中国地图出版社.

宋春青, 邱维理, 张振春. 2005. 地质学基础. 四版. 北京: 高等教育出版社.

谈广鸣, 罗景. 1999. 98长江洪水位特点及其对策研究. 水利水电科技进展, 19(2): 12-13.

谭亮成, 安芷生, 蔡演军, 等. 2007. 4200a BP气候事件在中国的降雨表现及其全球联系. 地质论评, 53(6): 1-11.

谭其骧. 1980. 云梦与云梦泽. 复旦大学学报(社会科学版): 历史地理专辑(S1): 1-11.

汤卓炜. 2004. 环境考古学. 北京: 科学出版社.

天门市博物馆, 湖北省文物考古研究所. 2004. 湖北省天门市张家山新石器时代遗址发掘简报. 江汉考古, (2): 3-18.

田国珍, 刘新立, 王平, 等. 2006. 中国洪水灾害风险区划及其成因分析. 灾害学, 21(2): 1-6.

田明中, 程捷. 2009. 第四纪地质学与地貌学. 北京: 地质出版社.

田晓四, 朱诚, 孙智彬, 等. 2010. 长江三峡库区中坝遗址哺乳动物骨骼化石C和N稳定同位素分析. 科学通报, 55(34): 3310-3319.

童潜明. 2000. 长江中游地区地质构造及其对洪灾治理的影响. 湖南地质, 19(1): 13-18.

王从礼, 何万年. 1988. 江陵太湖港古遗址与墓葬调查清理简报. 江汉考古, (2): 12-22.

王风竹, 黄文新, 罗运兵. 2000. 湖北秭归县柳林溪遗址1998年发掘简报. 考古, (8): 13-22.

王富葆, 阎革, 林本海. 1993. 若尔盖高原泥炭 $\delta^{13}C$ 的初步研究. 科学通报, 38(1): 65-67.

王恒松, 黄春长, 周亚利, 等. 2012. 关中西部千河流域全新世古洪水事件光释光测年研究. 中国科学: 地球科学, 42(3): 390-401.

王红星. 1998. 长江中游地区新石器时代遗址分布规律、文化中心的转移与环境变迁的关系. 江汉考古, (1): 53-61.

王红亚, 石元春, 于澎涛, 等. 2002. 河北平原南部曲周地区早、中全新世冲积物的分析及古环境状况的推测. 第四纪研究, 22(4): 381-393.

王晖. 2005. 尧舜大洪水与中国早期国家的起源. 陕西师范大学学报(哲学社会科学版), 34(3): 76-86.

王慧亮, 王学雷, 厉恩华, 等. 2009. 江汉平原主要气候变化特征. 世界科技研究与发展, 31(6): 1130-1133.

王建, 刘泽纯, 姜文英, 等. 1996. 磁化率与粒度、矿物的关系及其古环境意义. 地理学报, 51(2): 155-163.

王开发, 徐馨. 1988. 第四纪孢粉学. 贵阳: 贵州人民出版社.

王龙升, 黄春长, 庞奖励, 等. 2012. 汉江上游旬阳段古洪水水文学研究. 陕西师范大学学报(自然科学版), 40(1): 88-93.

王善才. 2001. 香炉石遗址与香炉石文化. 四川文物, (2): 22-28.

王绍武. 2007. ^{14}C 年代学. 气候变化研究进展, 3(2): 122-123.

王苏民, 王富葆. 1992. 全新世气候变化的湖泊记录//施雅风. 中国全新世大暖期气候与环境. 北京: 海洋出版社: 146-152.

王夏青, 黄春长, 庞奖励, 等. 2011. 黄河中游北洛河宜君段全新世特大洪水及其气候背景研究. 湖泊科学, 23(6): 910-918.

王晓翠, 朱诚, 吴立, 等. 2012. 湖北江汉平原JZ-2010剖面沉积物粒度特征与环境演变. 湖泊科学, 24(3): 480-486.

王心源, 吴立, 吴学泽, 等. 2009. 巢湖凌家滩遗址古人类活动的地理环境特征. 地理研究, 28(5): 1208-1216.

王心源, 吴立, 张广胜, 等. 2008. 安徽巢湖全新世湖泊沉积物磁化率与粒度组合的变化特征及其环境意义. 地理科学, 28(4): 548-553.

文物保护科学技术研究所碳十四实验室. 1982. 碳十四年代测定报告(四). 文物, (4): 88-93.

吴敬禄, 蒋雪中, 夏威岚. 2002. 云南程海近500年来湖泊初级生产力的演化. 海洋地质与第四纪地质, 22(2): 95-98.

吴立. 2010. 巢湖流域新石器至汉代古聚落变更与环境变迁. 芜湖: 安徽师范大学.

吴立, 王心源, 张广胜, 等. 2008. 安徽巢湖湖泊沉积物孢粉-炭屑组合记录的全新世以来植被与气候演变. 古地理学报, 10(2): 183-192.

吴立, 朱诚, 郑朝贵, 等. 2012. 全新世以来浙江地区史前文化对环境变化的响应. 地理学报, 67(7): 903-916.

吴庆龙, 张培震, 张会平, 等. 2009. 黄河上游积石峡古地震堰塞溃决事件与喇家遗址异常古洪水灾害. 中国科学(D辑): 地球科学, 39(8): 1148-1159.

吴文祥, 葛全胜. 2005. 夏朝前夕洪水发生的可能性及大禹治水真相. 第四纪研究, 25(6): 741-749.

吴文祥, 刘东生. 2004. 4000a BP 前后东亚季风变迁与中原周围地区新石器文化的衰落. 第四纪研究, 24(3): 278-284.

吴锡浩, 安芷生, 王苏民, 等. 1994. 中国全新世气候适宜期东亚夏季风时空变迁. 第四纪研究, (1): 24-37.

吴小红, 李水城, 付罗文, 等. 2007. 重庆忠县中坝遗址的碳十四年代. 考古, (7): 80-91.

夏鼐. 1948. 齐家期墓葬的新发现及其年代的改订. 中国考古学报, (3): 101-117.

夏正楷, 邓辉, 武弘麟, 等. 2000. 内蒙西拉木伦河流域考古文化演变的地貌背景分析. 地理学报, 55(3): 329-336.

夏正楷, 杨晓燕, 叶茂林. 2003. 青海喇家遗址史前灾难事件. 科学通报, 48(11): 1200-1204.

肖平. 1991. 江汉平原全新世环境演变. 北京: 北京师范大学.

谢红霞, 张卫国, 顾成军, 等. 2006. 巢湖沉积物磁性特征及其对沉积动力的响应. 湖泊科学, 18(1): 43-48.

谢又予. 2000. 沉积地貌分析. 北京: 海洋出版社.

谢远云. 2004. 江汉平原江陵地区 9 ka BP 以来的气候演化. 武汉: 中国地质大学.

谢远云, 李长安, 王秋良, 等. 2007. 江汉平原近 3000 年来古洪水事件的沉积记录. 地理科学, 27(1): 81-84. .

谢远云, 李长安, 王秋良, 等. 2008. 全新世以来江陵地区气候变化与人类活动的沉积记录. 地理与地理信息科学, 24(1): 85-90.

谢悦波, 姜洪涛. 2001. 古洪水研究——挖掘河流大洪水的编年史. 南京大学学报(自然科学版), 37(3): 390-304.

谢志仁, 袁林旺, 闾国年, 等. 2012. 海面-地面系统变化: 重建•监测•预估. 北京: 科学出版社.

许靖华. 1998. 太阳、气候、饥荒与民族大迁移. 中国科学: 地球科学, 28(4): 366-384.

徐利斌, 孙立广, 张居中, 等. 2008. 公元前 2500 年: 中国进入铜石并用时代的汞记录. 第四纪研究, 28(6): 1070-1080.

徐茂泉, 李超. 2003. 九龙江口沉积物中重矿物组成及其分布特征. 海洋通报, 22(4): 32-40.

徐瑞瑚, 谢双玉, 赵艳. 1994. 江汉平原全新世环境演变与湖群兴衰. 地域研究与开发, 13(4): 52-56.

徐馨, 何才华, 沈志达, 等. 1992. 第四纪环境研究方法. 贵阳: 贵州科技出版社.

徐馨, 张树维, 周曙. 1987. 芜湖—江阴地区三万年来的植被、气候与环境的初步研究. 南京大学学报(自然科学版), 23(3): 556-577.

许清海, 李润兰, 朱峰, 等. 2001. 华北平原冲积物孢粉沉积相研究. 古地理学报, 3(2): 55-63.

许清海, 阳小兰, 杨振京, 等. 2004. 孢粉分析定量重建燕山地区 5000 年来的气候变化. 地理科学, 24(3): 339-345.

羊向东, 朱育新, 蒋雪中, 等. 1998. 泗阳地区一万多年来孢粉记录的环境演变. 湖泊科学, 10(2): 23-29.

杨定爱. 1985. 麻城县谢家墩后岗新石器时代遗址//中国考古学会. 中国考古学年鉴 1985. 北京: 文物出版社: 181-182.

杨用钊, 李福春, 金章东, 等. 2006. 绰墩农业遗址中存在中全新世水稻土的新证据. 第四纪研究, 26(5): 864-871.

姚高悟. 1986. 泗阳月洲湖遗址调查. 江汉考古, (3): 5-8.

姚檀栋, Thompson L G. 1992. 敦德冰芯记录的过去 5ka 温度变化. 中国科学: 化学, 22(10): 1089-1093.

易光曙. 2008. 四湖——江汉平原的一颗明珠. 北京: 中国水利水电出版社.

尹弘兵. 2011. 禹征三苗与楚蛮的起源. 武汉科技大学学报(社会科学版), 13(2): 136-142.

于革, 刘健, 薛滨. 2007. 古气候动力模拟. 北京: 高等教育出版社.

原思训, 陈铁梅, 胡艳秋, 等. 1994. 碳十四年代测定报告(九). 文物, (4): 93.

原思训, 陈铁梅, 马力, 等. 1987. 碳十四年代测定报告(七). 文物, (11): 89-92.

原思训, 陈铁梅, 王良训, 等. 1982. 碳十四年代测定报告(五). 文物, (6): 92-94.

查小春, 黄春长, 庞奖励, 等. 2012. 汉江上游郧西段全新世古洪水事件研究. 地理学报, 67(5): 671-680.

詹道江, 谢悦波. 2001. 古洪水研究. 北京: 中国水利水电出版社.

展望, 杨守业, 刘晓理, 等. 2010. 长江下游近代洪水事件重建的新证据. 科学通报, 55: 1908-1913.

张秉伦, 方兆本. 1998. 淮河和长江中下游旱涝灾害年表与旱涝规律研究. 合肥: 安徽教育出版社.

张秉伦, 孙关龙, 高建国, 等. 2002. 中国古代自然灾异群发期. 合肥: 安徽教育出版社.

张广胜, 朱诚, 王吉怀, 等. 2009. 安徽蚌埠禹会村遗址 4. 5—4. 0 ka BP 龙山文化的环境考古. 地理学报, 64(7): 817-827.

张宏彦. 2011. 中国史前考古学导论. 2 版. 北京: 科学出版社.

张家富, 莫多闻, 夏正楷, 等. 2009. 沉积物的光释光测年和对沉积过程的指示意义. 第四纪研究, 29(1): 23-33.

张俊娜, 夏正楷. 2011. 中原地区 4 ka BP 前后异常洪水事件的沉积证据. 地理学报, 66(5): 685-697.

张兰生, 方修琦, 任国玉. 1997. 我国北方农牧交错带的环境演变. 地学前缘, 4(1-2): 127-136.

张兰生, 方修琦, 任国玉. 2017. 全球变化(第二版). 北京: 高等教育出版社.

张理华, 朱诚, 张强. 2002. 苏皖沿江平原全新世气候变化与洪水事件研究. 武汉大学学报(理学版), 48(6): 709-714.

张强, 朱诚, 姜逢清, 等. 2001. 重庆巫山张家湾遗址 2000 年来的环境考古. 地理学报, 56(3): 353-362.

张婷, 祝一志, 杨亚长, 等. 2011. 陕西蓝田全新世黄土 AMS ^{14}C 测年与环境变迁. 中国沙漠, 31(3): 678-682.

张文翔, 张虎才, 雷国良, 等. 2008. 柴达木贝壳堤剖面元素地球化学与环境演变. 第四纪研究, 28(5): 917-928.

张西营, 马海洲, 谭红兵. 2004. 青藏高原东北部黄土沉积化学风化程度及古环境. 海洋地质与第四纪地质, 24(2): 43-47.

张绪球. 1992. 长江中游新石器时代文化概论. 武汉: 湖北科学技术出版社.

张绪球. 2004. 屈家岭文化. 北京: 文物出版社.

张瑛, 陈隆勋, 何金海, 等. 2008. 1998 年夏季亚洲地区低频大气环流的特征及其与长江中下游降水的关系. 气象学报, 66(4): 577-591.

张玉芬, 李长安, 陈国金, 等. 2005. 江汉平原湖区周老镇钻孔磁化率和有机碳稳定同位素特征及其古气候意义. 地球科学——中国地质大学学报, 30(1): 114-120.

张玉芬, 李长安, 陈亮, 等. 2009. 基于磁组构特征的江汉平原全新世古洪水事件. 地球科学——中国地质大学学报, 34(6): 985-992.

张玉柱, 黄春长, 庞奖励, 等. 2012. 汉江与渭河大洪水滞流沉积物性质对比分析. 水土保持学报, 26(1): 101-105.

张芸, 朱诚, 于世永. 2001. 长江三峡大宁河流域 3000 年来的环境演变与人类活动. 地理科学, 21(3): 267-271.

张芸, 朱诚, 张强, 等. 2004. 长江三峡大宁河流域的沉积环境与古洪水研究. 中国历史文物, (2): 83-88.

张之恒. 2004. 中国新石器时代考古. 南京: 南京大学出版社.

张祖陆. 1990. 鲁北平原黄河古河道初步研究. 地理学报, 45(4): 457-466.

赵春燕, 杨杰, 袁靖, 等. 2012. 河南省偃师市二里头遗址出土部分动物牙釉质的锶同位素比值分析. 中国科学: 地球科学, 42(7): 1011-1017.

赵华, 卢演俦, 王成敏, 等. 2011. 水成沉积物释光测年研究进展与展望. 核技术, 34(2): 82-86.

赵珊茸, 边秋娟, 凌其聪. 2004. 结晶学及矿物学. 北京: 高等教育出版社.

赵艳, 杜耘. 1998. 人类活动与武汉市自然地理环境. 长江流域资源与环境, 7(3): 278-283.

郑朝贵, 朱诚, 钟宜顺, 等. 2008. 重庆库区旧石器时代至唐宋时期考古遗址时空分布与自然环境的关系. 科学通报, 53(增刊 I): 93-111.

中国科学院地学部地球科学发展战略研究组. 2009. 21 世纪中国地球科学发展战略报告. 北京: 科学出版社.

中国社会科学院考古研究所. 2010. 中国考古学·新石器时代卷. 北京: 中国社会科学出版社.

中国社会科学院考古研究所考古科技实验研究中心. 1996. 放射性碳素测定年代报告(二三). 考古, (7): 66-70.

中国社会科学院考古研究所考古科技实验研究中心. 1997. 放射性碳素测定年代报告(二四). 考古, (7): 35-52.

中国社会科学院考古研究所考古科技实验研究中心. 2000. 放射性碳素测定年代报告(二六). 考古, (8): 70-74.

中国社会科学院考古研究所实验室. 1974. 放射性碳素测定年代报告(三). 考古, (5): 333-338.

中国社会科学院考古研究所实验室. 1978. 放射性碳素测定年代报告(五). 考古, (4): 280-243.

中国社会科学院考古研究所实验室. 1979. 放射性碳素测定年代报告(六). 考古, (1): 89-96.

中国社会科学院考古研究所实验室. 1980. 放射性碳素测定年代报告(七). 考古, (4): 372-377.

中国社会科学院考古研究所实验室. 1981. 放射性碳素测定年代报告(八). 考古, (4): 363-369.

中国社会科学院考古研究所实验室. 1982a. 用热释光测出的关庙山遗址陶片的年龄. 考古, (4): 416-417.

中国社会科学院考古研究所实验室. 1982b. 放射性碳素测定年代报告(九). 考古, (6): 657-662.

中国社会科学院考古研究所实验室. 1983. 放射性碳素测定年代报告(一〇). 考古, (7): 646-658.

中国社会科学院考古研究所实验室. 1985. 放射性碳素测定年代报告(一二). 考古, (7): 654-658.

中国社会科学院考古研究所实验室. 1990. 放射性碳素测定年代报告(一七). 考古, (7): 663-668.

中国社会科学院考古研究所实验室. 1991. 放射性碳素测定年代报告(一八). 考古, (7): 657-663.

中国社会科学院考古研究所实验室. 1992. 放射性碳素测定年代报告(一九). 考古, (7): 655-662.

中国社会科学院考古研究所实验室. 1993. 放射性碳素测定年代报告(二〇). 考古, (7): 645-649.

中国社会科学院考古研究所实验室. 1995. 放射性碳素测定年代报告(二二). 考古, (7): 655-659.

钟祥市博物馆. 2010. 湖北钟祥崔家台新石器时代遗址调查简报. 江汉考古, (2): 3-9.

周凤琴. 1986. 荆江近 5000 年来洪水位变迁的初步探讨//中国地理学会历史地理专业委员会《历史地理》编辑委员会. 历史地理(第四辑). 上海: 上海人民出版社: 46-53.

周凤琴. 1992. 荆江历史变迁的阶段性特征//中国地理学会历史地理专业委员会《历史地理》编辑委员会. 历史地理(第十辑). 上海: 上海人民出版社: 273-287.

周凤琴. 1994. 云梦泽与荆江三角洲的历史变迁. 湖泊科学, 6(1): 22-32.

周凤琴, 唐从胜. 2008. 长江泥沙来源与堆积规律研究. 武汉: 长江出版社.

周昆叔. 2007. 环境考古. 北京: 文物出版社.

周昆叔, 莫多闻, 佟佩华, 等. 2006. 环境考古研究(第三辑). 北京: 北京大学出版社.

朱诚. 2005. 对长江流域新石器时代以来环境考古研究问题的思考. 自然科学进展, 15(2): 149-153.

朱诚, 李兰, 林留根, 等. 2009. 江苏全新世灾变事件考古地层学若干问题探讨. 地层学杂志, 33(4): 413-419.

朱诚, 马春梅, 陈刚, 等. 2017. 全球变化科学导论(第四版). 北京: 科学出版社.

朱诚, 马春梅, 李兰, 等. 2010. 长江三峡库区全新世环境考古研究进展. 地学前缘, 17(3): 222-232.

朱诚, 马春梅, 王慧麟, 等. 2008. 长江三峡库区玉溪遗址 T0403 探方古洪水沉积特征研究. 科学通报, 53(增刊 I): 1-16.

朱诚, 马春梅, 张文卿, 等. 2006. 神农架大九湖 15.753kaB. P. 以来的孢粉记录和环境演变. 第四纪研究, 26(5): 814-826.

朱诚, 宋健, 尤坤元, 等. 1996. 上海马桥遗址文化断层成因研究. 科学通报, 41(2): 148-152.

朱诚, 谢志仁, 李枫, 等. 2012. 全球变化科学导论. 3 版. 北京: 科学出版社.

朱诚, 于世永, 卢春成. 1997. 长江三峡及江汉平原地区全新世环境考古与异常洪涝灾害研究. 地理学报, 52(3): 268-278.

朱诚, 赵宁曦, 张强, 等. 2000. 江苏龙虬庄新石器遗址环境考古研究. 南京大学学报(自然科学), 36(3): 286-292.

朱诚, 郑朝贵, 马春梅, 等. 2005. 长江三峡库区中坝遗址地层古洪水沉积判别研究. 科学通报, 50(20): 2240-2250.

朱诚, 郑朝贵, 马春梅, 等. 2007a. 华东沿海地区全新世初灾变事件对人类文明演进影响的探讨//莫多闻, 曹锦炎, 郑文红, 等. 环境考古研究(第四辑). 北京: 北京大学出版社: 164-169.

朱诚, 钟宜顺, 郑朝贵, 等. 2007b. 湖北旧石器至战国时期人类遗址分布与环境的关系. 地理学报, 62(3): 227-242.

朱光耀, 朱诚, 凌善金, 等. 2005. 安徽省新石器和夏商周时代遗址时空分布与人地关系的初步研究. 地理科学, 25(3): 346-352.

竺可桢. 1973. 中国近五千年来气候变迁的初步研究. 中国科学: 数学, 16(2): 168-189.

朱育新, 王苏民, 羊向东, 等. 1999. 中晚全新世江汉平原沔城地区古人类活动的湖泊沉积记录. 湖泊科学, 11(1): 33-39.

朱育新, 薛滨, 羊向东, 等. 1997. 江汉平原沔城 M$_1$ 孔的沉积特征与古环境重建. 地质力学学报,

3(4): 77-84.

邹逸麟. 2007. 中国历史地理概述. 上海: 上海教育出版社.

邹志强. 1997. 锆石鉴定方法. 海洋地质, (2): 93-94.

Jones T P, Rowe N P. 2005. 植物化石和孢粉的现代分析技术. 王怿, 刘陆军, 等译. 合肥: 中国科学技术大学出版社.

Achimo M, Momade F J, Haldorsen S , et al. 2004. Dark Nature: Rapid natural Change and Human Responses. Bobole: ICSU: 1-35.

Alley R B, Mayewski P A, Sowers T, et al. 1997. Holocene climatic instability: A prominent, widespread event 8200 yr ago. Geology, 25 (6): 483-486.

An C B, Tang L Y, Barton L, et al. 2005. Climate change and cultural response around 4000 cal yr B. P. in the western part of Chinese Loess Plateau. Quaternary Research, 63: 347-352.

An Z S, Stephen C P, Zhou W J, et al. 1993. Episode of strengthened summer monsoon climate of Younger Dryas Age on the Loess Plateau of Central China. Quaternary Research, 39 (1): 45-54.

Anderson K C, Neff T. 2011. The influence of paleofloods on archaeological settlement patterns during A. D. 1050-1170 along the Colorado River in the Grand Canyon, Arizona, USA. Catena, 85: 168-186.

Andersson J G. 1923. Chinese cultures during ancient times. Geology Report, (5): 11-12.

Arz H, Lamy F, Patzold J. 2006. A pronounced dry event recorded around 4. 2 ka in brine sediments from the northern Red Sea. Quaternary Research, 66 (3): 432-441.

Baker V R. 1982. Geology, determinism, and risk assessment// National Research Council (U. S.). Geophysics Study Committee, American Geophysical Union, Scientific Basis of Water-Resource Management. Washington, D. C. : National Academy Press: 109-117.

Baker V R. 1987. Palaeoflood hydrology and extraordinary flood events. Journal of Hydrology, 96: 79-99.

Baker V R. 1988. Flood geomorphology and palaeohydrology of bedrock rivers//Dardis G F, Moon B P. Geomorphological Studies in Southern Africa. Rotterdam: A. A. Balkema: 473-486.

Baker V R. 2002. The study of superfloods. Science, 295: 2379-2380.

Baker V R. 2006. Palaeoflood hydrology in a global context. Catena, 66: 161-168.

Baker V R. 2008. Paleoflood hydrology: Origin, progress, prospects. Geomorphology, 101: 1-13.

Baker V R, Ely L L, O'Connor J E, et al. 1987. Paleoflood hydrology and design applications//Singh V P. Regional Flood Frequency Analysis. Boston: D. Reidel: 339-353.

Baker V R, Ely L L, O'Connor J E. 1990. Paleoflood hydrology and design decision for high-risk projects, Proceedings. National Hydraulic Engineering Conference, N. Y. : American Society of Civil Engineers: 433-438.

Baker V R, Kochel R C, Patton P C. 1979. Long-term flood-frequency analysis using geological data. International Association of Hydrological Science Publication, 128: 3-9.

Baker V R, Pickup G, Polach H A. 1985. Radiocarbon dating of flood deposits, Katherine Gorge, Northern Territory, Australia. Geology, 13: 344-347.

Begét J E, Stone D B, Hawkins D B. 1990. Paleoclimatic forcing of magnetic susceptibility variations in Alaskan loess during the late Quaternary. Geology, 18 (1): 40-43.

Benedetti M M, Daniels J M, Ritchie J C. 2007. Predicting vertical accretion rates at an archaeological site on the Mississippi River floodplain: Effigy Mounds National Monument, Iowa. Catena, 69 (2): 134-149.

Benito G, Baker V R, Gregory K J. 1998. Palaeohydrology and environmental change. Chichester: John Wiley and Sons.

Benito G, Lang M, Barriendos M, et al. 2004a. Use of systematic, palaeoflood and historical data for the improvement of flood risk estimation. Review of Scientific Methods. Natural Hazards, 31: 623-643.

Benito G, Rico M, Thorndycraft V R, et al. 2006. Palaeoflood records applied to assess dam safety in SE Spain// Ferreira R, Alves E, Leal J, et al. International Conference on Fluvial Hydraulics, Lisbon, Portugal: 2113-2120.

Benito G, Sanchez-Moya Y, Soena A. 2003a. Sedimentology of high-stage flood deposits of the Tagus River, central Spain. Sedimentology, 157: 107-132.

Benito G, Sopeñab A, Sánchez-Moyac Y, et al. 2003b. Palaeoflood record of the Tagus River (Central Spain) during the Late Pleistocene and Holocene. Quaternary Science Reviews, 22 (15-17): 1737-1756.

Benito G, Thorndycraft V R. 2004. Systematic, palaeoflood and historical data for the improvement of flood risk estimation: a methodological guide. Madrid: CSIC.

Benito G, Thorndycraft V R. 2005. Palaeoflood hydrology and its role in applied hydrological sciences. Journal of Hydrology, 313: 3-15.

Benito G, Thorndycraft V R, Enzel Y, et al. 2004. Palaeoflood data collection and analysis// Benito G, Thorndycraft V R. Systematic, Palaeoflood and Historical Data for the Improvement of Flood Risk Estimation: A Methodological Guide. Madrid: Centro de Ciencias Medioambientales: 15-28.

Berger A, Loutre M F. 1991. Insolation values for the climate of the last 10 million years. Quaternary Science Reviews, 10 (4): 297-317.

Blainey J B, Webb R H, Moss M E, et al. 2002. Bias and information content of paleoflood data in flood-frequency analysis// House P K, Webb R W, Baker V R, et al. Ancient Floods, Modern Hazards: Principles and Applications of Paleoflood Hydrology, Water Science and Application Series. Washington D C: American Geophysical Union, 5: 161-174.

Bond G, Kromer B, Beer J, et al. 2001. Persistent solar influence on North Atlantic climate during the Holocene. Science, 294: 2130-2136.

Bond G, Showers W, Cheseby M, et al. 2000. A pervasive millennial-scale cycle in North Atlantic Holocene and glacial climates. Science, 278: 1257-1266.

Bondre N R, Kiefer T, von Gunten L. 2012. Paired perspectives on global change. PAGES News, 20(1): 1-56.

Booth R K, Jackson S T, Forman S L, et al. 2005. A severe centennial-scale drought in midcontinental North America 4200 years ago and apparent global linkages. The Holocene, 15(3): 321-328.

Boshoff P, Kovacs Z, Van Bladeren D, et al. 1993. Potential benefits from palaeoflood investigation in South Africa. South African Engineer, 35: 25-26.

Bowen R. 1991. Isotopes and Climates. London: Elsevier Applied Science.

Brachfeld S A, Banerjee S K, Guyodo Y, et al. 2002. A 13200 year history of century to millennial-scale paleoenvironmental change magnetically recorded in the Palmer Deep, western Antarctic Peninsula. Earth and Planetary Science Letters. 194 (3-4): 311-326.

Branson J, Brown A G, Gregory K J. 1996. Global Continental Changes: The Context of Palaeohydrology. Geological Society of London: Special Publication.

Brown S L, Bierman P R, Lini A, et al. 2000. 10000 yr record of extreme hydrologic events. Geology, 28 (4): 335-338.

Burke K, Francis P, Wells G. 1990. Importance of the geological record in understanding global change. Palaeogeography, Palaeoclimatology, Palaeoecology, 89 (3): 193-204.

Carrivick J L. 2007. Hydrodynamics and geomorphic work of Jokulhlaups (glacial outburst floods) from Kverkfjoll volcano, Iceland. Hydrological Processes, 21: 725-740.

Carroll F A, Hunt C O, Schembri P J, et al. 2012. Holocene climate change, vegetation history and human impact in the Central Mediterranean: evidence from the Maltese Island. Quaternary Science Reviews, 52: 24-40.

Chen J, An Z S, Head J. 1999a. Variation of Rb/Sr ratios in the loess-paleosol sequences of Central China during the last 130 000 years and their implications for monsoon paleoclimatology. Quaternary Research, 51(3): 215-219.

Chen J, An Z S, Wang Y J, et al. 1999b. Distribution of Rb and Sr in the Luochuan loess-paleosol sequence of China during the last 800 ka-Implications for paleomonsoon variations. Science in China Series D-Earth Sciences, 42 (3): 225-232.

Chen J, Chen Y, Liu L W, et al. 2006. Zr/Rb ratio in the Chinese loess sequences and its implication for changes in the East Asian winter monsoon strength. Geochimica et Cosmochimica Acta, 70: 1471-1482.

Chen J, Li G J. 2011. Geochemical studies on the source region of Asian dust. Science China Earth Sciences, 54 (9): 1279-1301.

Chen J, Li G J, Yang J D, et al. 2007. Nd and Sr isotopic characteristics of Chinese deserts: Implications for the provenances of Asian dust. Geochimica et Cosmochimica Acta, 71: 3904-3914.

Chen Y, Chen J, Liu L W, et al. 2003. Spatial and temporal changes of summer monsoon on the Loess Plateau of Central China during the last 130 ka inferred from Rb/Sr ratios. Science in China Series D-Earth Sciences, 46 (10): 1022-1030.

Chen Y, Ni J, Herzschuh U. 2010. Quantifying modern biomes based on surface pollen data in China. Global and Planetary Change, 74: 114-131.

Chen Z Y, Zong Y Q, Wang Z H, et al. 2008. Migration patterns of Neolithic settlements on the abandoned Yellow and Yangtze River deltas of China. Quaternary Research, 70: 301-314.

Cohn T A, Lane W L, Baier W G. 1997. An algorithm for computing moments-based flood quantile estimates when historical flood information is available. Water Resources Research, 33: 2089-2096.

Costa J E. 1978. Holocene stratigraphy in flood-frequency research. Water Resources Research, 14: 626-632.

Costa J E, Baker V R. 1981. Surficial Geology: Building with the Earth, N. Y. : Wiley.

Costa M L, Kern D C. 1999. Geochemical signatures of tropical soils with archaeological black earth in the Amazon, Brazil. Journal of Geochemical Exploration, 66 (1-2): 369-385.

Cullen H M, deMenocal P B, Hemming S, et al. 2000. Climate change and the collapse of the Akkadian empire: Evidence from the deep sea. Geology, 28 (4): 379-382.

Dasch E J. 1969. Strontium isotopes in weathering profiles, deep-sea sediments, and sedimentary rocks. Geochimica et Cosmochimica Acta, 33 (12): 1521-1552.

deMenocal P, Ortiz J, Guilderson T, et al. 2000. Abrupt onset and termination of the African Humid Period: rapid climate responses to gradual insolation forcing. Quaternary Science Reviews. 19: 347-361.

deMenocal P B. 2001. Cultural responses to climate change during the Late Holocene. Science, 292: 667-673.

Denlinger R P, O'Connell D R H, House P K. 2002. Robust determination of stage and discharge: an example form an extreme flood on the Verde River, Arizona// House P K, Webb R H, Baker V R, Levish D R. Ancient Floods, Modern Hazards: Principles and Applications of Paleoflood Hydrology, Water Science and Application, 5. Washington D C: American Geophysical Union: 127-146.

Dirszowsky R W, Desloges J R. 2004. Evolution of the Moose Lake Delta, British Columbia: implications for Holocene environmental change in the Canadian Rocky Mountains. Geomorphology, 57: 75-93.

Dong J G, Wang Y J, Cheng H, et al. 2010. A high-resolution stalagmite record of the Holocene East Asian monsoon from Mt Shennongjia, central China. The Holocene. 20 (2): 257-264.

Dykoski C A, Edwards R L, Cheng H, et al. 2005. A high- resolution, absolute-dated Holocene and deglacial Asian monsoon record from Dongge Cave, China. Earth and Planetary Science Letters, 233: 71-86.

Ely L L. 1997. Response of extreme floods in the southwestern United States to climatic variations in the late Holocene. Geomorphology. 19: 175-201.

Ely L L, Enzel Y, Baker V R, et al. 1993. A 5000-year record of extreme floods and climate change in the southwestern United States. Science, 262: 410-412.

Ely L L, Enzel Y, Baker V R, et al. 1996. Changes in the magnitude and frequency of late Holocene monsoon floods on the Narmada River, central India. Geological Society of America, 108: 1134-1148.

Ely L L, Webb R H, Enzel Y. 1992. Accuracy of post-bomb ^{137}Cs and ^{14}C in dating fluvial deposits. Quaternary Research, 38: 196-204.

Fernández F G, Terry R E, Inomata T, et al. 2002. An ethnoarchaeological study of chemical study of chemical residues in the floors and soils of Q'eqchi' Maya houses at Las Pozas, Guatemala. Geoarchaeology, 17: 487-519.

Fleitmann D, Burns S J, Mudelsee M, et al. 2003. Holocene forcing of the India monsoon recorded in a stalagmite from southern Oman. Science, 300: 1737-1739.

Folk R L, Ward W C. 1957. Brazos River bar: A study in the significance of grain size parameters. Journal of Sedimentary Petrology, 27 (1): 3-26.

Frances F. 2004. Flood frequency analysis using systematic and non-systematic information// Benito G, Thorndycraft V R. Systematic, Paleoflood and Historical Data for the Improvement of Flood Risk Estimation: Methodological Guidelines. Madrid: CSIC: 55-70.

Frances F, Salas J D, Boes D C. 1994. Flood frequency analysis with systematic and historical or paleoflood data based on the two-parameter general extreme vale models. Water Resources Research, 29: 1653-1664.

Fu X, Zhang J F, Mo D W, et al. 2010. Luminescence dating of baked earth and sediments from the Qujialing archaeological site, China. Quaternary Geochronology, 5: 353-359.

Gasse F. 2000. Hydrological changes in the African tropics since the Last Glacial Maximum. Quaternary Science Reviews, 19 (1-5): 189-211.

Gasse F, Arnold M, Fontes J C, et al. 1991. A 13 000-year climate record from western Tibet. Nature, 353: 742-745.

Gasse F, Campo E V. 1994. Abrupt post-glacial climate events in West Asia and North Africa monsoon domains. Earth and Planetary Science Letters, 126 (4): 435-456.

Ge Q S, Wang S W, Wen X Y, et al. 2007. Temperature and precipitation changes in China during the Holocene. Advances in Atmospheric Sciences, 24 (6): 1024-1036.

Gillieson D, Smith D I, Greenaway M, et al. 1991. Flood history of the limestone ranges in the Kimberley region, Western Australia. Applied Geography, 11 (2): 105-123.

Glodstein S L. 1988. Decoupled evolution of Nd and Sr isotopes in the continental crust and the mantle. Nature, 336: 733-738.

Gosse J C, Phillips F M. 2001. Terrestrial in situ cosmogenic nuclides: theory and application. Quaternary Science Reviews, 20: 1475-1560.

Gotanda K, Nakagawa T, Tarasov P E, et al. 2008. Disturbed vegetation reconstruction using the biomization method from Japanese pollen data : Modern and Late Quaternary samples. Quaternary International, 184 : 56-74.

Gravina B, Mellars P, Ramsey C B. 2005. Radiocarbon dating of interstratified Neanderthal and early modern human occupations at the Chatelperronian type-site. Nature, 438: 51-56.

Greenbaum N. 2007. Assessment of damfailure flood and a natural, high-magnitude flood in a hyperarid region using paleoflood hydrology. Water Resources Research, 43, doi: 10. 1029/2006WR004956.

Greenbaum N, Enzel Y, Schick A P. 2001. Magnitude and frequency of paleofloods and historical floods in the Arava basin, Negev Desert, Israel. Israel Journal of Earth-Sciences, 50: 159-186.

Greenbaum N, Schick A P, Baker V R. 2000. The paleoflood record a hyperarid catchment, Nahal Zin, Negev Desert, Israel. Earth Surface Processes and Landforms, 25: 951-971.

Gregory K J, Benito G. 2003. Palaeohydrology: Understanding Global Change. N. Y. : Wiley.

Gregory K J, Starkel L, Baker V R. 1995. Global Continental Paleohydrology. Chichester: John Wiley and Sons.

Greis N P. 1983. Flood frequency analysis: a review of 1979-1982. Review of Geophysics, 21: 699.

Grimm E C. 1987. CONISS: a FORTRAN 77 program for stratigraphically constrained cluster analysis by the method of incremental sum of squares. Computers & Geosciences, 13 (1): 13-35.

Grossman M J. 2001. Large floods and climatic change during the Holocene on the Ara River, Central Japan. Geomorphology, 39 (1): 21-37.

Gupta A K, Anderson D M, Overpeck J T. 2003. Abrupt changes in the Asian southwest monsoon during the Holocene and their links to North Atlantic Ocean. Nature, 421: 354-357.

Hassan F A. 2007. Extreme Nile floods and famines in Medieval Egypt (AD 930-1500) and their climatic implications. Quaternary International, 173(5): 101-112.

Heller F, Liu T S. 1984. Magnetism of Chinese loess deposits. Geophysical Journal of the Royal Astronomical Society, 77 (1): 125-141.

Hirschboeck K K. 1987. Catastrophic flooding and atmospheric circulation patterns// Mayer L, Nash D. Catastrophic Flooding. Boston: Allen and Unwin: 23-56.

Hogan C M, Respiration// McGinley M. 2011. Encyclopedia of Earth. Washington: National Council for Science and the Environment.

Hong Y T, Hong B, Lin Q H, et al. 2005. Inverse phase oscillations between the East Asian and Indian Ocean summer monsoons during the last 12 000 years and paleo-El Niño. Earth and Planetary Science Letters, 231 (3-4): 337-346.

Hosking J R M, Wallis J R. 1986. Paleoflood hydrology and flood frequency analysis. Water Resources Research, 22: 543-550.

Hoyt W G, Langbein W B. 1955. Floods. Princeton: Princeton University Press.

Hu C Y, Henderson G M, Huang J H, et al. 2008. Quantification of Holocene Asian monsoon rainfall from spatially separated cave records. Earth and Planetary Science Letters, 266: 221-232.

Hu C Y, Huang J H, Fang N Q, et al. 2005. Adsorbed silica in stalagmite carbonate and its relationship to past rainfall. Geochimica et Cosmochimica Acta, 69 (9): 2285-2292.

Huang C C, Pang J L, Su H X, et al. 2009. Holocene environmental change inferred from the loess-palaeosol sequences adjacent to the floodplain of the Yellow River, China. Quaternary Science Reviews, 28: 2633-2646.

Huang C C, Pang J L, Zha X C, et al. 2007. Impact of monsoonal climatic change on Holocene overbank flooding along Sushui River, middle reach of the Yellow River, China. Quaternary Science Reviews, 26 (17-18): 2247-2264.

Huang C C, Pang J L, Zha X C, et al. 2010. Extraordinary floods of 4100-4000 a BP recorded at the late Neolithic ruins in the Jinghe River gorges, middle reach of the Yellow River, China. Palaeogeography, Palaeoclimatology, Palaeoecology, 289: 1-9.

Huang C C, Pang J L, Zha X C, et al. 2011. Extrodinary floods related to the climatic event at 4200 a BP on the Qishuihe River, middle reaches of the Yellow River, China. Quaternary Science Reviews, 30: 460-468.

Huang C C, Pang J L, Zha X C, et al. 2012. Holocene palaeoflood events recorded by slackwater deposits along the lower Jinghe River valley, middle Yellow River basin, China. Journal of Quaternary Science, 27 (5): 485-493.

Huang C C, Zhou L Y, Zhang Y Z, et al. 2017. Comment on "Outburst flood at 1920 BCE supports historicity of China's Great Flood and the Xia dynasty". Science, 355(6332): 1382.

Huntley B. 1990. Studying global change: the contribution of quaternary palynology. Global and Planetary Change, 2 (1-2): 53-61.

James P. 1999. Soil variability in the area of an archaeological site near Sparta, Greece. Journal of Archaeological Science, 26 (10): 1273-1288.

Jarrett R D, England Jr J F. 2002. Reliability of paleostage indicators for paleoflood studies// House P K, Webb R H, Baker V R, et al. Ancient Floods, Modern Hazards: Principles and Applications of Paleoflood Hydrology. Water Science and Application, 5. Washington, D. C. : American Geophysical Union: 91-109.

Jean-François B. 2011. Hydrological and post-depositional impacts on the distribution of Holocene archaeological sites: The case of the Holocene middle Rhône River basin, France. Geomorphology, 129: 167-182.

Jiang Q F, Shen J, Liu X Q, et al. 2007. A high-resolution climatic change since Holocene inferred from multi-proxy of lake sediment in westerly area of China. Chinese Science Bulletin, 52 (14): 1970-1979.

Jiménez-Moreno G, Anderson R S. 2012. Holocene vegetation and climate change recorded in alpine bog sediments from the Borreguiles de la Virgen, Sierra Nevada, southern Spain. Quaternary Research, 77: 44-53.

Jin M, Stedinger J R. 1989. Flood frequency analysis with regional and historical information. Water Resources Research, 25: 925-936.

Johnson T C, Brown E T, McManus J, et al. 2002. A high-resolution paleoclimate record spanning the past 25 000 years in Southern East Africa. Science, 296: 113-132.

Jones D M. 2002. Environmental Archaeology: A guide to the theory and practice of methods, from sampling and recovery to post-excavation. Swindon: English Heritage Publications.

Kale V S, Mishra S, Baker V R. 1997. A 200-year palaeoflood record from Sakarghat, on Narmada, central India. Geological Society of India, 50: 285-288.

Kale V S, Mishra S, Baker V R. 2003. Sedimentary records of palaeofloods in the bedrock gorges of the Tapi and Narmada Rivers, central India. Current Science (India), 84: 1072-1079.

Keely J E, Sandquist D R. 1992. Carbon: freshwater plants. Plant Cell Environment, 15: 1021-1035.

Kiage L M, Liu K. 2006. Late Quaternary paleoenvironmental change in East Africa: a review of multiproxy evidence from palynology, lake sediments, and associated records. Progress in Physical Geography, 30: 633-658.

Kletetschka G, Banerjee S K. 1995. Magnetic stratigraphy of Chinese Loess as a record of natural fires. Geophysical Research Letters, 22 (11): 1341-1343.

Kochel R C. 1980. Interpretation of flood paleohydrology using slackwater deposits, Lower Pecos and Devils Rivers, Southwestern Texas. Austin: University of Texas.

Kochel R C, Baker V R. 1982. Paleoflood hydrology. Science, 215: 353-361.

Kochel R C, Baker V R. 1988. Paleoflood analysis using slackwater deposits// Baker V R, Kochel R C, Patton P C. Flood Geomorphology. N. Y. : Wiley: 357-376.

Knox J C. 1985. Responses of floods to Holocene climatic change in the upper Mississippi Valley. Quaternary Research, 23 (3): 287-300.

Knox J C. 1991. Large increases in flood magnitude in response to modest changes in climate. Nature, 361: 410-437.

Knox J C. 2000. Sensitivity of modern and Holocene floods to climate change. Quaternary Science Reviews, 19: 439-457.

Kochel R C, Baker V R. 1982. Paleoflood hydrology. Science, 215: 353-361.

Konrad V A, Bonnichsen R, Clay V. 1983. Soil chemical identification of ten thousand years of prehistoric human activity areas at the Munsungun Lake Throughfare, Maine. Journal of Archaeological Science, 10 (1): 13-28.

Kukla G, An Z S. 1989. Loess stratigraphy in Central China. Palaeogeography, Palaeoclimatology, Palaeoecology, 72: 203-225.

Kutija V. 2003. Hydraulic modelling of floods// Thorndycraft V R, Benito G, Barriendos M et al. Palaeofloods, Historical Data and Climatic variability: Applications in Flood Risk Assessment. Madrid: CSIC: 163-169.

Lane W L. 1987. Paleohydrologic data and flood frequency estimation// Singh V P. Regional Flood Frequency Analysis. Dordrecht: D. Reidel: 287-298.

Levish D R. 2002. Paleohydrologic bounds: non-exceedance information for flood hazard assessment// House P K, Webb R H, Baker V R et al. Ancient Floods, Modern Hazards: Principles and Applications of Paleoflood Hydrology, Water Science and Application, 5. Washington, D. C. : American Geophysical Union: 175-190.

Levish D R, Ostenaa D A, O'Connell D R H. 1997. Paleoflood hydrology and dam safety. WATERPOWER'97, Proceedings of the International Conference on Hydropower, Reston, VA: American Society of Civil Engineers: 2205-2214.

Li B, Zhu C, Wu L, et al. 2013. Relationship between environmental change and human activities in the period of the Shijiahe culture, Tanjialing site, Jianghan Plain, China. Quaternary International, 308-309: 45-52.

Li F, Zhu C, Wu L, et al. 2014. Environmental humidity changes inferred from multi-indicators in the Jianghan Plain, Central China during the last 12 700 years. Quaternary International, 349: 68-78.

Li L, Wu L, Zhu C, et al. 2011. Relationship between archaeological sites distribution and environment from 1. 15 Ma BP to 278 BC in Hubei Province. Journal of Geographical Sciences, 21 (5): 909-925.

Li Q, Wei F Y, Li D L. 2011. Interdecadal variation of East Asian summer monsoon and drought/flood distribution over eastern China in the last 159 years. Journal of Geographical Sciences, 21 (4): 579-593.

Li Y Y, Wu J, Hou S F, et al. 2010. Palaeoecological records of environmental change and cultural development from the Liangzhu and Qujialing archaeological sites in the middle and lower reaches of the Yangtze River. Quaternary International, 227: 29-37.

Linden M, Vickery E, Charman D J, et al. 2008. Effects of human impact and climate change during the last 350 years recorded in a Swedish raised bog deposit. Palaeogeography,

Palaeoclimatology, Palaeoecology, 262: 1-31.

Liu D C, Wang X L, Gao X, et al. 2009. Progress in the stratigraphy and geochronology of the Shuidonggou site, Ningxia, North China. Chinese Science Bulletin, 54 (21): 3880-3886.

Liu F G, Zhang Y L, Feng Z D, et al. 2010. The impacts of climate change on the Neolithic cultures of Gansu-Qinghai region during the late Holocene Megathermal. Journal of Geographical Sciences, 20 (3): 417-430.

Lu H Y, An Z S. 1998. Paleoclimate significance of grain size of loess-palaeosol deposit in Chinese Loess Plateau. Science in China Series D-Earth Sciences, 41 (6): 626-631.

Lu H Y, Sun X F, Wang S J, et al. 2011a. Ages for hominin occupation in Lushi Basin, middle of South Luo River, central China. Journal of Human Evolution, 60: 612-617.

Lu H Y, Zhang H Y, Wang S J, et al. 2011b. Multiphase timing of hominin occupations and the paleoenvironment in Luonan Basin, Central China. Quaternary Research, 76: 142-147.

Lu H Y, Zhou Y L, Liu W G, et al. 2012. Organic stable carbon isotopic composition reveals late Quaternary vegetation changes in the dune fields of northern China. Quaternary Research, 77 : 433-444.

Ma C M, Zhu C, Zheng C G, et al. 2008. High-resolution geochemistry records of climate changes since late-glacial from Dajiuhu peat in Shennongjia Mountains, Central China. Chinese Science Bulletin, 53 (Supp. I): 28-41.

Ma C M, Zhu C, Zheng C G, et al. 2009. Climate changes in East China since the Late-glacial inferred from high-resolution mountain peat humification records. Science in China Series D: Earth Sciences, 52(1): 118-131.

Ma M M, Dong G H, Chen F H, et al. 2012. Process of paleofloods in Guanting basin, Qinghai Province, China and possible relation to monsoon strength during the mid-Holocene. Quaternary International, doi: 10. 1016/j. quaint. 2012. 05. 031.

Marchant R, Hooghiemstra H. 2004. Rapid environmental change in African and South American tropics around 4000 years before present: a review. Earth-Science Reviews, 66 (3-4): 217-260.

Maher B A. 1998. Magnetic properties of modern soils and Quaternary loessic paleosols: paleoclimatic implications. Palaeogeography, Palaeoclimatology, Palaeoecology, 137 (1-2): 25-54.

Maher B A, Thompson R. 1991. Mineral magnetic record of the Chinese loess and paleosols. Geology, 19(1): 3-6.

Martins E S, Stedinger J R. 2001. Historical information in a GMLE-GEV framework with partial duration and annual maximum series. Water Resources Research, 37: 2551-2557.

May D W. 2003. Properties of a 5500-year-old flood-plain in the Loup River Basin, Nebraska. Geomorphology, 56: 243-254.

McNeil C L, Burney D A, Burney L P. 2010. Evidence disputing deforestation as the cause for the collapse of the ancient Maya polity of Copan, Honduras. PNAS, 107 (3): 1017-1022.

Medina-Elizalde M, Rohling E J. 2012. Collapse of classic Maya civilization related to modest reduction in precipitation. Science, 335: 956-959.

Meng X M, Derbyshire E, Kemp R A. 1997. Origin of the magnetic susceptibility signal in Chinese loess. Quaternary Science Reviews, 16 (8): 833-839.

Meyers P A, Ishiwatari R. 1993. Lacustrine organic geochemistry: an over view of indicators of organic matter sources and diagenesis in lake sediments. Organic Geochemistry, 20 (7): 867-900.

Migliavacca M, Pizzeghello D, Busana M S, et al. 2012. Soil chemical analysis supports the identification of ancient breeding structures: The case-study of Cà Tron (Venice, Italy). Quaternary International, 275: 128-136.

Miyamoto H, Itoh K, Komatsu G, et al. 2006. Numerical simulations of large-scale cataclysmic floodwater: a simple depth averaged model and an illustrative application. Geomorphology, 76: 179-192.

Murray A S, Olley J M. 2002. Precision and accuracy in the optically stimulated luminescence dating of sedimentary quartz: A status review. Geochronometria, 21: 1-16.

Murton J B, Bateman M D, Dallimore S R, et al. 2010. Identification of Younger Dryas outburst flood path from Lake Agassiz to the Arctic Ocean. Nature, 464: 740-743.

Müller A, Mathesius U. 1999. The palaeoenvironments of coastal lagoons in the southern Baltic Sea, I. The application of sedimentary C_{org}/N ratios as source indicators of organic matter. Palaeogeography, Palaeoclimatology, Palaeoecology, 145 (1-3): 1-16.

Nakai N. 1972. Carbon isotopic variation and paleoclimate of sediments from lake Biwa. Proceeding of the Japan Academy, 48: 516-521.

Norton G A, Groat C G. 2004. The world's largest floods, past and present: their causes and magnitudes. Virginia: U. S. Geological Survey.

O'Connell D R H. 2005. Nonparametric Bayesian flood frequency estimation. Journal of Hydrology, 313: 79-96.

O'Connell D R H, Ostenaa D A, Levish D R, et al. 2002. Bayesian flood frequency analysis with paleohydrologic bound data. Water Resources Research, 38, doi: 10. 1029/2000WR000028.

O'Connor J E, Ely L L, Wohl E E, et al. 1994. A 4500-year record of large floods on the Colorado River in the Grand Canyon, Arizona. Journal of Geology, 102: 1-9.

O'Connor J E, Webb R H. 1988. Hydraulic modeling for paleoflood analysis// Baker V R, Kochel R C, Patton P C. Flood Geomorphology. N. Y. : Wiley: 403-420.

Ohlwein C, Wahl E R. 2012. Review of probabilistic pollen-climate transfer methods. Quaternary Science Reviews, 31: 17-29.

Oonk S, Slomp C P, Huisman D J, et al. 2009. Effects of site lithology on geochemical signatures of human occupation in archaeological house plans in the Netherlands. Journal of Archaeological Science, 36(6): 1215-1228.

Ortega-Rosas C I, Guiot J, Peñalba M C, et al. 2008. Biomization and quantitative climate reconstruction techniques in northwestern Mexico-With an application to four Holocene pollen sequences. Global and Planetary Change, 61 (3-4): 242-266.

Ostenaa D A, Levish D R, O'Connell D R H. 1996. Paleoflood study for Bradbury Dam, Cachuma Project, California. U. S. Bureau of Reclamation Seismotectonic Report 96-3, Denver: CO.

Ostenaa D A, Levish D R, O'Connell D R H, et al. 1997. Paleoflood study for Causey and Pineville

Dams, Weber Basin and Ogden River Projects, Utah. U. S. Bureau of Reclamation Seismotectonic Report 96-6, Denver: CO.

Ostenaa D A, O'Connell D R H, Walters R A, et al. 2002. Holocene paleoflood hydrology of the Big Lost River, western Idaho National Engineering and Environmental Laboratory, Idaho// Link P K, Mink L L. Geology, Hydrogeology, and Environmental Remediation: Idaho National Engineering Environmental Laboratory, Eastern Snake River plain, Idaho, Special Paper, 353. Geological Society of America: 91-110.

Pang K D. 1987. Extraordinary floods in early Chinese history and their absolute dates. Journal of Hydrology, 96 (1-4): 139-155.

Parent E P, Bernier J. 2003. Bayesian POT modeling for historical data. Journal of Hydrology, 274: 95-108.

Pelletier J D, Mayer L, Pearthree P A, et al. 2005. An integrated approach to alluvial-fan flood hazard assessment with numerical modeling, field mapping, and remote sensing. Geological Society of America Bulletin, 117: 1167-1180.

Peng Z C, Chen T G, Nie B F, et al. 2003. Coral δ^{18}O records as an indicator of winter monsoon intensity in the South China Sea. Quaternary Research, 59 (3): 285-292.

Perry C A, Hsu K J. 2000. Geophysical, archaeological, and historical evidence support a solar-output model for climate change. PNAS, 97 (23): 12433-12438.

Phadtare N R. 2000. Sharp decrease in summer monsoon strength 4000-3500 cal yr B. P. in the Central Higher Himalaya of India based on pollen evidence from alpine peat. Quaternary Research, 53 (1): 122-129.

Pierce C, Adams K R, Stewart J D. 1998. Determining the fuel constituents of ancient hearth ash via ICP-AES analysis. Journal of Archaeological Science, 25 (6): 493-503.

Pilgrim D H. 1987. Australian rainfall and runoff. A guide to flood estimation, Institution of Civil Engineers, Australia. Barton, ACT, Australia.

Prentice I C, Guiot J, Huntley B, et al. 1996. Reconstructing biomes from palaeoecological data: a general method and its application to European pollen data at 0 and 6 ka. Climate Dynamics, 12: 185-194.

Qin J G, Taylor D, Atahan P, et al. 2011. Neolithic agriculture, freshwater resources and rapid environmental changes on the lower Yangtze, China. Quaternary Research, 75: 55-65.

Rajaguru S N, Gupta A, Kale V S, et al. 1995. Channel form and processes of the flood-dominated Narmada River, India. Earth Surface Processes and Landforms, 20: 407-421.

Redmond K T, Enzel Y, House P K, et al. 2002. Climate impact on flood frequency at decadal to millennial time scales// House P K, Webb R W, Baker V R, Levish D R. Ancient Floods, Modern Hazards: Principles and Applications of Paleoflood Hydrology, Water Science and Application Series, 5. Washington, D. C. : American Geophysical Union: 21-45.

Reimer P J, Baillie M G L, Bard E, et al. 2009. IntCal09 and Marine09 radiocarbon age calibration curves, 0-50 000 years cal BP. Radiocarbon, 51(4): 1111-1150.

Reimer P J, Brown T A, Reimer R W. 2004. Discussion: Reporting and calibration of post-bomb ^{14}C data. Radiocarbon, 46 (3): 1299-1304.

Reis Jr D S, Stedinger J R. 2005. Bayesian MCMC flood frequency analysis with historical information. Journal of Hydrology, 313: 97-116.

Rius D, Vannière B, Galop D. 2012. Holocene history of fire, vegetation and land use from the central Pyrenees (France). Quaternary Research, 77: 54-64.

Rosenmeier M F, Hodell D A, Brenner M, et al. 2002. A 4000-year lacustrine record of environmental change in the southern Maya lowlands, Petén, Guatemala. Quaternary Research, 57: 183-190.

Saint-Laurent D. 2004. Palaeoflood hydrology: an emerging science. Progress in Physical Geography, 28 (4): 531-543.

Salas J D, Wohl E E, Jarrett R D. 1994. Determination of flood characteristics using systematic, historical and paleoflood data// Rossi G, Harmancioglu G N, Yevjevich V. Coping with Floods. Netherlands: Kluwer Academic Publishers: 111-134.

Saurer M, Sigenthaler U. 1995. The climate-carbon isotope relationship in tree rings and the significance of site conditions. Tellus, 47: 320-330.

Sheffer N A, Enzel Y, Benito G. 2003. Paleofloods in southern France: the Ardèche River// Thorndycraft V R, Benito G, Barriendos M, et al. Palaeofloods, Historical Floods and Climatic Variability: Applications in Flood Risk Assessment (Proceedings of the PHEFRA Workshop, Barcelona, 16-19th October. 2002).

Shen J, Liu X Q, Wang S M, et al. 2005. Palaeoclimatic changes in the Qinghai Lake area during the last 18 000 years. Quaternary International, 136: 131-140.

Shi F C, Yi Y J, Han M H. 1985. Investigation and verification of extraordinary large floods of the Yellow River in China. Proceedings of the U. S. China Bilateral Symposium on the Analysis of Extraordinary Flood Events. Nanjing, China.

Shi F C, Yi Y J, Han M H. 1987. Investigation and verification of extraordinarily large floods on the Yellow River. Journal of Hydrology, 96 (1-4): 69-78.

Smith A M. 1992. Paleoflood hydrology of the lower Umgeni River from a reach south of the Inanda Dam, Natal. South African Geographical Journal, 74: 63-68.

Smith A M, Zawada P K. 1990. Palaeoflood hydrology: a tool for South Africa-an example from the Crocodile River near Brits, Transvaal, South Africa. Water South Africa, 16: 195-200.

Smith B N, Epstein S. 1971. Two categories of $^{13}C/^{12}C$ ratios for higher plants. Plant Physiology, 47: 380-384.

Smith D N, Roseff R, Butler S. 2006. The sediments, pollen, plant macro- fossils and insects from a Bronze Age Channel Fill at Yoxall Bridge, Staffordshire. The Journal of Human Palaeoecology, 6: 1-12.

Spaulding W G. 1991. Pluvial climatic episodes in North America and Africa: types and correlation with global climate. Palaeogeography, Palaeoclimatology, Palaeoecology, 84 (1-4): 217-227.

Stanley J, Krom M D, Cliff R A, et al. 2003. Short contribution: Nile flow failure at the end of the Old Kingdom, Egypt: Strontium isotopic and petrologic evidence. Geoarchaeology, 18 (3): 395-402.

Staubwasser M, Sirocko F, Grootes P M, et al. 2003. Climate change at the 4. 2 ka BP termination of

Indus valley civilization and Holocene south Asian monsoon variability. Geophysical Research Letters, 30: 1425-1429.

Stedinger J R, Baker V R. 1987. Surface water hydrology: historical and paleoflood information. Reviews of Geophysics, 25: 119-124.

Stedinger J R, Cohn T A. 1986. Flood frequency analysis with historical and paleoflood information. Water Resources Research, 22: 785-793.

Stedinger J R, Therivel R, Baker V R. 1988. Flood frequency analysis with historical and paleoflood information, U. S. Committee on Large Dams. Eighth Annual Lecture Series Notes, Salt River Project, Phoenix, Arizona, 4(1-4): 31.

Stedinger J R, Vogel R M. 1993. Foufoula-Georgiou E, Frequency analysis of extreme events// Maidment D. Handbook of Hydrology. New York: McGraw-Hill.

Stevens E W. 1994. Multilevel model for gage and paleoflood data. Journal of Water Resources Planning and Management, 120: 444-457.

Stokes S, Walling D E. 2003. Radiogenic and isotopic methods for the direct dating of fluvial sediments// Kondolf G M, Piegay H. Tools in Fluvial Geomorphology. Chichester: Wiley: 233-267.

Stuiver M. 1975. Climate versus changes in ^{13}C content of the organic component of lake sediments during the Late Quaternary. Quaternary Research, 5(2): 251-262.

Stuiver M, Braziunas T F. 1987. Tree cellulose ^{13}C/^{12}C isotope ratios and climatic change. Nature, 328: 58-60.

Stuiver M, Reimer P J. 1993. Extended ^{14}C data base and revised CALIB 3. 0 ^{14}C age calibration program. Radiocarbon, 35 (1): 215-230.

Stuiver M, Reimer P J, Bard E, et al. 1998. INTCAL98 radiocarbon age calibration, 24 000-0 cal BP. Radiocarbon, 40 (3): 1041-1083.

Sullivan K A, Kealhofer L. 2004. Identifying activity areas in archaeological soils from a colonial Virginia house lot using phytolith analysis and soil chemistry. Journal of Archaeological Science, 31: 1659-1673.

Sun X F, Mercier N, Falgueres C, et al. 2010. Recuperated optically stimulated luminescence dating of middle-size quartz grains from the Palaeolithic site of Bonneval (Eure-et-Loir, France). Quaternary Geochronology, 5: 342-347.

Terry R E, Fernández F G, Parnell J J, et al. 2004. The story in the floors: chemical signatures of ancient and modern Maya activities at Aguateca, Guatemala. Journal of Archaeological Science, 31(9): 1237-1250.

Thompson L G, Yao T D, Davis M E, et al. 1997. Tropical climate instability: the last glacial cycle from a Qinghai-Tibetan ice core. Science, 276: 1821-1825.

Thompson R, Oldfield F. 1986. Environmental Magnetism. London: Allen & Unwin.

Thompson R, Stober J C, Turner G M, et al. 1980. Environmental applications of magnetic measurements. Science, 207: 481-486.

Thorndycraft V R, Benito G, Barriendos M, et al. 2003. Palaeofloods, Historical Data and Climatic variability: Applications in Flood Risk Assessment. Madrid: CSIC.

Thorndycraft V R, Benito G, Rico M, et al. 2005a. A long-term flood discharge record derived from slackwater flood deposits of the Llobregat River, NE Spain. Journal of Hydrology, 313: 16-31.

Thorndycraft V R, Benito G, Walling D E, et al. 2005b. Cesium-137 dating applied to slackwater flood deposits of the Llobregat River, N. E. Spain. Catena, 59: 305-318.

Tian X S, Zhu C, Sun Z B, et al. 2011. Carbon and nitrogen stable isotope analyses of mammal bone fossils from the Zhongba site in the Three Gorges Reservoir region of the Yangtze River, China. Chinese Science Bulletin, 56(2): 169-178.

Tian X S, Zhu C, Xu X W, et al. 2008. Reconstructing past subsistence patterns on Zhongba Site using stable carbon and oxygen isotopes of fossil tooth enamel. Chinese Science Bulletin, 53(Supp. I): 87-94.

Tripati S, Mudholkar A, Vora K H, et al. 2010. Geochemical and mineralogical analysis of stone anchors from west coast of India: provenance study using thin sections, XRF and SEM-EDS. Journal of Archaeological Science, 37: 1999-2009.

Turney C S M, Brown H. 2007. Catastrophic early Holocene sea level rise, human migration and the Neolithic transition in Europe. Quaternary Science Reviews, 26: 2036-2041.

UNESCO. 2005. The role of Holocene environmental catastrophes in human history, Joint meeting of IGCP 490 and ICSU/IUGS: www. brunel. ac. uk/depts/geo/igcp490/igcp490home. html.

United States Water Resources Council. 1982. Guidelines for Determining Flood Flow Frequency, Bulletin, 17B. Washington, D. C. : Hydrology Committee.

Verhaar P M, Biron P M, Ferguson R I, et al. 2008. A modified morphodynamic model for investigating the response of rivers to short-term climate change. Geomorphology, 101(4): 674-682.

Vinther B M, Buchardt S L, Clausen H B, et al. 2009. Holocene thinning of the Greenland ice sheet. Nature, 461: 385-388.

Vött A, Brückner H, Brockmüller S, et al. 2009. Traces of Holocene tsunamis across the Sound of Lefkada, NW Greece. Global and Planetary Change, 66: 112-128.

Wang F B, Yan G, Han H Y, et al. 1996. Paleovegetational and paleoclimatic evolution series on northeastern Qinghai-Xizang Plateau in the last 30 ka. Science in China (Series D), 39(6): 640-649.

Wang L J, Sarnthein M, Erlenkeuser H, et al. 1999. Holocene variations in Asian monsoon moisture: A bidecadal sediment record from the South China Sea. Geophysical Research Letters, 26 (18): 2889-2892.

Wang P X, Clemens S, Beaufort L, et al. 2005. Evolution and variability of the Asian monsoon system: state of the art and outstanding issues. Quaternary Science Reviews, 24(5-6): 595-629.

Wang Y J, Cheng H, Edwards R L, et al. 2001. A high-resolution absolute-dated Late Pleistocene monsoon record from Hulu Cave, China. Science, 294: 2345-2348.

Wang Y J, Cheng H, Edwards R L, et al. 2005. The Holocene Asian monsoon: links to solar changes and North Atlantic climate. Science, 308: 854-857.

Wang Y J, Cheng H, Edwards R L, et al. 2008. Millennial- and orbital-scale changes in the East Asian monsoon over the past 224 000 years. Nature, 451: 1090-1093.

Webb R H, Betancourt J. 1992. Climatic variability and flood frequency of the Santa Cruz River, Pima County. Arizona, U. S. Geological Survey Water-Supply Paper, 2379.

Webb R H, Jarrett R D. 2002. One-dimensional estimation techniques for discharges of paleofloods and historical floods// House P K, Webb R H, Baker V R, et al. Ancient Floods, Modern Hazards: Principles and Applications of Paleoflood Hydrology, Water Science and Application, 5. Washington D. C. : American Geophysical Union: 111-125.

Webb R H, Rathburn S L. 1988. Paleoflood hydrologic research in the southwestern United States. Transportation Research Record, 1201: 9-21.

Weiss H, Courty M A, Wetterstrom W, et al. 1993. The genesis and collapse of third millennium north Mesopotamian civilization. Science, 261: 995-1004.

Well L E. 1990. Holocene history of the El Niño phenomenon as recorded in flood sediments of northern coastal Peru. Geology, 18(11): 1134-1137.

Wilson C A, Bacon J R, Cresser M S, et al. 2006. Lead isotope ratios as a means of sourcing anthropogenic Lead in archaeological soils: A pilot study of an abandoned Shetland croft. Archaeometry, 48(3): 501-509.

Wilson C A, Davidson D A, Cresser M S. 2005. An evaluation of multielement analysis of historic soil contamination to differentiate space use and former function in and around abandoned farms. The Holocene, 15: 1094-1099.

Wilson C A, Davidson D A, Cresser M S. 2008. Multi-element soil analysis: an assessment of its potential as an aid to archaeological interpretation. Journal of Archaeological Science, 35(2): 412-424.

Wintle A G, Murray A S. 2006. A review of quartz optically stimulated luminescence characteristics and their relevance in single-aliquot regeneration dating protocols. Radiation Measurements, 41(4): 369-391.

Wohl E E, Greenbaum N, Schick A P, et al. 1994. Controls on bedrock channel morphology along Nahal Paran, Israel. Earth Surface Processes and Landforms, 19: 1-13.

Woodward J C, Tooth S, Brewer P A, et al. 2010. The 4th International Palaeoflood Workshop and trends in palaeoflood science. Global and Planetary Change, 70: 1-4.

Wu J L, Lin L, Michae G G, et al. 2006. Organic matter stable isotope (δ^{13}C, δ^{15}N) response to historical eutrophication of Lake Taihu, China. Hydrobiologia, 563(1): 19-29.

Wu L, Li F, Zhu C, et al. 2012a. Holocene environmental change and archaeology, Yangtze River Valley, China: Review and prospects. Geoscience Frontiers, 3(6): 875-892.

Wu L, Li F, Zhu C, et al. 2013. Geochemistry records of palaeoenvironment from Sanfangwan Neolithic Site in Jianghan Plain, Central China. Lecture Notes in Electrical Engineering, 211(2): 81-87.

Wu L, Wang X Y, Zhou K S, et al. 2010. Transmutation of ancient settlements and environmental changes between 6000-2000 a BP in the Chaohu Lake Basin, East China. Journal of Geographical Sciences, 20(5): 687-700.

Wu L, Wang X Y, Zhu C, et al. 2012b. Ancient culture decline after the Han Dynasty in the Chaohu Lake basin, East China: A geoarchaeological perspective. Quaternary International, 275: 23-29.

Wu L, Zhu C, Ma C M, et al. 2017. Mid-Holocene palaeoflood events recorded at the Zhongqiao Neolithic cultural site in the Jianghan Plain, middle Yangtze River Valley, China. Quaternary Science Reviews, 173: 145-160.

Wu Q, Zhao Z, Liu L, et al. 2016. Outburst flood at 1920 BCE Supports historicity of China's Great Flood and the Xia dynasty. Stience, 353(6299): 579-582.

Wu W X, Liu T S. 2004. Possible role of the "Holocene Event 3" on the collapse of Neolithic Cultures around the Central Plain of China. Quaternary International, 117: 153-166.

Wu Y H, Liu E F, Bing H J, et al. 2010. Geochronology of recent lake sediments from Longgan Lake, middle reach of the Yangtze River, influenced by disturbance of human activities. SCIENCE CHINA Earth Sciences, 53(8): 1188-1194.

Wu Y H, Wang S M, Hou X H. 2006. Chronology of Holocene lacustrine sediments in Co Ngoin, central Tibetan Plateau. Science in China Series D-Earth Sciences, 49(9): 991-1001.

Wünnemann B, Demske D, Tarasov P, et al. 2010. Hydrological evolution during the last 15 kyr in the Tso Kar lake basin (Ladakh, India), derived from geomorphological, sedimentological and palynological records. Quaternary Science Reviews, 29: 1138-1155.

Wünnemann B, Mischke S, Chen F H. 2006. A Holocene sedimentary record from Bosten Lake, China. Palaeogeography, Palaeoclimatology, Palaeoecology, 234: 223-238.

Xia Z K, Wang Z H, Zhao Q C. 2004. Extreme flood events and climate change around 3500 aBP in the Central Plains of China. Science in China Ser. D Earth Sciences, 47(7): 599-606.

Xia Z K, Zhang J N, Liu J, et al. 2012. Analysis of the ecological environment around 10000 a BP in Zhaitang area, Beijing: A case study of the Donghulin Site. Chinese Science Bulletin, 57(4): 360-369.

Xiao J L, Xu Q H, Nakamurad T, et al. 2004. Holocene vegetation variation in the Daihai Lake region of North-central China: a direct indication of the Asian monsoon climatic history. Quaternary Science Reviews, 23: 1669-1679.

Xu L B, Sun L G, Wang Y H, et al. 2011. Prehistoric culture, climate and agriculture at Yuchisi, Anhui Province, China. Archaeometry, 53(2): 396-410.

Yan G, Wang F B, Shi G R, et al. 1999. Palynological and stable isotopic study of palaeoenvironmental changes on the northeastern Tibetan plateau in the last 30 000 years. Palaeogeography, Palaeoclimatology, Palaeoecology, 153: 147-159.

Yancheva G, Nowaczyk N R, Mingram J, et al. 2007. Influence of the intertropical convergence zone on the East Asian monsoon. Nature, 445: 74-77.

Yang D Y, Yu G, Xie Y B, et al. 2000. Sedimentary records of large Holocene floods from the middle reaches of the Yellow River, China. Geomorphology, 33: 73-88.

Yasuda Y, Fujiki T, Nasu H, et al. 2004. Environmental archaeology at the Chengtoushan site, Hunan Province, China, and implications for environmental change and the rise and fall of the Yangtze River civilization. Quaternary International, 123-125: 149-158.

Yevjevich V, Harmancioglu N B. 1987. Research needs on flood characteristics// Singh V P. Applications of Frequency and Risk in Water Resources. Boston: Reidel: 1-21.

Yi S, Yang D, Jia H. 2012. Pollen record of agricultural cultivation in the west-central Korean

Peninsula since the Neolithic Age. Quaternary International, 254: 49-57.

Yi S W, Lu H Y, Stevens T. 2012. SAR TT-OSL dating of the loess deposits in the Horqin dunefield (northeastern China). Quaternary Geochronology, 10: 56-61.

Yu S Y, Colman S M, Lowell T V, et al. 2010. Freshwater outburst from Lake Superior as a trigger for the cold event 9300 years ago. Science, 328: 1262-1266.

Yu S Y, Zhu C, Song J, et al. 2000. Role of climate in the rise and fall of Neolithic cultures on the Yangtze Delta. Boreas, 29: 157-165.

Yu S Y, Zhu C, Wang F B. 2003. Radiocarbon constraints on the Holocene flood deposits of the Ning-Zheng Mountains, lower Yangtze River area of China. Journal of Quaternary Science, 18(6): 521-525.

Zawada P K. 1994. Palaeoflood hydrology of the Buffels River, Laingsburg, South Africa: was the 1981 flood the largest? South African Journal of Geology, 97: 21-32.

Zawada P K. 1997. Palaeoflood hydrology: method and application in flood-prone southern Africa. South Africa Journal of Science, 93: 111-132.

Zawada P K. 2000. Palaeoflood hydrology of selected South African rivers. South African Geological Survey Memoir, 87: 173.

Zawada P, Hattingh J. 1994. Studies on the palaeoflood hydrology of South African rivers. South African Journal of Science, 90: 567-568.

Zha X C, Huang C C, Pang J L, et al. 2012. Sedimentary and hydrological studies of the Holocene palaeofloods in the middle reaches of the Jinghe River. Journal of Geographical Sciences, 22(3): 470-478.

Zhang F, Wang T, Yimit H, et al. 2011a. Hydrological changes and settlement migrations in the Keriya River delta in central Tarim Basin ca. 2. 7-1. 6 ka BP: Inferred from ^{14}C and OSL chronology. Science China Earth Sciences, 54 (12): 1971-1980.

Zhang H Y, Lu H Y, Jiang S Y, et al. 2012. Provenance of loess deposits in the Eastern Qinling Mountains (central China) and their implications for the paleoenvironment. Quaternary Science Reviews, 43: 94-102.

Zhang J W, Chen F H, Holmes J A, et al. 2011b. Holocene monsoon climate documented by oxygen and carbon isotopes from lake sediments and peat bogs in China: a review and synthesis. Quaternary Science Reviews, 30: 1973-1987.

Zhang Q, Chen J, Becker S. 2007. Flood/drought change of last millennium in the Yangtze Delta and its possible connections with Tibetan climatic changes. Global and Planetary Change, 57: 213-221.

Zhang Q, Zhu C, Liu C L, et al. 2005. Environmental change and its impacts on human settlement in the Yangtze Delta, P. R. China. Catena, 60: 267-277.

Zhang Y, Zhu C. 2008. Environmental archaeology of the Dachang region in the Daning Valley, the Three Gorges reservoir region of the Yangtze River, China. Chinese Science Bulletin, 53 (Supp. I): 140-152.

Zhang Z K, Wang S M, Wu R J. 1999. Environmental evolution and southwest monsoon changes in mid-Holocene recorded by lake sediments in Erhai Lake. Chinese Science Bulletin, 44(1):

94-96.

Zhao H, Lu Y C, Wang C M, et al. 2010. ReOSL dating of aeolian and fluvial sediments from Nihewan Basin, northern China and its environmental application. Quaternary Geochronology, 5(2-3): 159-163.

Zheng Y H, Zhou L P, Zhang J F. 2010. Optical dating of the upper 22 m of cored sediments from Daihai Lake, northern China. Quaternary Geochronology, 5(2-3): 228-232.

Zhou B, Shen C D, Zheng H B, et al. 2009. Vegetation evolution on the central Chinese Loess Plateau since late Quaternary evidenced by elemental carbon isotopic composition. Chinese Science Bulletin, 54(12): 2082-2089.

Zhu C, Ma C M, Xu W F, et al. 2008. Characteristics of paleoflood deposits archived in unit T0403 of Yuxi Site in the Three Gorges reservoir areas, China. Chinese Science Bulletin, 53(Supp. I): 1-17.

Zhu C, Ma C M, Yu S Y, et al. 2010. A detailed pollen record of vegetation and climate changes in Central China during the past 16000 years. Boreas, 39: 69-76.

Zhu C, Zheng C G, Ma C M, et al. 2003. On the Holocene sea-level highstand along the Yangtze Delta and Ningshao Plain, East China. Chinese Science Bulletin, 48(24): 2672-2683.

Zhu C, Zheng C G, Ma C M, et al. 2005. Identifying paleoflood deposits archived in Zhongba Site, the Three Gorges reservoir region of the Yangtze River, China. Chinese Science Bulletin, 50(21): 2493-2504.

Zhu Y, Chen F H, Cheng B, et al. 2002. Pollen assemblage features of modern water samples from the Shiyang River drainage, arid region of China. Acta Botanica Sinica, 44(3): 367-372.

Zhu Y X, Wang S M, Wu R J. 1998. Sedimentologic evidence for date of southward moving of the Yangtze River in the Jianghan Plain since the Holocene. Chinese Science Bulletin, 43(8): 659-662.

Zong Y, Chen Z, Innes J B, et al. 2007. Fire and flood management of coastal swamp enabled first rice paddy cultivation in east China. Nature, 449: 459-462.